教育部产学合作协同育人项目（220606298133103）
河南省高等教育教学改革研究与实践项目（2021SJGLX375）

矿业工程学科协同育人模式与品牌研究及应用

郭文兵　等著

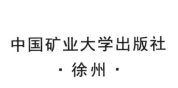

中国矿业大学出版社
·徐州·

内 容 提 要

本书围绕立德树人根本任务,在分析矿业工程学科人才需求与就业情况、人才培养现状的基础上,从课程思政与育人文化品牌、实践创新平台与协同育人、师资队伍与教学团队建设、课程体系与教育教学改革、教学质量保障体系以及国际化人才培养等方面,研究提出了以学生发展为中心的矿业工程学科协同育人模式,优化了课程体系和人才培养方案,形成了独具特色的矿业工程学科育人模式和育人品牌,并进行了应用,在一流专业、一流课程、一流教材、一流师资队伍建设等方面取得了丰硕成果,对于提升矿业工程学科教育教学质量和人才培养质量具有积极意义。

本书可供矿业工程领域的教育工作者和管理人员阅读参考,也可供高等院校矿业工程学科的师生学习参阅。

图书在版编目(C I P)数据

矿业工程学科协同育人模式与品牌研究及应用 / 郭文兵等著. —徐州:中国矿业大学出版社,2023.10
ISBN 978 - 7 - 5646 - 5717 - 8

Ⅰ. ①矿… Ⅱ. ①郭… Ⅲ. ①矿业工程—人才培养—培养模式—研究—中国 Ⅳ. ①TD

中国国家版本馆 CIP 数据核字(2023)第 028572 号

书　　名	矿业工程学科协同育人模式与品牌研究及应用
著　　者	郭文兵 等
责任编辑	王美柱
出版发行	中国矿业大学出版社有限责任公司
	(江苏省徐州市解放南路　邮编 221008)
营销热线	(0516)83885370　83884103
出版服务	(0516)83995789　83884920
网　　址	http://www.cumtp.com　E-mail:cumtpvip@cumtp.com
印　　刷	徐州中矿大印发科技有限公司
开　　本	787 mm×1092 mm　1/16　印张 14　字数 358 千字
版次印次	2023 年 10 月第 1 版　2023 年 10 月第 1 次印刷
定　　价	78.00 元

(图书出现印装质量问题,本社负责调换)

《矿业工程学科协同育人模式与品牌研究及应用》
撰写人员名单

郭文兵　神文龙　宋常胜　白二虎　南　华　苏发强

杜　锋　宋维宾　李东印　闫俊豪　刘少伟　刘晓光

美国国家工程院院士、西弗吉尼亚大学教授 Syd S. Peng 受聘仪式

中国工程院院士、中国煤炭科工集团首席科学家康红普受聘实验室学术委员会主任

2019 年 4 月,时任河南省委书记王国生莅临学院调研指导工作

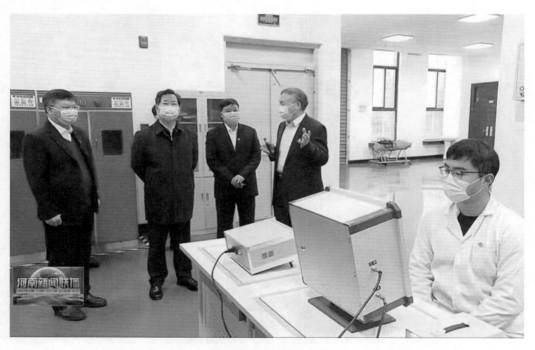

2022 年 3 月,河南省委书记楼阳生莅临学院调研指导工作

2019年5月,采矿79级校友、时任国家能源集团董事长、现任应急管理部部长
王祥喜莅临学院调研指导工作

采矿63级校友、中国工程院院士张铁岗接受采访口述历史

中国矿业高等教育发源地纪念石

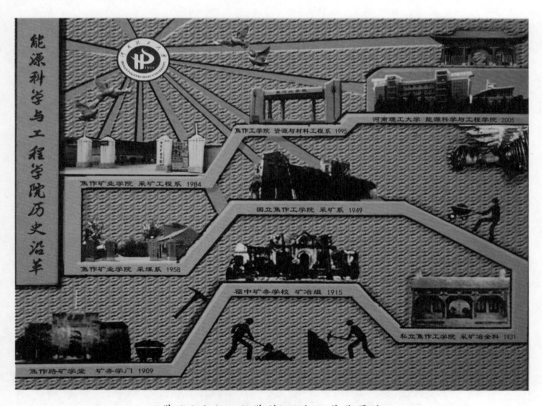

学院（矿业工程学科）历史沿革背景墙

序

百年传承振兴中华矿业高等教育,薪火相传再谱改革创新时代华章。作为中国矿业高等教育的发源地,河南理工大学始终擎起服务国家矿业科学与技术进步的大旗,开创了中国近代能源工业专门人才培养和我国矿业高等教育的先河。河南理工大学因煤而建、因煤而兴,从创建之初就肩负着振兴我国煤炭工业的历史责任,在反帝爱国运动血与火的洗礼中,开始了筚路蓝缕、艰苦办学的历程。学校始终坚持社会主义办学方向,坚持立德树人根本任务,现已发展成为具有博士、硕士、学士三级学位授予权的特色高水平大学,为我国煤炭行业和经济社会发展培养了众多高级专业人才,是国家煤炭行业和区域性人才培养的重要基地。

秉承百年积淀,铸就一流品牌。学校矿业工程学科跻身"软科世界一流学科"第18位,为河南省一类省级重点学科,在全国第四轮学科评估中排名并列第六。矿业工程学科设有矿业工程博士后流动站、博士点,为学校取得的第一个一级学科博士点。采矿工程专业作为具有百年历史的传统优势专业,成为河南理工大学首批国家级特色专业、首批国家一流专业;是国家级综合改革试点和卓越工程师培养专业,拥有国家级教学团队,在学校第一个通过国家工程教育专业认证。采矿工程专业的师生们大力弘扬"自强不息,奋发向上"的理工精神,自觉传承"明德任责"校训、"好学力行"校风,以及"三严"(严慈、严谨、严格)教风和"勤勉求是"学风,百余年风雨兼程,几代人同心协力,励精图治,勇往直前,为民族复兴和国家富强奋斗不止,为煤炭行业的发展和地方经济建设作出了不可磨灭的贡献。尤其是改革开放四十多年来,采矿人乘着浩荡的东风,开拓创新、务实重干、开枝散叶、精进不休,在党的建设、人才培养、科学研究、学科建设、国际交流等方面均取得了长足进步。

学科带头人郭文兵教授带领研究团队,不忘立德树人初心,牢记为党育人、为国育才使命,依托教育部产学合作协同育人项目和河南省高等教育教学改革研究与实践项目,对矿业工程人才培养的协同育人模式与育人品牌进行了深入理论探索和应用研究。本书对矿业工程学科课程思政与育人文化品牌、育人平台建设、协同育人模式、师资队伍与教学团队、教育教学改革、教学质量保障体系以及国际化人才培养等进行了总结分析,本着以学生为中心的教学理念,研究提出了以学生发展为中心的矿业工程学科协同育人模式,优化了课程体系和质量保障体系,形成了独具特色的矿业工程学科育人模式和育人品牌,并在一流专业、一流课程、一流教材、一流师资队伍建设等方面取得了丰硕成果。本书致力于培养矿业工程领域具有社会责任感、健全人格、扎实基础、宽阔视野、创新精神、实践能力,堪当民族复兴大任的时代新人,对于提升教育教学质量和人才培养质量具有积极意义。

河南理工大学 郭友峰

2023年9月

前　言

　　我国是矿产资源生产和消费大国,矿产资源的安全、高效、绿色生产及清洁利用是我国国民经济可持续发展的必然要求。然而,矿产资源开发利用过程造成的生态环境问题日益严重,因此,资源节约型、环境友好型社会发展模式成为社会发展的必然。习近平总书记强调:"我们既要绿水青山,也要金山银山。宁要绿水青山,不要金山银山,而且绿水青山就是金山银山。"国家发展改革委、国家能源局印发的《能源技术革命创新行动计划(2016—2030年)》指出:要全面建成安全绿色、高效智能矿山技术体系。矿业工程学科人才培养是实现矿产资源安全绿色高效开发及利用的必要条件和不竭动力。矿业工程领域各个生产环节均需要人才和技术支撑,通过不断的教育教学改革与实践,不断提升教育教学质量和人才培养质量,为矿业工程学科及行业可持续发展提供人才和技术支撑。

　　花开桃李满天下,风雨兼程百余年。河南理工大学是中国矿业高等教育的发源地,是我国第一所矿业高等学府和河南省建立最早的高等学校。矿业工程学科具有悠久的历史传承和深厚的学术积淀。采矿工程专业源于1909年创建的焦作路矿学堂矿冶组,具有百余年建设历史,是我国高等教育最早的矿冶工程学科的一个分支,是河南理工大学办学历史最悠久、底蕴最深厚的专业;现为国家级一流本科专业、国家级特色专业、国家级卓越工程师培养计划试点专业、国家级综合改革试点专业,三次通过中国工程教育专业认证,具有学士、硕士、博士学位授予权,获批全国工程专业研究生联合培养示范基地。矿业工程学科在2023年"软科世界一流学科"中排名第18位;在全国第四轮学科评估中等级为B,全国并列第六。采矿工程专业在2022年多个大学专业排行榜上位居全国第五。矿业工程学科已为社会和煤炭行业培养了大批优秀人才,很多毕业生在大型国有企业、科研机构、政府机关、高等院校等成为业务骨干或领军人才。

　　采矿精神源于理工百十年传承,乌金品质能铸华夏各行业英才。本书坚持立德树人根本任务,总结分析了矿业工程学科人才需求与就业情况、人才培养现状,从课程思政与育人文化品牌、实践创新平台与协同育人、师资队伍与教学团队、课程体系与教育教学改革、教学质量保障体系以及国际化人才培养等方面,研究提出了以学生发展为中心的矿业工程学科协同育人模式;根据人才培养目标,科学制定人才培养方案,优化了人才培养课程体系和质量保障体系;构建了集教学、科研、创新等功能于一体的国家、省、校三级立体育人平台,着力构建矿业工程学科育人文化品牌。通过发挥"名师"育人及"传帮带"作用,不断提升师资队伍的师德师风和业务能力水平;并通过国际交流与合作平台,提升师资队伍的国际化水平,开阔学生的国际化视野。矿业工程学科注重历史文化传承,弘扬"采矿精神,乌金品质""墨金文化"等矿业工程学科特色文化,培养和激励一代代学子爱国、爱校、爱院、爱师的家国情怀;学科在一流专业、一流课程、一流教材、一流师资队伍建设等方面取得了丰硕成果,不断提升教育教学质量和人才培养质量,为我国煤炭工业乃至经济社会的发展作出了突出贡献。

　　本书由河南理工大学矿业工程学科带头人郭文兵教授等共同撰写。全书共9章,编写分工如下:第1章由郭文兵撰写;第2章由宋常胜、郭文兵共同撰写;第3章由苏发强、宋维宾共同撰写;第4章由白二虎、刘少伟、刘晓光共同撰写;第5章由宋常胜、神文龙共同撰写;第6章由神文龙撰写;第7章由南华、杜锋共同撰写;第8章由白二虎、闫俊豪共同撰写;第9章由郭文兵、李东印共同撰写。本书得到了教育部产学合作协同育人项目、河南省高等教育教学改革研究与实践项目和矿业工程学科建设经费的资助。在本书撰写过程中,得到了美国国家工程院院士、西弗吉尼亚大学采矿工程系原主任、河南理工大学特聘教授Syd S. Peng,河南理工大学党委书记邹友峰教授,河南理工大学宣传部副部长刘春德等的指导和帮助。邹友峰教授为本书作序。本书主要成果是河南理工大学矿业工程学科全体师生员工共同努力取得的,这些成果为本书的撰写奠定了坚实基础。研究生胡超群、李龙翔、葛志博、李杰、王静等参与了书稿的整理和编排工作,在此一并表示衷心的感谢。

由于作者水平所限,书中难免存在不足之处,恳请读者批评指正。

著者

2023 年 9 月

目　　录

1　绪　　论

1.1　研究背景和意义

矿业是我国国民经济建设和发展的基础性产业,国民经济的快速发展离不开矿业产业及学科的支撑。煤炭资源是非可再生资源,节约资源、保护矿区生态环境是煤炭资源开发利用的基本原则。只有通过对煤炭资源的高效低耗开发与洁净利用,才能实现矿业的可持续与高质量发展。煤炭行业从业人员是煤炭资源开发与利用的主体,优秀人才是实现煤炭资源高效开发、利用和矿业可持续发展的必要条件。但是,传统的矿业是一个艰苦行业,生源质量差、生源数量不足等问题制约了矿业工程学科人才的培养和人才质量的提升,从而影响了矿业工程学科的发展和煤炭行业的科技进步。当前,生源渠道的拓宽,人才培养的多层次化,不断进行的教育教学的改革与实践,可以有效缓解矿业人才短缺与煤炭行业快速发展之间的矛盾,对矿业工程学科及行业可持续发展起到了显著的促进作用。

煤炭是我国主要的能源和工业原材料,被称为"工业的粮食"。随着人类文明与经济社会的发展与进步,各国对煤炭资源的需求量不断增加。作为世界上最大的煤炭生产国和消费国,近年来,我国对煤炭资源开发利用的力度逐年加大(见图1-1)。煤炭资源的安全绿色高效开发已经成为保障经济社会高质量发展的必然要求。然而,煤炭资源开发利用过程造成的地表沉陷、植被破坏、水土流失、污染物排放等生态环境问题日益严重,成为制约生态文明建设和社会进步的重要问题。习近平总书记强调:"我们既要绿水青山,也要金山银山。宁要绿水青山,不要金山银山,而且绿水青山就是金山银山。"这深刻揭示了保护生态环境就是保护生产力、改善生态环境就是发展生产力的道理。绿水青山既是自然财富、生态财富,又是社会财富、经济财富。绿水青山本身蕴含无穷的经济价值,可以源源不断地带来金山银山。因此,矿产资源可持续开发和利用的理念,资源节约型、环境友好型社会的发展模式成为社会发展的必然。

《煤炭工业发展"十三五"规划》指出,煤炭占我国化石能源资源的90%以上,要加强引导并逐步降低煤炭在一次能源消费结构中的占比,但煤炭作为主体能源的地位在相当长时期内不会改变。《BP世界能源统计年鉴2022》指出,2021年,煤炭在世界一次能源消费结构中占比27.2%,而在我国占比高达56%。我国煤矿的煤层赋存形式多样且条件复杂,灾害发生率较高,危险性较大,90%以上的煤矿开采依靠井工开采。在复杂条件下的煤矿井工开采,其开采工艺的机械化程度决定煤矿开采水平。虽然煤矿总体的机械化和信息化水平不断提高,但每年仍有重大煤矿安全事故发生,并造成巨大的人员伤亡和财产损失。随着国家加快构建绿色、清洁、高效、安全、可持续的现代能源体系,信息化与工业化的深度融合及"互联网＋"的迅猛发展,先进的煤炭开采技术与装备成为煤炭工业发展的必然需求和必然方向,也将是推进煤炭工业转型发展的根本出路。煤炭工业的资源节约型、环境友好型模式重点在于煤炭资源开发的安全高效低耗环保,资源的高效、清洁利用及废弃物的少排放或零排

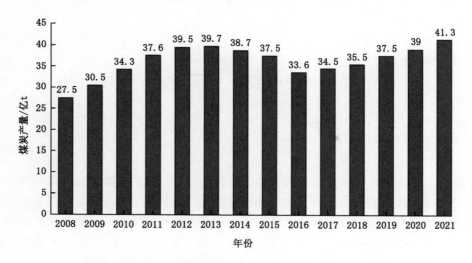

图 1-1　2008—2021 年全国煤炭产量统计

放。要实现这些目标,必须在煤炭资源开发利用过程中使用先进的生产技术,而煤炭工业从业人员的知识水平、业务能力和理念又决定了先进技术利用的程度。因此,高水平的、充足的专业技术人才是实现煤炭资源开发利用可持续发展的根本保证。

煤炭资源多集中在偏远地区,交通、信息、经济条件与发达地区相比存在很大的差距,条件相对艰苦,这些情况制约着偏远地区的经济社会发展。煤炭行业属于艰苦行业,从业人员社会地位不高,人才的来源受到很大的限制,从而导致矿业工程类专业生源数量和质量下降的问题比较突出。矿业工程类的专业第一志愿率偏低,自愿报考本专业的学生偏少。学校为了完成这些专业的招生计划,不得不进行调剂,调剂的学生往往因所学专业并非自己所报专业而陷入困境,学习主动性相对较差。即使学习了该专业,由于行业吸引力差,毕业后从事本专业工作的学生比例也偏低,这是造成近年来矿业工程专业技术人才短缺的主要原因。

因此,本书旨在坚持立德树人根本任务,牢记为党育人、为国育才使命,对矿业工程学科人才培养的协同育人模式与育人品牌进行了深入理论探索和应用研究。本书对矿业工程学科课程思政与育人文化品牌、育人平台建设、协同育人模式、师资队伍与教学团队、教育教学改革、教学质量保障体系以及国际化人才培养等进行了总结分析,研究提出了以学生发展为中心的矿业工程学科协同育人模式,优化了课程体系和人才培养方案,形成了独具特色的矿业工程学科育人模式和育人品牌,并进行了应用,在一流专业、一流课程、一流教材、一流师资队伍建设等方面取得了丰硕成果。本书致力于培养矿业工程领域具有社会责任感,人格健全、基础扎实、视野宽阔,具有创新精神、实践能力,堪当民族复兴大任的时代新人,为提升矿业工程学科教育教学质量和人才培养质量作出贡献。

1.2　矿业工程学科人才需求与就业现状

1.2.1　人才需求现状

矿业工程是一门复合交叉型学科,涉及采矿、安全、地质、测绘、机电、信息、计算机、环保等学科。矿业工程学科的科学研究对人才培养、煤炭行业技术创新及发展具有重要意义。采矿行业的日趋国际化促进了我国采矿工程专业师生与国外一些大学相关专业师生的学术交流。近年来,国内外矿业工程学科相互融合的发展趋势明显,但是与国外高校矿业工程学科相比,我国的矿业工程学科的科学研究领域相对较窄,与其他相关学科的边界相对较清楚,且人才培养体系不够完善,这在一定程度上会制约矿业工程学科的交叉融合。随着矿业开发与利用的革命性变化和资源型城市的转型发展,我国矿业工程学科的研究领域需在加强原有基础理论的基础上,做好战略调整,积极融合相关学科和科技新成果,积极地采取相应措施以适应矿业工程领域的变化。

矿业工程是一个大的系统工程,不同的生产环节需要不同层次、不同专业的技术人才,各种人才在不同的岗位上发挥各自的知识优势和能力,才能确保矿业工程学科及煤炭行业的技术进步和可持续发展。所以,在煤炭行业人才短缺的情况下,针对煤炭行业各项生产环节,合理有效使用各类人才,发挥其聪明才智,对煤炭企业维持正常的生产和技术进步、取得更好的技术经济效果,维持煤炭企业可持续发展具有重要意义。

矿业工程学科以及煤炭行业生产单位的科学实验、工程设计、工程建设、生产调试、组织生产、经营管理等环节构成了煤炭行业的整个过程。不同的生产环节对人才的要求不同,合理安排使用各类人才,才能充分发挥人才的作用。在科学实验方面,要求科技人员具有丰富的知识和创新能力,具有解决工程实际问题的能力和水平,特别是一些技术难题或瓶颈问题,需要长期的研究才能攻克。因此,这些工作应交给具有博士、硕士学位或相当水平的专业人才完成。工程设计按照技术规范和实验提供的技术参数,通过设计为工程建设提供科学方案和技术依据。该环节涉及开采工艺、技术及装备、安全与环境保护等领域。一般情况下,一个人甚至一个团队是难以具备这么广泛的知识的,所以工程设计需要各方面的人才,一般这类工作可以交给本科生层次或专业学位研究生或接受过同等教育的人才完成。矿山工程建设要求先进的技术与工程施工相结合,按照规范安全快捷地完成建设任务,该环节技术难度相对较低,所以本科生或专业学位研究生或得到过专业训练的人员一般能满足要求。生产调试要求进行调试的人员既懂技术,又懂管理,一般要求技术水平高、管理能力强、具有组织协调能力的专业人才,所以经过工程实践锻炼的本科生及相当水平以上的人才可以完成该项工作。生产管理和生产技术环节要求人员能维持煤矿正常安全生产、发现和解决煤炭生产过程中出现的一般性技术问题、维护采掘设备,需要能够进行生产调度、人员调配、设备管理、技术指标控制等方面工作的人才,一般情况下,只有经过多年采矿工程实践锻炼的本科生及同等水平以上的人员才能胜任这样的工作。该环节还需要操作熟练的技术工人,要求具有丰富的经验,善于观察、善于总结,具有较高的实际操作技能和较多的经验,专科、中专、职业技术学校毕业生及得到过专门培训的人员,经过实践锻炼后能够满足要求。

1.2.2 就业现状

我国矿业工程学科多年来为国家培养各层次人才数十万人,近10年采矿工程专业毕业生就业率高达90%以上,广泛分布在国内外矿业领域大中型企业、科研院所、高等院校和党政机关等。大多数专业技术人才已成为我国矿业及冶金行业的管理、技术和学术骨干,毕业生在工作岗位上表现突出。许多优秀毕业生已经走上企业的领导岗位,得到了社会和企业的广泛认可,为我国矿业工程的可持续发展、为国家能源供给提供了充分的人才保障。由于一些采矿工程专业毕业生未从事本专业的工作,该专业毕业生一直供不应求,国内外均有需求。采矿工程专业毕业生可以在矿山企业、矿山设计单位、教学及科研单位、国家机关及其他矿业投资及咨询单位从事现代化矿山规划设计、生产经营管理、教学及科学研究、矿业行政管理及技术监督、矿产资源评估、矿业投资分析等方面工作。矿物加工工程专业近五年毕业生一次性就业率达到96%以上,在中国500强企业等就业率超过70%,就业行业涵盖煤炭、非金属材料、有色金属、黑色金属及磷化工等行业。

以中国矿业大学和中国矿业大学(北京)两校的矿业工程学科为例,近5年,博、硕士毕业生到中西部地区就业的比例达44.1%(493人),到煤炭行业就业的比例达61.2%(684人);到基层一线就业(含煤炭行业)的比例达71.1%(794人),其中博士毕业生中赴基层一线就业的比例达30.3%(93人),硕士毕业生中赴基层一线就业的比例达86.5%(701人)。河南理工大学矿业工程学科毕业生主动投身艰苦行业、扎根基层,在中西部地区就业的博、硕士比例达80%以上,其中到艰苦地区就业的比例为70%以上;到基层就业的比例超过60%。矿业工程学科毕业生已成为服务地方经济社会发展的高水平应用型人才,受到用人单位和基层群众的好评。

近年来,由于我国经济社会的发展和煤炭价格的浮动,煤炭企业经济效益有所改善,行业技术人才和工人工资水平有所提高,煤炭企业内部的工作环境有较大改善,安全水平有较大提升,在学校招生和毕业生就业过程中,有不少学生开始主动报考矿业领域的专业和选择到煤炭企业就业,这是煤炭行业高质量发展的希望。但是,由于煤炭行业的快速发展以及人才的断层,煤炭行业的人才短缺问题并没有得到有效改善。所以,学历教育的生源不足仍然是矿业工程学科人才培养的瓶颈,制约煤炭行业的可持续发展。煤炭企业在高校难以招到人才的情况下,为了解决工程技术人才短缺的问题,采取从各个层次的企业人员中抽调部分人员到高校进行培训、接受专门教育的措施,通过非学历教育缓解煤炭行业的人才供需矛盾。

1.3 矿业工程学科国内外人才培养现状

1.3.1 国外矿业工程学科人才培养现状

根据2018年QS世界大学排名,采矿与矿业工程学科排名前三的学校分别为美国科罗拉多矿业学院、澳大利亚科廷大学和加拿大麦吉尔大学,国内矿业工程学科进入QS世界学科排名前五十的高校有三所,分别为中国矿业大学,排名19,中南大学,排名39,北京科技大学,排名46,与排在前列的其他高校还有一定差距。各国的采矿工程专业方向均带有本国特色,如澳大利亚昆士兰大学采矿工程专业方向主要集中在矿山机械和岩土工程,以应对澳大利亚大规模的露天开采行业现状;美国密苏里科技大学采矿工程专业方向主要集中在矿山机械效率提高、矿井火灾救护,以适应美国矿业对效率和生产安全的重视。2023年"软科世界一流学科"矿业工程学科全球TOP10高校中,中南大学、中国矿业大学、东北大学位列前三;河南理工大学位列第18位,排名达到历史新高。按照软科排名体系我国矿业工程类高校名列前茅,这也显示了国内高校国际影响力越来越大。

国外矿业工程学科人才培养规模与我国相比数量较少。下面以美国为例说明国外矿业工程学科人才培养的情况。美国矿业工程学科有其自身的特点,首先,与土木、电气、机械、化学等其他工程学科相比,矿业工程学科的教师和学生人数非常少;其次,矿业工程学科服务单一行业,即具有周期性兴衰的采矿行业,学生入学数量与采矿行业的兴衰有很大的关系,具有一定的周期性;最后,美国有关采矿科研项目经费来源有联邦政府、采矿公司、州政府及其他,但主要依赖联邦政府,如以前的美国矿业局(U. S. Bureau of Mines,USBM)和目前的美国国家职业安全卫生研究所(National Institute for Occupational Safety and Health,NIOSH)。与其他学科的工程项目相比,过去40年里联邦政府和采矿公司资助的采矿科研项目很少,只有当国会应对采矿灾害时才会为相关采矿工程项目拨款。然而,美国大学的管理部门在管理上更倾向于对各专业采用统一的标准,要求学校所有专业在研究经费和学生招生等方面的政策都需相近,这使得美国大学里的采矿工程系与其他工程学科相比竞争困难。

在美国,大学分为公立大学和私立大学两种类型。每个州至少有1~2所公立大学和多个公立学院,其经营预算由州政府通过每年或每两年的州立法机关的拨款资金组成,因此,公立大学的运作受州法律的约束。而私立大学的运营预算则由学生学费及其他费用或者外部捐赠资金组成。一所大学通常由5个以上的学院组成。大学和学院由学术委员会与行政部门管理。其中,学术委员会的成员由教师选举产生(选举方法非常类似于美国国会众议院成员的选举),该部门主要负责管理大学和学院的学术事务。行政管理部门包括校长、副校长、院长、系主任,主要负责控制预算和日常运营,包括辅助服务。教师的任务主要分为教学、学术研究与服务三个方面,学校于每年年初针对这三方面对教师进行评估。校长、副校长、院长、系主任等行政人员一般不从事教学及科研工作,而是全职服务教师。大学的预算分配至学院,学院根据学生的入学人数和教师人数分配给各个学科(系)。对于公立大学,工资预算只针对具有终身职位的教师。美国大学的学术声誉在很大程度上取决于教师的研究成果。因此,美国大学十分鼓励教师进行科学研究和出版论文或著作。一个优秀的教师会给其所在的学科(系)带来好的声誉,进一步会惠及学院及大学。例如,西弗吉尼亚大学采矿工程系在长壁开采方向十分闻名,主要因为该系在该领域拥有享有盛誉的教师。

在美国,一些采矿工程系隶属独立的矿物、采矿学校或学院,而大多数采矿工程系隶属工程学院,这些工程学院通常还设有其他的工程学科,如化学、电气、工业和机械工程等。与其他工程学科相比,采矿工程系所有指标都非常少,如学生入学数量、教师人数、研究经费来源及数量、学生未来就业职位等。因此,如果采矿工程系是工程学院的一部分,则很难与工程学院其他系竞争。同样地,如果采矿工程系是传统矿物、采矿学校或学院的一部分,由于其新生入学人数少,年度预算分配的比例也将很小。总体上,美国采矿工程专业主要具有以下3个特点:

(1) 其资助单位及资金项目数量非常少,参与项目的教师和学生的人数也很少。

(2) 主要服务单一行业(煤炭行业),兴衰具有一定的周期性,可反映采矿经济的起伏状态。近70年的相关统计数据表明,一个周期大约为30年,前10年上升,后20年下降。

(3) 采矿工程专业的课程安排比较特殊,且主要服务煤矿、金属矿或石矿。

在采矿工程专业教师方面,美国大学分配给采矿工程专业的教师岗位以及现有的教师总量很少,如目前在美国的14个拥有采矿工程专业的大学中,西弗吉尼亚大学采矿工程系的教师岗位有6个,该校教师岗位数量在美国常位居前五名。过去40年内,美国所有采矿工程系的教师岗位数量在 70 个上下波动,包括教授、副教授、讲师及助教。采矿工程专业教师的任务分为教学、学术研究与服务,教师在每年年初需要向系里提交个人总结报告,采矿工程系主任根据教师在上述三方面的表现对其进行评审,随后依次上交至院长、校长进行再次审核及评审。在进行评审时,上述三方面所占的权重大部分如图 1-2 所示。

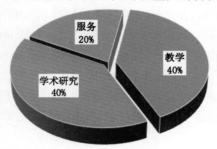

图 1-2   美国大学采矿工程专业教师评审分配权重

教学任务的评审指标主要为学生的评教成绩;学术研究任务的评审指标主要包括项目数量、项目申请书数量以及论文(期刊或会议)数量;服务任务的评审指标主要包括系里或学院或大学的行政职责、指导毕业的本科生及研究生(硕士生和博士生)数量以及对采矿协会的贡献等。大多数研究生或本科生更倾向于在课堂上获得与现场采矿作业相关的知识,因此,除了相关采矿理论背景外,采矿工程专业教师还必须讲授与现场采矿作业相关的知识;同时要注重深入分析,激发学生的创造力和独立思考能力。但是,采矿工程系的教师通常只精通某一个科研领域,并拥有该领域的博士学位,大多数没有接受过课堂教学技能方面的培训,只有少数具有教学天赋的教师擅长教学,因此,多数教师在课堂演示及课堂交流的方法上需要进行反复的教学技能培训。

在采矿工程专业学生方面,美国没有高考,各个大学都有其本科生入学的标准,高中毕业生可以根据自身条件,自由申请任何大学,并进行考核。由于采矿工程只服务具有周期性的采矿行业,学生入学率随采矿行业趋势而波动。当采矿业衰退时,就业机会稀缺,新生数量少,甚至原有的采矿工程专业学生转至其他专业;当采矿业蓬勃发展时,情况则相反。目前,美国所有采矿工程专业本科生数量为 700～800 人。另外,美国工程类本科为四年制,但由于学生通常在 4 年内的选课数量、所修学分不足等问题,大多数学生需要 4 年半时间才能获得学士学位。在过去的 30 年里,针对采矿业,尤其是煤炭行业的环保问题宣传不当,引起了公众对采矿工程专业的误解,多数高中毕业生不愿意选择采矿工程专业,从而导致部分大学的采矿工程专业因难以维持本科生招生的最低人数而被裁撤。1965 年,美国有 27 个含有采矿工程系的大学,但目前只剩下 14 个。

14 个含有采矿工程系的大学属于 14 个不同州资助的公立大学,并都已经过美国工程与技术认证委员会(Accreditation Board for Engineering and Technology,ABET)认证。因此,它们都受到各州资金的制约,这些资金随着国家经济状况的变化而波动,更具体地说是随着各州经济状况的变化而波动。为了保证招生数量,西弗吉尼亚大学需要经常访问西弗吉尼亚州及周边邻近各州的所有高中,向学生介绍有关煤炭能源在日常生活中的重要性、提供许多有关采矿的奖学金和暑期工作,以及向学生宣传毕业后会有很多高薪的好工作等;并持续跟进那些对采矿工程感兴趣的学生,直到他们入学并完成新生注册。为了帮助采矿工程系学生按时(即 4 年内)顺利完成本科课程,教师必须与学生保持密切联系,便于及时帮助学生解决学术或个人生活问题,以防学生发生安全事故。另外,密切的沟通使教师和学生成为朋友,这样学生才会敞开心扉告诉教师他们遇到的困难。因此,与学生保持密切的联系是很重要的。在美国,每位采矿系的教师辅导 5～20 个本科生,具体人数根据系里教师与本科生的人数而定。教师在每周的会议上经常汇报并讨论各自辅导的本科生的日常表现,学生的日常生活以及学习问题可以很快得到解决。采用这种方法,采矿工程专业学生的毕业率远远高于其他工程类专业。

在采矿课程管理方面,美国采矿工程专业课程大致可分为金属矿和煤矿方向两类。位于密西西比河以西的大学强调金属和贵重矿物的开采,而位于密西西比河以东的大学则强调煤矿或石矿的开采。1936 年,美国工程与技术认证委员会专业认证作为课程质量标准被采矿工程专业所接受。专业认证是课程管理质量的保证。在 2000 年,其评估标准着重于课程项目的教育目标及成果,传统的评估标准如教师人数、基础课程及专业课程的门数等也被涵盖其中。另外,由于技术进步和政府监管要求,煤炭行业常推出反映采矿前沿技术与知识的新课程,并看情形将其纳入本科课程,因此需要定期审查课程内容。在美国,大学教授可以自行决定课程的变更,课程变更后,院长和校长将对预算进行调整,使变更后的课程更加合理。

在矿业工程科研及管理体制方面,美国大学采矿科研项目资金来源及历程如图 1-3 所示。

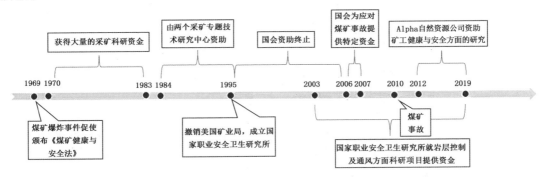

图 1-3 美国大学采矿科研项目资金来源及历程

由图 1-3 可知,20 世纪 60 年代中后期(1967—1968 年)发生的一系列煤矿爆炸事件促使国会通过了《煤矿健康与安全法》(1969 年),并在 1970—1983 年期间提供了大量的采矿科研项目资金,用于研究煤矿及金属矿存在的所有问题,几乎涵盖了与采矿相关的所有领域。1984—1995 年期间,采矿科研项目主要由两个采矿专题技术研究中心(矿山设计研究中心和煤灰尘控制技术研究中心)资助。1995 年,美国国会撤销了美国矿业局,并将采矿的项目移交国家职业安全卫生研究所;1995—2006 年期间,国会对采矿科研项目的资助几乎终止。2006—2007 年期间,国会为应对一些煤矿事故,如 Sago 煤矿、Aracoma 煤矿和 Darby 煤矿发生的爆炸事故,Crandall Canyon 煤矿发生的冲击地压事故,再次拨出相关特定的采矿科研项目资金,主要对已选定受影响区域的井下跟踪与通信、矿井密封与通风以及深井煤柱回采等进行短期的研究。2003 年,美国国家职业安全卫生研究所就岩层控制及通风方面提供采矿科研项目资金,直到现在,美国一半的大学都可以申请并得到该研究所的资助。2010 年 4 月 10 日,西弗吉尼亚州南部的 Massey 能源公司的 Upper Big Branch 煤矿发生瓦斯爆炸,造成 29 名矿工死亡。Massey 能源公司宣布破产,并被 Alpha 自然资源公司收购。2012 年,Alpha 自然资源公司拨出 5 000 万美元用于矿工健康与安全方面的研究,同时也作为承担这场矿灾法律责任的一部分资金。这项研究资金至今仍然存在。

另外,美国所有的采矿生产作业都要遵守联邦法律。1969 年通过的《煤矿健康与安全法》在 1977 年被扩充为《矿山健康与安全法》和《露天开采控制及复垦法》。其中《矿山健康与安全法》由美国矿山安全与健康管理局(Mine Safety and Health Administration,MSHA)管理,《露天开采控制及复垦法》由美国露天采矿复垦执法办公室(Office of Surface Mining Reclamation and Enforcement,OSMRE)管理。所有采矿计划都必须提交给上述两个机构,获得批准后才能实施。在制订采矿计划时,有些矿山可能需要专家的帮助;当矿井遇到诸如冒顶、塌方及突水等问题时,也需要外界帮助调查其原因及提出预防措施。在其他情况下,如当矿山管理部门和 MSHA 或 OSMRE 对矿山提交的采矿计划存在争议时,则需要第三方专家进行评估。因此,矿山领导、技术人员以及联邦政府矿山管理部门通常会邀请在矿山生产操作方面有丰富现场经验的专家(如笔者和其他大学相关专业的教授)提供咨询。

与其他工程学科相比,采矿工程系生源和科研项目经费来源非常少,而教师的评估标准与其他工程学科教师的相同,采矿工程系教师必须加倍努力才能获得与其他工程学科相同的资源,因此,采矿工程系主任及教师的压力非常大。在这种情况下,采矿工程系主任有额外的职责,即招收新生以增加入学人数、寻求外部捐赠等,最重要的是帮助教师在各自领域获得提升和发展以充分发挥其潜力。图 1-4 所示为一种包含采矿领导体制、外部资源拓展及采矿学术研究三方面的美国采矿工程科学研究方法及管理体制。

美国高校行政管理的目标是实现教师自治和道德建设,其体制是透明的。系主任必须营造良好的科研环境,指导新进教师,帮助他们在教学、学术研究和服务等方面建立自己的特长,帮助他们发展,使其得到行业认可。系主任还应认真监督和评估每个教师的教学业绩及教学成果,如熟悉课程大纲、课程细节及行业新的进展,与学生沟通和上课情况等,评估的结果应在年度绩效评估会议上向教师们展示,说明其优势或需要改进的地方。与其他工程类科研项目相比,过去 30 年来,联邦政府和采矿公司资助的采矿研究项目经费非常少,给采矿工程系教师带来了很大的压力。在这种情况下,系领导必须不断地、积极地发展和保持与政府机构和采矿公司的联系以争取科研经费,有任何新的消息和动态都要及时向教师传达,并鼓励和协助教师制订和提交项目研究计划。采矿工程系的领导必须提供充足的实验条件和设施,尤其是在实验设备方面,不仅要留住现有的优秀教师,还要吸引其他知名教师加入,打造优秀的教师团队。

如前所述,与其他工程类学科相比,采矿工程学科科研经费非常少,在有限的采矿科研项目资金条件下,很难竞争到足够的科研资源。因此,外部资源的拓展对采矿工程学科至关重要。外部资源拓展的目标是寻求外部支持,包括人脉、科研资金和特殊项目。人脉的支持包括学生招募和科研项目资助者的贡献。人脉的支持与资金的支持一样重要,因为它可以向大学行政部门表明,该学科专业得到了校友、朋友和行业的大力支持。1997 年,西弗吉尼亚大学与校友和煤炭行业的朋友合作,促成西弗吉尼亚州煤炭和能源研究局(Coal and Energy Research Bureau,CERB)的成立,该局每年提供 30 万美元采矿科研项目经费,平均

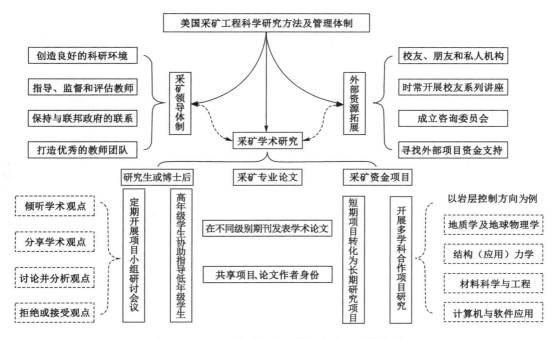

图 1-4 美国采矿工程科学研究方法及管理体制

分配给西弗吉尼亚大学采矿工程系的每位教授作为种子研究经费用于基础实验研究,这为以后向联邦政府、州政府及采矿公司等申请相关科研项目经费奠定了基础。获得采矿其他资助的关键是与校友、朋友和矿业公司建立联系。良好的关系是通过长时间沟通建立的,并需要长期的努力来保持,如通过频繁的电话沟通,关注媒体对个人新闻的报道,及时祝贺校友和朋友所取得的优秀成果等方式与资助者保持联系;通过出版宣传刊物(不仅包括教师和学生新闻,更重要的是校友活动)宣传采矿系的发展;打造系列讲座品牌,邀请校友和有成就的采矿学者作报告,充分发挥榜样的力量;感谢每一位资助者和志愿者,不论资助规模大小。

目前所有含有采矿工程系的大学都属州政府管辖并资助,所有采矿工程科研项目都由州政府管理,并由州立法机关控制项目经费。因此,必须与熟悉州政府政策的校友和行业支持者合作。为了使教师更好地履行教学、学术研究和课程管理以及外部资源拓展等职能,应成立一个由学术界、政府、科技咨询单位、设备制造商和运营商等有影响力的代表组成的咨询委员会,为教学及科研项目提供建议。

科研是提高教学质量和人才培养质量的重要手段,科研与教学紧密结合,互相促进。另外,教师的科研成果或声誉也反映了大学的地位。因此,进行采矿工程学术研究在大学里受到高度的重视和激励。科研工作需要三个部分:教师、资金项目和研究生(硕士生、博士生)或博士后。教师主要提供和创造研究环境和条件,如实验室、科研项目资金、学生奖学金以及研究生薪酬;研究生是学术研究的主力军,需要保持好奇心、努力工作,拥有追求创新和实事求是的精神,因此培养一群优秀的研究生,并定期召开研究生小组研讨会至关重要。由于教师主要依靠研究生来开展项目研究,招收高质量的研究生是获得高质量成果的先决条件。特别是采矿业处于下降周期时,应主动与各校或世界知名的研究人员进行接触和沟通,多招聘行业内的顶尖人才。采矿科学研究的新突破是矿业工程学科专业发展的主要工作之一,教师必须进行持续的研究,与其专业领域同步发展。

由于采矿工程涉及多个学科,从事采矿学术研究应结合其他相关学科,如以岩层控制方向为例,研究中应结合地质学、地球物理学、结构(应用)力学、材料科学与工程、计算机与软件应用等相关的学科。从短期小项目中提炼出科学问题并进行深入研究对学科发展是十分重要的。换言之,教师应将短期项目转化为长期研究项目,并将短期项目得到的研究成果发展成更广泛、更基本的理论,以推广至整个行业。为了实现这一目标,教师必须了解每个项目的细节,熟知那些重要且尚未解决的问题,指导分配给特定的研究生去做,并形成高年级研究生协助指导低年级研究生的培养模式,使下一批研究生继续研究,促进采矿科学不断深入发展。学术成果的数量和质量在学术研究绩效评估中是同等重要的。学术成果质量通常是由发表学术论文的期刊级别确定的。就采矿工程而言,顶级学术期刊较少,且在顶级学术期刊上发表论文周期较长(一般需要 2 年时间)。在规定的任期和晋升期内达到最低出版物数量的一种方法是:在可行的情况下,鼓励项目内外的教师开展合作研究,并在出版物中共享作者身份。同样的原则也适用于科研项目申请书的撰写。这种方法可以加强教师之间的沟通,从而充分利用教师资源。确保发表高质量论文或出版著作的一种方法是:由研究小组内的教授逐字逐句地审查其论述的准确性,并鼓励在研究小组会议上对论文或著作进行公开讨论并提供修改建议。

在矿业工程研究生教育方面,研究生是协助教师做科研的主力军,博士研究生可以发表更高质量的学术论文。少数教师选择在其专业领域内单独从事科学研究,多数则选择与其他专业的教师进行多学科交叉合作研究。在美国,教师没有科研项目资金就不能招收研究生,但是,任何工程学科招收的研究生人数不受限制;美国大多数采矿工程专业研究生主要为海外留学生。通常情况下,研究生一年级的学生专业知识较为薄弱,没办法参与正在进行的研究项目。因此,应少分配其有关研究项目的任务,而是建议他们多学习相关研究方向的专业课程,以加强专业知识,提高基础学术研究的能力。硕士生、博士生的学位论文应是对现有知识的完善或对新知识的探索,或两者兼而有之。

1.3.2 我国矿业工程学科人才培养现状

我国矿业工程学科与国外存在一定的差异,培养规模远大于国外。该学科是关于矿物资源安全、高效、环境友好地开采以及有效加工和利用的工程技术学科。矿业工程学科的研究目标是将各种矿产资源以绿色、科学、安全、经济、高效的方式开采出来进行有效、合理和充分的利用。研究内容主要包括矿物资源开发新模式;不同矿床种类的采矿新理论、新技术、新工艺和新装备;矿业开发活动对自然生态系统的影响评价及环境保护;矿物加工过程的物理、化学和生物作用机理及高效清洁的矿物加工工艺、药剂和设备;矿产资源的深加工、精加工及分级利用、提级升值的全值化开发与利用技术;矿山开采和矿物加工过程中的安全保障理论与技术;矿业经济与管理的技术与方法,资源-环境-经济-社会相协调的矿业可持续发展的途径与方法;关闭矿区资源再利用与可持续发展;等等。研究对象包括煤炭、有色金属、黑色金属、稀土、建材等。我国的矿业工程学科通常设有采矿工程、矿物加工工程等二级学科。矿业工程学科的理论与技术体系包括采矿学、矿物加工学、矿业安全、矿业环保、矿业经济、矿业系统工程、矿山机电工程等。除传统的数学、力学、化学等理论外,现代矿业工程学科还吸收了其他学科的新理论与新技术,如控制理论、非线性科学、信息和智能科学、管理科学、地球物理化学与生物学等。

矿业工程学科是基础科学与工程技术密切结合的工程学科,既要根据资源赋存特征、环境容量、经济特性等来完善和发展传统的矿业工程科技,又要融合现代科技不断提升和发展。采矿工程主要研究矿产资源开采的理论和技术,对人类社会有效地开发与利用其赖以生存和不断变化的自然资源具有重要作用。社会的发展与进步要求采矿行业不断提高机械化、自动化和智能化程度,提高生产效率,改善采矿工程设计和管理水平,重视矿山安全技术以及环境保护,用现代高新技术改造传统的采矿工程,实现矿产资源开发与社会经济的协调、绿色、科学、可持续发展。矿物加工工程是利用物理、化学、生物的原理与技术来实现矿物分离、富集及精深加工,以使矿产资源达到最大化洁净利用目的的学科。矿物加工工程学科已从初始的为冶金、能源、化工提供原料和燃料的单一选矿工程技术,发展成为涵盖选矿、资源综合利用、矿物材料、粉体工程、矿物深加工和精加工、环境污染防治等多项工程技术的学科新领域,矿物加工工艺趋于高效、洁净化,矿物分选方法趋于多样化,注重矿产资源综合开发利用。同时,矿物加工技术在环境保护、二次资源利用、节能减排等领域也发挥着不可或缺的作用,特别是在我国矿产资源日益贫乏、环境保护要求日趋严格的情况下,矿物加工的作用愈显重要。

根据有关资料,截至 2020 年年底,全国共有 38 所高校和科研机构设有矿业工程学科,其中一级博士点授权单位 21 个,一级硕士点授权单位 34 个,二级硕士点授权单位 4 个,名单见表 1-1。学位授权点单位数量和布局适度,地域分布合理,基本满足我国矿业开发和人才培养的需求。

表 1-1 我国矿业工程学科博士、硕士学位点授权单位明细

序号	单位名称	学科名称/代码	省(自治区、直辖市)	授权级别
1	安徽理工大学	矿业工程/0819	34 安徽省	博 士
2	北京科技大学	矿业工程/0819	11 北京市	博 士
3	东北大学	矿业工程/0819	21 辽宁省	博 士
4	河南理工大学	矿业工程/0819	41 河南省	博 士
5	湖南科技大学	矿业工程/0819	43 湖南省	博 士
6	华北理工大学	矿业工程/0819	13 河北省	博 士
7	江西理工大学	矿业工程/0819	36 江西省	博 士
8	昆明理工大学	矿业工程/0819	53 云南省	博 士
9	辽宁工程技术大学	矿业工程/0819	21 辽宁省	博 士
10	煤炭科学研究总院	矿业工程/0819	11 北京市	博 士
11	南华大学	矿业工程/0819	43 湖南省	博 士
12	内蒙古科技大学	矿业工程/0819	15 内蒙古自治区	博 士
13	山东科技大学	矿业工程/0819	37 山东省	博 士
14	太原理工大学	矿业工程/0819	14 山西省	博 士
15	武汉科技大学	矿业工程/0819	42 湖北省	博 士
16	武汉理工大学	矿业工程/0819	42 湖北省	博 士

表 1-1（续）

序号	单位名称	学科名称/代码	省（自治区、直辖市）	授权级别
17	西安科技大学	矿业工程/0819	61 陕西省	博 士
18	中国矿业大学	矿业工程/0819	32 江苏省	博 士
19	中国矿业大学（北京）	矿业工程/0819	11 北京市	博 士
20	中南大学	矿业工程/0819	43 湖南省	博 士
21	重庆大学	矿业工程/0819	50 重庆市	博 士
22	北京矿冶研究总院	矿业工程/0819	11 北京市	硕 士
23	福州大学	矿业工程/0819	35 福建省	硕 士
24	广西大学	矿业工程/0819	45 广西壮族自治区	硕 士
25	贵州大学	矿业工程/0819	52 贵州省	硕 士
26	河北工程大学	矿业工程/0819	13 河北省	硕 士
27	黑龙江科技大学	矿业工程/0819	23 黑龙江省	硕 士
28	辽宁科技大学	矿业工程/0819	21 辽宁省	硕 士
29	马鞍山矿山研究院	矿业工程/0819	34 安徽省	硕 士
30	山东理工大学	矿业工程/0819	37 山东省	硕 士
31	武汉工程大学	矿业工程/0819	42 湖北省	硕 士
32	西安建筑科技大学	矿业工程/0819	61 陕西省	硕 士
33	西南科技大学	矿业工程/0819	51 四川省	硕 士
34	长沙矿冶研究院	矿业工程/0819	43 湖南省	硕 士
35	中国地质科学院	矿物加工工程/081902	11 北京市	硕士二级
36	武汉安全环保研究院	安全技术及工程/081903	42 湖北省	硕士二级
37	北京有色金属研究总院	矿物加工工程/081902	11 北京市	硕士二级
38	长沙矿山研究院	采矿工程/081901	43 湖南省	硕士二级

一级学科博士学位点授权单位有中国矿业大学、中国矿业大学（北京）、中南大学、北京科技大学、东北大学、重庆大学、河南理工大学、辽宁工程技术大学、太原理工大学、煤炭科学研究总院、山东科技大学、安徽理工大学、湖南科技大学、华北理工大学、江西理工大学、昆明理工大学、南华大学、内蒙古科技大学、武汉科技大学、武汉理工大学、西安科技大学。一级学科硕士学位点授权单位除上述 21 个一级学科博士点授权单位外，还有北京矿冶研究总院、福州大学、广西大学、贵州大学、河北工程大学、黑龙江科技大学、辽宁科技大学、马鞍山矿山研究院、山东理工大学、武汉工程大学、西安建筑科技大学、西南科技大学、长沙矿冶研究院。二级学科硕士学位点授权单位有中国地质科学院、武汉安全环保研究院、北京有色金属研究总院、长沙矿山研究院。多数学位授予单位的矿业工程一级学科下均设置采矿工程和矿物加工工程两个二级学科，而部分单位的矿业工程一级学科还设置矿山安全与灾害防治等二级学科。

目前各授权单位的招生学科除采矿工程、矿物加工工程、安全技术及工程 3 个外，自主设置并招生的二级学科有资源开发规划与设计、洁净能源工程、矿物材料工程、矿山空间信息工程、资源开发决策与数字矿山、矿山环境工程、矿山机电工程、矿物材料工程、矿业管理工程、地下工程、矿山地质工程、资源经济与管理、矿业信息工程、煤化工、矿冶环境工程、岩土与地下工程、爆炸动力学及其应用、地质与资源勘查、化学冶金与分离工程、矿产资源开发与利用、矿山安全与灾害防治、矿业电气与自动化、矿山信息工程、矿业经济与管理、矿山岩体力学与工程共 25 个。

经过数十年的教学与研究实践，围绕矿产资源开采与加工两大领域，我国矿业工程学科形成了特色鲜明的研究方向。学科在绿色开采、智能开采、深部开采、高效率连续化开采、共伴生资源协调开采、矿山管理与装备、无爆破采矿等非传统采矿技术领域，在战略性矿产资源开发利用、井下原地选矿、难分离矿物高效回收、尾矿和固体废弃物资源化综合利用、矿山环境保护和安全生产等专业领域获得突破，实现人居、资源与环境的可持续协调发展。主要研究方向如下。

采矿理论与技术：绿色开采、科学开采、充填开采、安全高效开采、煤与共伴生资源协调开采、煤炭地下气化、智能开采、智慧矿山、深部开采、露天开采、海洋采矿、采选充一体化、低贫损采矿技术、化学采矿、固体废弃物资源化技术、流态化开采、保水开采、全生命周期矿区建设等。

矿山压力与岩层控制：矿山岩体力学、深部原位岩石力学、多场耦合岩石力学、采动岩层运动与控制、开采沉陷与防控、动力灾害防控、巷道与采场围岩稳定控制、露天矿边坡与排土场稳定、矿井建设、巷道掘进与支护等。

资源加工利用与洁净利用：煤炭分选与筛分技术、煤基洁净燃料技术、煤炭深度脱硫降灰技术、矿物加工过程智能控制、矿物材料、矿产资源综合利用、煤炭伴生矿物资源化利用、金属与非金属矿产分选与综合利用、贫杂矿产资源选矿关键技术、矿物材料及综合利用、战略性矿产资源高效利用、有色及稀贵金属资源清洁选冶、矿物生物技术、粉体制备与应用、海洋多金属矿产资源综合利用、铁矿造块与二次资源综合利用、离子型稀土原地溶浸、复杂多金属共生资源综合利用等。

矿山安全与灾害防治：煤矿安全、非煤矿山安全、矿井通风与防尘、瓦斯灾害防治、矿井水害防控、岩爆与冲击地压等矿山动力灾害防控、矿井降温等。

采动损害与生态保护：煤矿岩层与地表移动、各类建（构）筑物压煤开采、低损伤开采、矿区生态修复与重建、矿区生物地球化学过程与环境效应、矿区生态调控、塌陷区综合治理与利用、采动损害评价、矿山污染防治等。

据不完全统计，我国高校、研究院 38 个矿业工程学科学位授予单位在读硕士研究生总数超过 10 000 名，在读博士研究生总数超过 1 200 名，境外留学研究生总数超过 200 名。我国矿业工程学科已培养各类研究生超过 5 万名，部分研究生已成为各企事业单位的骨干。其中中国矿业大学、中国矿业大学（北京）、中南大学、北京科技大学、东北大学等的矿业工程学科每年研究生招生数量均在 200 名以上，河南理工大学的矿业工程学科每年研究生招生数量在 150 名左右。随着我国的研究生教育稳步发展和研究生扩招，矿业工程学科的研究生培养规模还会有一定程度的扩大，本科生的数量将会更多。近几年我国原主要煤炭院校矿业（采矿）工程专业招生及毕业生人数见表 1-2。矿业工程学科人才培养成效显著，基本满足了矿业工程领域各级技术人才和管理人才的需求。95% 以上研究生在学期间参与科研项目研究工作，其中以国家重点研发计划项目、国家自然科学基金项目、教育部博士点基金项目、省部级基金项目等为主,此外还有大量的横向科研和技术服务项目。

表 1-2 部分煤炭院校矿业(采矿)工程学科招生及毕业生人数

学校	年份	采矿工程(含智能采矿)招生人数/人	矿业工程招生人数/人			采矿工程毕业生人数/人	矿业工程毕业生人数/人		
		本科生	硕士生		博士生	本科生	硕士生		博士生
			专硕	学硕			专硕	学硕	
河南理工大学	2019	259	37	20	10	148	19	18	9
	2020	215	50	27	12	178	19	21	8
	2021	154	62	37	13	194	15	17	5
	2022	154	92	37	11	222	36	19	14
	2023	148	94	34	13	229	50	27	9
中国矿业大学	2019	228	106	94	78	123	90	76	26
	2020	215	173	106	88	151	112	56	25
	2021	234	130	95	89	161	139	72	24
	2022	245	149	92	109	159	118	71	25
	2023	230	152	89	88	218	144	72	37
中国矿业大学(北京)	2019	106	100	61	44	72	84	51	28
	2020	100	114	61	47	65	97	46	11
	2021	120	137	66	46	95	90	53	24
	2022	120	140	69	62	103	81	56	31
	2023	120	132	64	55	91	101	54	32
太原理工大学	2019	210	20	50	5	193	30	49	4
	2020	180	60	50	6	206	30	43	3
	2021	170	80	50	7	141	45	35	9
	2022	180	80	50	8	169	44	30	7
	2023	190	140	70	10	162	60	50	5
山东科技大学	2019	209	29	31	12	135	17	47	6
	2020	180	37	48	15	203	29	36	8
	2021	170	55	55	14	154	24	28	11
	2022	160	76	61	18	155	38	38	14
	2023	150	85	67	17	165	50	45	10
安徽理工大学	2019	103	9	22	9	98	0	8	3
	2020	107	26	27	9	59	2	5	3
	2021	139	53	34	11	61	6	15	5
	2022	123	59	35	11	86	9	16	5
	2023	139	54	40	12	81	25	22	6

表 1-2（续）

学校	年份	采矿工程（含智能采矿）招生人数/人	矿业工程招生人数/人			采矿工程毕业生人数/人	矿业工程毕业生人数/人		
		本科生	硕士生		博士生	本科生	硕士生		博士生
			专硕	学硕			专硕	学硕	
西安科技大学	2019	179	40	30	15	216	20	19	8
	2020	175	62	33	17	134	17	24	9
	2021	210	69	36	22	135	21	14	6
	2022	212	79	37	22	152	40	26	6
	2023	249	89	47	27	168	58	28	20
辽宁工程技术大学	2019	66	19	26	17	93	7	21	10
	2020	70	8	26	17	48	0	32	3
	2021	76	0	38	22	53	9	16	7
	2022	88	0	44	20	49	15	23	12
	2023	89	69	44	19	70	8	44	9
湖南科技大学	2019	80	26	11	10	73	5	5	3
	2020	63	20	11	12	57	7	23	3
	2021	71	19	13	13	64	26	24	8
	2022	75	25	14	9	68	28	11	5
	2023	61	23	9	12	55	20	10	8

研究生在学期间除参加科研项目以外，还要积极发表学术论文，平均每名博士研究生在学期间大约发表 2 篇高水平学术论文，平均每名硕士研究生大约发表 0.6 篇高水平学术论文。部分博士研究生参与导师的学术著作撰写和出版工作。少量研究生作为参与人在学期间获得省部级科技奖励，个别研究生获得国家科技奖励。各高校鼓励在学研究生积极参加创新创业、矿业科普活动，以及各类公益和志愿者活动，积极服务社会；鼓励研究生积极申请国家留学基金委的与国外高校、科研机构联合培养项目，博士研究生获批出国联合培养 1 年以上项目的比例为 10% 左右，个别单位可达 30%。70% 以上的在学研究生参加国内学术会议或国内举办的国际学术会议，少量研究生出国参加学术交流或赴境外短期访学。

我国矿业工程学科人才培养的基本要求是：培养具有良好思想道德修养、健全人格，具有较强社会责任感和较高职业素养，德智体美劳全面发展，具有一定经济管理才能、环境保护知识、国际视野和良好科学素养，掌握坚实的学科基础理论知识，具有较强的实践能力和解决复杂工程问题的能力，富有创新意识和创新精神，成为能够从事矿业工程及相关领域的生产、管理、设计、研发的复合型人才。通过研究金属矿、非金属矿、煤炭开采或矿物加工的新理论、新技术、新工艺，培养学生掌握矿床开采或矿物加工基础理论和方法，使其成为在矿业领域等方面从事矿业开发及规划、矿山开采设计、矿物加工与利用、矿山安全及工程设计、监理、监察、生产技术管理、科学研究工作的高层次专业技术人才。

采矿工程专业研究生采取模块化培养方式，研究生可以自由选择研究方向和相应课程；突出行业需求，紧紧围绕矿山行业实际，着眼新技术的开发与应用，将新技术、新方法、新手段充实到教学中;坚持"厚基础、重实际应用、博前沿知识"的原则,实行专题教学;加强对实践环节的考核,要求实践教学不少于半年。

1.4 主要研究内容

根据党中央"推动和实现高等教育内涵式发展"的要求,在分析矿业工程人才需求与就业现状、矿业工程国内外人才培养现状和有关问题基础上,从高水平师资队伍建设、教育教学改革、教学质量保障、育人平台和育人模式构建以及国际化人才培养等方面,研究提出矿业工程学科协同育人模式、构建和优化协同育人培养体系、创立学科育人品牌,不断提升教育教学质量和人才培养质量。以"立德树人"为中心构建产学研协同育人模式,努力实现"学生忙起来、教师强起来、制度硬起来、质量高起来"的教学改革目标。在培养模式、专业建设、一流课程开发、实训基地、师资队伍上突破传统路径,形成独具特色的采矿育人模式和育人品牌。为此,本书的主要内容如下:

(1)全面落实立德树人根本任务,坚持"为党育人,为国育才",把思政工作贯穿教育教学全过程。形成三全育人模式和思政教学方法,创建思想政治育人品牌和弘扬"采矿精神,乌金品质"矿业工程学科历史文化,思想政治与文化品牌协同育人,建立学生的自信心与自豪感,巩固学生的爱国意识、规矩意识和敬业精神。

(2)突出人才培养的核心地位,研究搭建多功能专业化矿业工程学科产教、科教融合协同育人平台。通过调研矿业工程学科的教学科研水平及功能属性,建立多功能专业化产教融合智慧教学平台,包括矿业工程学科的科研平台、教学平台、实践基地等。构建集教学、科研、创新等功能于一体的横向协同、纵向发展的国家、省、校三级立体教学平台,提升育人平台和育人品牌建设质量。

(3)研究提升师资队伍的师德师风和业务能力建设整体水平,根据矿业工程学科师资队伍、科研团队、基层教学组织的情况等建立多样性梯队式产教融合智慧教学团队。

(4)研究实施以学生发展为中心、以学生学习为中心、以学习效果为中心,即"新三中心"的教育模式改革,在智能化背景下通过采矿工程专业综合改革和新工科专业升级改造,以国家一流专业和一流课程建设为契机,开发多机制联动式产教融合协同育人模式,提升采矿工程专业人才培养质量。

(5)开展培养方案和课程体系优化研究,完善教学保障条件与资源,研究构建人才培养课程体系和教学质量监控与教学评价方法,探索多目标引领性产教融合协同教学质量保障体系,实现人才培养目标。

(6)研究提出矿业工程国际化人才培养机制与方法,打造国际交流合作平台,完善国际交流与合作机制,结合矿业工程学科教师访学、学生留学深造、招收留学生及培养情况,并通过参加或召开国际会议,加强国际交流,逐步形成国际化人才培养机制与方法,提升矿业工程学科师资队伍国际化水平,拓宽学生国际视野。

(7)总结分析采矿工程专业人才培养的成效,研究分析采矿工程专业招生与就业存在的问题并加以解决,推广研究成果和工作经验,促进矿业工程学科人才培养质量的提升。

2 课程思政与育人文化品牌建设

百年大计,教育为本。党中央、国务院高度重视高等教育事业,习近平总书记强调,我们对高等教育的需要比以往任何时候都更加迫切,对科学知识和卓越人才的渴求比以往任何时候都更加强烈。为适应新世纪经济和社会发展需要,矿业工程学科抢抓历史机遇,主动对接国家重大发展战略和能源行业、地方需求,主动适应矿井智能化转型发展对矿业工程的需求,采矿工程专业发展走上快车道。

采矿工程专业依托矿业工程学科优势进行专业综合改革,坚持立德树人根本任务,强化育人文化品牌建设,以课程思政和课程建设为抓手,强力推进和深化教学内容和教学方法改革研究,获批建设多门国家级、省级精品课程和一流课程,课程教学改革成果走在煤炭高校前列。采矿工程专业主动适应矿井智能化转型发展,先后与国家能源投资集团有限责任公司、大同煤矿集团有限责任公司、河南能源集团有限公司等20余家大型企业共建联合培养和实践基地,通过"引企入教"和采矿工程卓越工程师培养计划,与工业界一道制定本科生培养方案,推动采矿工程国家级一流专业教学改革和新工科建设。

河南理工大学采矿工程专业课教师深刻领会党中央"推动和实现高等教育内涵式发展"的要求,深入学习教育部新时代全国高等学校本科教育工作会议"以本为本"和"四个回归"精神,以国家级一流专业和一流课程建设为牵引,构建了"1234"的教学改革和创新人才培养体系,即"立德树人"一个中心、"思政+学科"两个引领、"工程教育专业认证+新工科+国家级一流专业"三个贯通、"理实、产教、科教、创教"四个融合。通过持续的专业和课程建设,努力实现"学生忙起来、教师强起来、制度硬起来、质量高起来"的教学改革目标,为服务河南经济社会和全国矿业、能源产业高质量发展作出贡献。

2.1 课程思政为引领,课程改革为载体

2.1.1 课程思政教学改革思路

培养什么人、怎样培养人、为谁培养人是教育的根本问题。随着经济全球化深入发展,信息网络技术突飞猛进,各种思想文化交流交融交锋愈加频繁,高校学生成长环境发生深刻变化。青年学生思想意识更加自主,价值追求更加多样,个性特点更加鲜明。高校人才培养过程中存在的一些问题直接影响立德树人的效果,必须引起高度重视,切实加以解决。这主要表现在重智轻德,单纯追求分数,学生的社会责任感、创新精神和实践能力较为薄弱;课程内容有机衔接不够,部分课程内容交叉重复,教材的系统性、适宜性不强;与课程改革相适应的考试、评价制度不配套,制约着教学改革的全面推进;教师育人意识和能力有待加强,课程资源开发利用不足,支撑保障课程改革的机制不健全。

坚持立德树人是发展中国特色社会主义教育事业的核心所在,是培养德智体美劳全面发展的社会主义建设者和接班人的本质要求。国际竞争日趋激烈,人才强国战略深入实施,

时代和社会发展需要高校肩负起进一步提高国民综合素质、培养创新人才的重任,课程思政和课程改革成为落实立德树人的载体。

落实立德树人为中心,深刻把握教育教学规律,以课程思政和学科(课程)改革发展的成果引领人才培养。习近平总书记作出"要用好课堂教学这个主渠道,思想政治理论课要坚持在改进中加强,提升思想政治教育亲和力和针对性,满足学生成长发展需求和期待,其他各门课都要守好一段渠、种好责任田,使各类课程与思想政治理论课同向同行,形成协同效应"的重要指示。课程是教育思想、教育目标和教育内容的主要载体,集中体现国家意志和社会主义核心价值观,是学校教育教学活动的基本依据,直接影响人才培养质量。要推动专业课程与思想政治理论课同向同行,形成协同效应,将价值塑造、知识传授和能力培养融为一体。

全面深化课程改革,整体构建符合教育规律、体现时代特征、具有中国特色的人才培养体系,建立健全综合协调、充满活力的育人体制机制,落实立德树人根本任务,是提高国民素质、建设人力资源强国的战略行动,是适应教育内涵式发展、基本实现教育现代化的必然要求,对于全面提高育人水平,让每个学生都能成为有用之才具有重要意义。

2.1.2 课程思政建设和具体做法

根据教育部《高等学校课程思政建设指导纲要》(教高〔2020〕3 号)的要求,课程思政建设内容要紧紧围绕坚定学生理想信念,以爱党、爱国、爱社会主义、爱人民、爱集体为主线,围绕政治认同、家国情怀、文化素养、宪法法治意识、道德修养等重点优化课程思政内容供给,系统进行中国特色社会主义和中国梦教育、社会主义核心价值观教育、法治教育、劳动教育、心理健康教育、中华优秀传统文化教育。

(1)根据矿业工程学科专业的特色和优势,深入研究矿业工程学科专业的育人目标,深度挖掘提炼专业知识体系中所蕴含的思想价值和精神内涵,科学合理拓展专业课程的广度、深度和温度,从能源行业等角度,增加课程的知识性、人文性,提升引领性、时代性和开放性。

(2)在课程教学中把马克思主义立场观点方法的教育与科学精神的培养结合起来,提高学生正确认识问题、分析问题和解决问题的能力。注重强化学生工程伦理教育,培养学生精益求精的大国工匠精神,激发学生科技报国的家国情怀和使命担当。

(3)矿业工程专业实验实践课程,要注重学思结合、知行统一,增强学生勇于探索的创新精神、善于解决问题的实践能力。创新创业教育课程,要注重让学生"敢闯会创",在亲身参与中增强创新精神、创造意识和创业能力。社会实践类课程,要注重教育和引导学生弘扬劳动精神,将"读万卷书"与"行万里路"相结合,扎根中国大地了解国情民情,在实践中增长智慧才干,在艰苦奋斗中锤炼意志品质。

(4)课程思政融入课堂教学建设,作为课程设置、教学大纲核准和教案评价的重要内容,落实到课程目标设计、教学大纲修订、教材编审选用、教案课件编写各方面,贯穿于课堂授课、教学研讨、实验实训、作业论文各环节。讲好用好马克思主义工程重点教材,推进教材内容进人才培养方案、进教案课件、进考试。创新课堂教学模式,推进现代信息技术在课程思政教学中的应用,激发学生学习兴趣,引导学生深入思考。健全课堂教学管理体系,改进课堂教学过程管理,提高课程思政内涵融入课堂教学的水平。综合运用第一课堂和第二课堂,深入开展"青年红色筑梦之旅""百万师生大实践"等社会实践、志愿服务、实习实训活动,不断拓展课程思政建设方法和途径。

2.1.3　课程思政教学特色

河南理工大学"采矿文化"课程思政特色化教学研究示范中心依托采矿工程、智能采矿工程、新能源科学与工程三个专业,组建绿色智能开采、矿区生态保护、能源清洁利用三个教学团队,培养传统能源和新兴能源开发高级专业人才。

以传统能源开发类专业和新兴能源开发类专业的核心课程为主要建设目标,主要核心课程如图2-1所示。

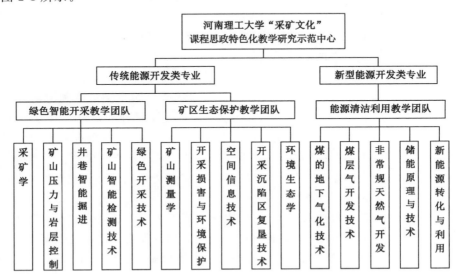

图2-1　"采矿文化"课程思政特色化教学研究示范中心核心课程体系

课程知识体系与价值体系特点举例如下。

(1)"采矿学"课程思政建设特色

知识体系:主要包括采煤方法、准备方式、井田开拓、特殊开采、非煤固体矿床开采等内容。

价值体系:包括以习近平新时代中国特色社会主义思想为指导,引导学生筑牢思想信念,锤炼高尚品格,关注能源战略,掌握必备专业知识,成为国家煤炭战略合格的建设者和接班人。

思政融入:用煤炭开采的非凡历史和伟大成就体现煤炭人开拓创新的"采矿精神",以"焦作煤矿工人特别能战斗"的红色记忆诠释煤炭人的"乌金品质",增强青年学子的民族自信心和自豪感。用正反两方面的工程实例,培养学生的工程意识,时刻牢记自己的工程责任和社会担当,将"工匠精神"内化于心。

(2)"开采损害与环境保护"课程思政建设特色

该课程是采矿工程专业核心课程,是"开拓、掘进、回采、保护"的重要一环,其知识体系包括煤矿开采地表移动和变形规律、地表变形预计等理论知识,建筑物下、水体下、线性构筑物下和承压水上开采技术与方法,开采对矿区生态环境影响及评价等内容。

价值体系:以大爱精神为导向,以"采矿精神、乌金品质"为引领,秉承"学生中心、产出导向、持续改进"理念,以"能力提升、学习效果反馈、考核评价方式、学生参与度"为切入点,牢固树立社会主义生态文明观、社会主义核心价值观等内容。

思政融入：以"一个意识、二个思维、三个观念、四个气质"为思政元素融入点。即培养政治意识，构建立德树人长效机制；以科学思维和国际化思维培养学生的绿色开采和科学采矿思维方式；以大局观、价值观和可持续发展观培养学生的人文社会科学素养、社会责任感；以"采矿精神，乌金品质"培养学生的浩然正气、壮志豪气、昂扬锐气、宽宏大气。

（3）"煤层气开发技术"课程思政建设特色

知识体系：主要包括煤层气形成条件、富集成藏机制、储层评价方法、测井技术、钻井技术、增产改造技术等内容。

价值体系：包括社会主义生态文明观、社会主义核心价值观等内容。教师通过讲授课程知识，使学生掌握煤层气开发的基本理论与方法，建立社会主义生态文明观，引导学生从更高、更宽、更广的维度思考人与自然、社会以及自身协调发展的辩证关系。

思政融入：以我国科学家在煤层气开发领域取得的举世瞩目的成就和河南理工大学煤层气团队的创新成果为思政元素融入点，大力弘扬爱国主义精神和爱校光荣传统，把自己的科学追求、人生价值融入科技强国强校的伟大事业，养成明辨是非、探求真理的科学精神和精益求精、诚实守信的大国工匠精神；培养学生以爱国主义为核心的民族精神和以改革创新为核心的时代精神，激发学生创新发展、科技报国的家国情怀和使命担当；注重职业道德教育，引导学生树立探索未知、追求真理的责任感。

综上，以社会主义核心价值观为内涵，以构建一流课程群为抓手，以"采矿特色文化"为载体，以名人名师为引领，以学院传统能源开发和新能源开发类专业课程为建设对象，构建课程知识体系和价值体系有机融合的课程内容体系，体现矿业工程课程思政教学特色。

2.1.4　课堂教学管理体系建设

（1）构建"一引领、二支撑、六融入"的课程思政教学体系

为了构建全面覆盖、类型丰富、层次递进、相互支撑的课程思政体系，真正把思想政治教育贯穿于各个专业的人才培养体系，发挥好每门课程的育人功能，河南理工大学"采矿文化"课程思政特色化教学研究示范中心立足高等教育的办学定位与立德树人的人才培养目标，紧紧围绕教师队伍"主力军"、课程建设"主战场"、课堂教学"主渠道"三大主要载体，让学院所有教师、所有课程都承担好育人责任，守好一段渠、种好责任田，使各类课程与思政课程能够同向同行，将显性教育和隐性教育相统一，构建全员全程全方位育人的大格局。修订完善各专业的人才培养方案，积极构建以课程思政育人理念为引领，以通识课程平台、专业课程平台为支撑，以课程思政融入人才培养方案、融入专业职业素养、融入各专业课程大纲、融入学生实践活动、融入教师考评体系、融入企业对毕业生的考评体系的"一引领、二支撑、六融入"的课程思政教学体系。

（2）构筑"三位一体"的课程思政教学标准

立德树人成效是检验高校一切工作的根本标准。紧紧围绕立德树人根本任务，整体修订与规划与人才培养目标相一致的教学大纲，形成集价值塑造、能力培养和知识传授三者于一体的课程思政教学大纲，构筑"三位一体"的课程思政教学标准。全面推进课程思政建设，寓价值观引导于知识传授和能力培养之中，帮助学生塑造正确的世界观、人生观、价值观。整体修订与规划课程思政的教学大纲，制定专业课程德育渗透教学标准，对思政教育的渗透

工作进行统筹规划与指导；学院研究确定专业课程德育渗透主体目标，修订课程教学大纲，并依托行动导向的教学设计，结合教学内容挖掘课程德育渗透素材，合理选择渗透形式；各系定期组织教师集体备课，从整体上把握教学内容，深入挖掘教材中的德育渗透素材，找准知识技能与思政教育的结合点，引导专业课程教师在专业课程标准的制定、授课等教学环节对学生进行相应的专业思想品德教育。

（3）打造理工类专业课程思政教学育人体系

深入梳理专业课教学内容，结合不同课程特点、思维方法和价值理念，深入挖掘课程思政元素，有机融入课程教学，达到润物无声的育人效果。紧密结合各专业分类和课程设置情况，打造理工类专业课程凸显注重科学思维方法训练和科学伦理与工程伦理教育的教学方法与技巧。精心构建"专业知识—典型案例—思政元素"三位一体的第一课堂课程思政教学知识和价值体系，创新以课堂知识传授为核心、实践能力培养为外延拓展、学科素养熏陶为环境浸润的第二课堂课程思政育人模式，打造集知识性、思想性、政治性于一体的第三课堂专业核心课程思政专题案例库。

2.1.5 课程思政教学案例

（1）"采矿学"课程思政教学案例

该课程是采矿工程专业核心课程，课程教学团队在教学中始终立足立德树人的人才培养目标，不断优化课程思政内容，通过挖掘采矿领域重大创新成果，以采煤方法、准备方式、井田开拓、特殊开采、非煤开采和露天开采等专业知识为切入点，融入中国古代伟大的煤炭人、建党百年来煤炭开采对国家发展的巨大贡献、中华人民共和国成立以来煤矿科技发展的巨大成就、老一代采矿科学家献身煤炭科技事业的感人故事、采矿前辈奋斗成才之路、煤炭行业成功与失败案例分析等思政元素，把家国情怀、社会责任、职业素养、工匠精神、乌金品质、德才兼备等作为课程思政建设的主要方向和重点，增强学生对采矿专业的自豪感和使命感，培养学生追求真理、严谨治学、潜心研究的高贵品质以及勇攀高峰、敢为人先的创新精神，激发学生爱国、敬业之情，传承煤炭人开拓创新的采矿精神和乌金品质，树立正确的人生观和价值观。"采矿学"课程知识与思政育人体系见图 2-2。

（2）"开采损害与环境保护"课程思政教学案例

该课程是采矿工程专业核心课程，是国家级精品课程、国家级一流本科课程（线上线下混合式）。课程注重把习近平总书记"绿水青山就是金山银山"重要论述、社会主义核心价值观、法律法治、职业理想与职业道德等思政元素融入教学环节，凝练并形成"一二三四"的育人体系，即"一个意识、二个思维、三个观念、四个气质"，从课程目标的知识、能力和价值三个层面进行培养，将科学研究成果和典型案例转化为课程思政建设成果，探索并实践"滴灌式""浸润式""体验式"课程思政模式。精心构建"专业知识—典型案例—思政元素"三位一体的第一课堂课程思政教学知识和价值体系，创新以课堂知识传授为核心、实践能力培养为外延拓展、学科素养熏陶为环境浸润的第二课堂课程思政育人模式，打造集知识性、思想性、政治性于一体的第三课堂专业核心课程思政专题案例库。"开采损害与环境保护"课程知识与思政育人体系见图 2-3。

（3）"煤层气开发技术"课程思政教学案例

该课程是采矿工程专业核心课程，是河南省一流课程。该课程结合知识体系与生产中

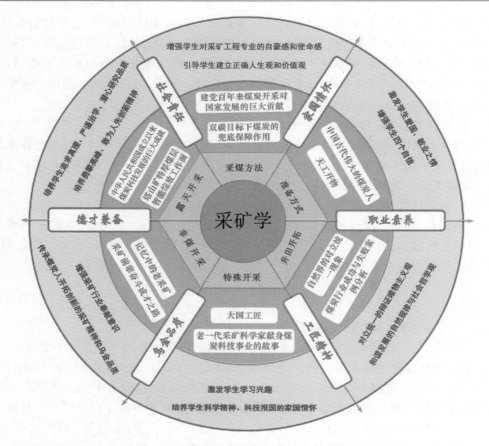

图 2-2 "采矿学"课程知识与思政育人体系

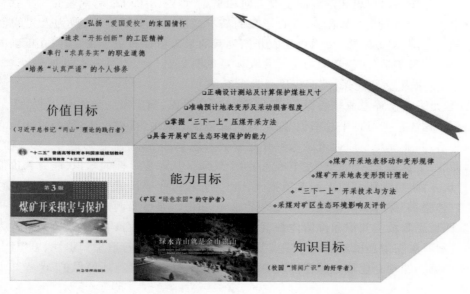

图 2-3 "开采损害与环境保护"课程知识与思政育人体系

的典型案例,积极挖掘课程思政元素,融入社会责任感、合作竞争意识、科学精神和人文素养或时代精神,将课程考核机制从单一的专业知识技能向人文素质、职业胜任力、社会责任感等多方面延伸,提升学生的认知能力、创新精神和实践能力,构建"专业知识—典型案例—思政元素—多维考核"四位一体的课程思政教学体系;创新以课堂知识传授为核心、实践能力培养为外延、案例分析应用为场景、学科素养熏陶为环境浸润的课程思政育人模式;以课堂教学知识体系为基础,精选不同专题内容,打造集知识性、思想性、政治性、实践性于一体的"煤层气开发技术"课程思政案例库。"煤层气开发技术"课程知识与思政育人体系如图2-4所示。

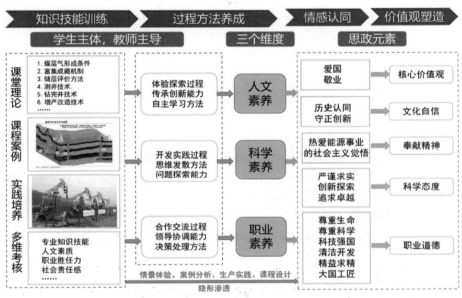

图 2-4 "煤层气开发技术"课程知识与思政育人体系

2.2 学科发展为引领,三全育人为载体

为适应新时代教育发展的新要求,矿业工程学科坚持系统设计,整体规划育人各个环节的改革,坚持重点突破,聚焦课程改革,重点扫除制约课程改革的体制机制障碍,坚持继承创新,注重课程改革的连续性和可持续性,整合利用各种资源,统筹协调各方力量,实现全科育人、全程育人、全员育人。

2.2.1 开展"四微一体",筑牢"一方阵地"

积极探索新时代党的思想建设有效方法和举措,做强正面引导,拓展"四微一体"引领工程,矿业工程学科师生积极参与其中。

(1)以新思想充实微党课。依托学校"树人讲堂"平台,邀请河南省青年宣讲专家、校纪委书记等专家、领导到学院做专题讲座,牢牢把握意识形态领导权。

(2)以新思想占领微空间。2019年,百岁老党员访谈微视频作品获得河南省高校"读懂中国"微视频组特等奖、教育部第三届"我心中的思政课"全国高校大学生微电影展示活动三等奖。河南理工大学知名校友采矿63级王明义撰写的《艰辛求学路,难忘母校情》单篇最高阅读量达2.9万人次,引发社会强烈反响。

（3）以新思想把脉微心理。通过入选学校"网络名师"培育计划的"我的导员有话说""和阎老师聊20分钟"两个项目,深入探索线上线下结合的思想政治教育途径。

（4）以新思想导航微公益。"新时代矿区生态综合治理"志愿服务项目获第四届中国青年志愿服务项目大赛金奖。

2.2.2 落实工作责任,筑牢意识形态阵地

充分发挥全国高校思想政治工作网党建工作标杆院系成果展示平台、学院官网和学院微信公众号等院属新媒体平台微阵地作用,整合注销15个院属新媒体阵地和1个院属出版物,完善落实新闻发布审批制度和新媒体平台"三审发稿"机制,重视少数民族学生和国际学生日常教育管理等工作,做好意识形态阵地的维护与管理。

2.2.3 坚持"四个带动",实施"三全育人"

（1）通过政治理论学习,坚持"四个带动",深入开展习近平新时代中国特色社会主义思想教育活动。深挖思政元素,推进"党建＋"赋能"三全育人"综合改革。

（2）通过"四学四行""五合"联动、"青春导航行动""五四四并举"等4个思政板块的平稳运行,保障学院思想政治教育工作落实到位。学院师生参与筹建全国采矿工程专业学工工作交流平台,与企业联合设立奖学金3项,增设校外实习实训基地5个。2019年以来,本科生考研率增长7个百分点,一次就业率居全校前列。2019年6月,能源科学与工程学院获评河南省"三全育人"综合改革试点院系。

2.2.4 做实"四个规范",做细"四个培优"

（1）优化基层党组织设置,选优配强党建工作队伍。以"四个规范"为抓手,确保组织工作规范有序。

（2）以"四个培优"为途径,营造创先争优氛围,选树典型榜样。

一是培育优秀共产党员。一批教师获评"最美煤炭科技工作者"等荣誉称号,"劳模创新工作室"被评为河南省科教文卫系统"示范性劳模和工匠人才创新工作室"、河南省"教育系统师德先进个人""全国煤炭教育工作先进工作者""全国煤炭行业青年岗位能手"等荣誉称号。

二是培育优秀党支部书记。教师党支部书记"双带头人"覆盖率100％,本科生党支部书记均由辅导员担任,研究生党支部书记由优秀研究生党员担任。河南理工大学采矿教研室党支部书记为河南省特聘教授,交通工程系、矿压教研室、煤层气教研室党支部书记在线上线下教学科研工作中成绩突出,学生党支部书记先后在辅导员职业素质能力大赛、大学生社会实践活动中获得荣誉。

三是培育先进党支部。对标对表支部工作"七个有力",进一步推动全面从严治党向基层延伸,学院16个党支部全部通过学校基层党支部"两化一创"达标引领行动验收。采矿教研室党支部被评为河南省高校先进基层党组织、河南理工大学样板党支部,采矿教研室党支部书记工作室被河南省委高校工委推荐参评教育部"双带头人"工作室。

四是培育先进党委。通过党建项目化管理与党建重点任务落实,促进党建工作规范化、科学化,推动学院党委工作"五个到位",能源科学与工程学院党委连续两年被评为河南理工大学先进党委、精神文明建设先进单位、目标考核优秀单位。

矿业工程学科全体师生坚持以习近平新时代中国特色社会主义思想为指导,对标对表新时代党建新要求,立足"采矿精神,乌金品质"传统,弘扬"能为祖国,源起路矿"精神,传承兴学育人、强院报国价值追求,推动学科专业教工和学生党组织建设更加坚强有力。21 世纪以来,矿业工程学科(包括采矿工程专业)在立德树人和学科建设发展中再攀高峰,取得一系列标志性成果,见图 2-5。

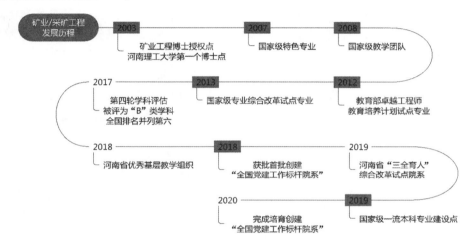

图 2-5　21 世纪以来矿业/采矿工程学科发展历程

2.3　导师制促进学生个性化发展

"本科生导师制"人才培养模式起源于 14 世纪的英国,被牛津大学推广用于本科生的培养,后被西方高等教育普遍运用,就其实质而言是一种以人才培养为根本出发点的卓越教学方式。国内自 2002 年北京大学和浙江大学推行本科生导师制,教育部在 2005 年公布的《关于进一步加强高等学校本科教学工作的若干意见》中指出,"有条件的高校要积极推行导师制,努力为学生全面发展提供优质和个性化的服务"。

2.3.1　导师制协同育人内涵

进入 21 世纪,随着我国高等教育水平的不断提高,在高等教育大众化背景下,能源行业等用人单位对矿业高等学校毕业生的质量要求越来越高,既要有适应岗位创新要求的工作技能,又要有良好的个人品德。本科生导师制可以弥补本科生通识教育和研究生专业教育之间的鸿沟,实现本研融合。实施本科生导师制可以在本科生阶段就培养出采矿卓越人才,培养出立志投身科研事业和接受研究生教育的人才。

(1) 本科生导师制协同育人内涵体现在以学生为中心,响应学生的诉求,即本科生能够在导师的指导下,打破第一课堂和第二课堂的界限,在夯实专业知识的基础上,学以致用,以科研竞赛和社会实践为抓手,提升能力,实现大学生涯规划的目标。因此,本科生导师制能够体现因材施教和个性化教育特点,在课业学习、科研创新、学科竞赛、个人规划和就业指导等方面的协同发展发挥作用,这是深化本科人才培养模式改革的应有之义,也是推动矿业工程学科本科教育内涵式发展的重要举措。

(2)实施本科生导师制有良好的受众基础和广阔的发展前景。2014年,采矿工程专业立项开展本科生导师制教学改革研究,从2013级本科生开始进行导师制的探索研究,2021年获批河南省本科生学业导师制改革试点专业。

矿业工程学科探索研究教学型学院本科生学业导师制协同育人模式,建立新型师生关系,以学生为中心,发挥专业教师在人才培养中的主导作用,形成三全育人的良好氛围,在积极探索创新型人才培养和协同育人的有效途径方面取得了一定成果。具体成果体现在:强化教师育人功能,帮助学生制定更具个性化的培养方案和学业生涯规划,明确学业方向和人生目标,通过课程学习指导,学生参与课题研究、社会实践和学科竞赛等途径提高学生专业素养和创新创业能力;注重心理健康教育指导,促进学生身心健康发展;推动思政教育与专业教育、课堂教育与课外教育、共性教育与个性教育相结合,促进学生全面发展。

2.3.2 导师制职责定位和师资队伍建设

本科生学业导师制作为学分制管理体系的必要补充,厘清了人才培养中学业导师、班主任、辅导员等不同角色间的关系。要准确把握本科生学业导师制职责定位,体现学生的主体地位,发挥学业导师在学生专业选择、课程选择、学业生涯规划等学业发展上的引导作用,加强学业导师在学生参与科学研究、社会实践和实践创新创业等方面的指导作用,开展思想政治和心理健康教育,不断探索学业导师制下的新型教学方式,深入推动人才培养模式改革。

矿业工程学科师资力量雄厚,专任教师的职称、学缘和年龄结构均衡,学科非常重视本科生学业导师制发展工作,坚持师德为先,对照"四有""四个引路人"和"四个相统一"标准,多措并举开展师德师风、专业学习指导能力、思想政治教育、创新创业教育、心理健康教育等相关培训,提升导师指导水平。

2.3.3 导师制协同育人制度安排

本科生学业导师制的推行要充分调动教师和学生的积极性,合理的开始阶段、实行周期能够让导师制更易推行,从而更好地满足学生和教师的需求。

(1)对本科生学业导师制的开始阶段和实行周期进行调研。老师们认为,在高等教育普及化的阶段,通过导师制进行采矿卓越人才的培养不宜操之过急,在大二阶段开始是一个比较稳妥的选择。这是因为,大二学生经过一学年的时间已经适应大学生活和学习节奏,且具备一定的学术能力和专业认识。导师制实行的周期宜设为4~6个学期,通过较为灵活的周期设置,能够保证制度实行时间,有利于学生技能培养以及与老师的情感交流,从而更好地促进学生的成才和发展。师生交流次数是实现培养目标的抓手,一般要求一学期内老师与学生的交流次数为3~5次,条件允许的情况下可以适当增加,但应避免较频繁交流让学生和教师都疲惫不堪。

(2)本科生学业导师制实行的前提条件是确定指导关系,通过搭建学生和指导教师双向选择交流平台,在自主自愿的基础上确定对应指导关系。导师在选择学生时更注重学生的学术兴趣、科研能力、培养潜力和综合能力,而非单纯的考试成绩。学生在选择导师时主要考虑老师的指导经验、科研能力、专业方向与脾气态度等,他们希望能从导师处学习更多知识,导师能够亲和有耐心,能够切实在科研和学业上指导自己,帮助自己在学术上取得进步。

(3) 立足于学院和矿业工程学科实际,合理确定每位导师指导的同一年级本科生人数,一般以 3～5 名本科生为宜。通常情况下,导师指导学生越少,越能够充分发挥导师制的积极作用,当导师指导学生数目过多时,容易使指导流于形式,难以真正实现导师制的培养目标。老师们都愿意为自己指导的本科生提供科研创新项目,并欢迎他们加入自己所在的科研团队。

经过近 8 年的实践,本科生学业导师制体现出极为广阔的发展前景,该制度的实行使本科生能更早融入科研环境,加入科研团队,和导师形成良好的师生关系,可以实现本科生、研究生培养的有机融合,提升了本校研究生生源质量水平,实现本科生研究生一体化培养的目标,深化本科生人才培养模式改革、推动矿业工程学科本科教育内涵式发展。

2.3.4 毕业设计管理的创新

毕业设计环节为采矿工程专业本科生提供了一次全方位应用专业知识的机会,学业指导老师可及时帮助学生弥补专业知识和应用能力的不足。

(1) 采矿工程专业知识具有很强的实践性,只有将理论与工程实践有效结合,才能真正意义上达到学以致用。邀请矿山企业专家参与指导学生的毕业设计(论文)和答辩,在煤炭行业和校友企业进行"本科生企业导师制"探索,这也成为培养河南省产教融合型企业的支撑条件。

(2) 通过导师制的校企协同育人功能,学校安排学生去现场进行生产实习和毕业实习,提高学生的工程实践能力,使学生了解自动化、智能化等新技术在矿山的应用。学校结合现有资源建立了仿真实验平台,方便学生进行仿真训练。

(3) 结合本科生导师制管理,提出"四阶段、五要求"的工作办法,基于矿业工程学科体系特点,突出工程实践、体现层次差异、加强过程管理、注重综合素质和创新能力培养,对毕业设计准备、实习、实施和成绩评定的四个阶段进行质量控制。

2017 年,在第三次工程教育专业认证现场考察中,专家对采矿工程专业毕业设计的管理和质量控制给予了较高评价,认为本科生学业导师制提高了毕业设计质量,为工程教育的持续改进和学生培养质量的不断提高打下了坚实基础。

2.3.5 导师制激励机制和成效

矿业工程学科广泛征求意见,鼓励优秀教师担任本科生学业导师,探索建立适合学科专业特色的本科生学业导师制激励机制,在教改课题立项、教师培训等方面予以倾斜支持,建立本科生学业导师制评价机制,科学评价学业导师的指导工作业绩和成效,重视学生评价;设计印制了《本科生导师制指导手册(教师)》和《本科生导师制学习手册(学生)》。由学院领导、辅导员、教科办人员、教学督导人员进行监督,通过每季度抽检、每学期普检和年度总结等检查制度,考核教师和学生交流的次数、时间,任务布置和完成情况,作为单独计算工作量、专门进行补贴和评优推荐的任务指标,上述措施的实施使本科生学业导师制取得了较好的效果。

2.4 特色育人文化及品牌建设

矿业工程学科具有悠久的历史文化底蕴和深厚的学术积淀。在 110 多年办学历程中,矿业工程学科以大爱精神为导向,逐步形成了独具特色的育人文化及品牌,如学院党委获得"全国党建工作标杆院系"荣誉称号,学院获得"全国教育系统先进集体"荣誉称号,获批"三全育人"综合改革试点院系,并凝练形成勇于求索、敢为人先的"采矿精神",燃烧自己、照亮别人的"乌金品质"。这种以"采矿精神,乌金品质"为核心内涵的采矿特色文化,铸就了历代采矿人胸怀祖国、放眼世界的壮志豪气,不畏艰苦、善于创新的昂扬锐气,光明磊落、坦荡如砥的浩然正气,虚怀若谷、不骄不躁的宽宏大气。此外还有由厚重历史文化形成的历史文化背景墙、由众多优秀校友共同打造的《记忆中的老采矿》等文化品牌。高等学校人才培养是育人和育才相统一的过程,要牢固确立人才培养的中心地位,围绕构建高水平人才培养体系,不断完善课程思政工作体系、教学体系、内容体系以及特色文化育人品牌。花开桃李满天下,风雨兼程百余年,学院在办学过程中形成了自己的办学文化特色。

办学精神:自强不息　奋发向上

办学理念:育人为本　崇尚学术

办学传统:勤奋务实　爱国爱校

教　　　风:严慈　严谨　严格

学　　　风:勤勉求是

2.4.1 全国党建工作标杆院系

为全面落实立德树人根本任务,开展深入细致的思想政治工作,坚持"为党育人,为国育才",把思政工作贯穿教育教学全过程,河南理工大学矿业工程学科所依托的能源科学与工程学院党委获得首批"全国党建工作标杆院系"培育创建单位,如图 2-6 所示。以此为契机,学院通过挖掘课程思政资源,扎实推进采矿工程专业课程思政教学改革,党建赋能学生思想政治教育取得显著成效。利用"党建＋"强力赋能学科发展,扎实推动党支部"两化一创"强基引领;在 100％落实教师支部双带头人基础上,积极发挥党员在教学科研中的先锋模范作用。配齐配强配优思政工作队伍,健全完善意识形态工作制度,制定主流意识形态建设责任清单;遴选优质课程资助,从文化、制度、科技等方面树立学生的自信心与自豪感,巩固学生的爱国意识、规矩意识和敬业精神。

矿业工程学科以用习近平新时代中国特色社会主义思想铸魂育人为主线,以立德树人为中心和根本任务,建设省级"采矿文化"课程思政特色化教学研究示范中心,着力形成"课程思政"和"学科发展"同频共振的育人格局。全面贯彻党的教育方针,不断夯实管党治党责任体系,创新党建工作体制机制,全面加强基层党组织和党员队伍建设,努力打造群策群力抓党建、凝心聚力谋发展的生动局面。2019 年时任河南省委书记王国生、2022 年河南省委书记楼阳生等领导莅临学院视察调研并对能源科学与工程学院思政工作作出高度评价,如图 2-7 至图 2-8 所示;河南省委常委江凌到学院参加"眼明心亮跟党走"学生党日活动。

附件2

首批"全国党建工作标杆院系"培育创建单位名单

（排名不分先后）

序号	单位
1	北京大学化学与分子工程学院党委
2	清华大学电子工程系党委
3	中国人民大学财政金融学院党委
4	北京师范大学文学院党委
62	郑州大学法学院党委
63	河南理工大学能源科学与工程学院党委
64	河南大学环境与规划学院党委

图 2-6　"全国党建工作标杆院系"批文

图 2-7　2019 年时任河南省委书记王国生莅临学院调研指导

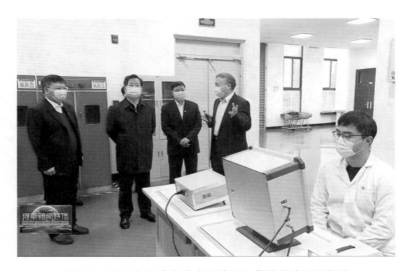

图 2-8　2022 年河南省委书记楼阳生莅临学院调研指导

2.4.2 全国教育系统先进集体

2019 年,为庆祝中华人民共和国成立 70 周年和第 35 个教师节,人力资源和社会保障部、教育部决定授予 597 个单位"全国教育系统先进集体"称号,河南理工大学能源科学与工程学院荣列其中,如图 2-9 所示。"全国教育系统先进集体"每 5 年评选一次,是全国教育系统的极高集体荣誉奖项。党和国家领导人习近平、李克强、王沪宁等在人民大会堂亲切会见全国教育系统先进集体和先进个人代表,向受到表彰的先进集体和先进个人表示热烈祝贺,向全国广大教师和教育工作者致以节日的问候。能源科学与工程学院是我校建立最早的院系之一,在 100 多年的办学历史中,始终不忘历史和国家赋予的责任,致力能源前沿技术的探索和研究,与国家同呼吸,与民族共命运,与时代同进步,坚持实业救国、工程报国和科技兴国。学院坚持以习近平新时代中国特色社会主义思想为指导,全面加强基层教学组织和教师队伍建设,牢记为中国特色社会主义事业培养建设者和接班人的使命,全面推进建设国内外有一定影响的高水平研究教学型学院,实现高等教育内涵式发展。

2019 年,时任国家能源集团党组书记、董事长,现任应急管理部部长王祥喜到学院调研交流学科建设和人才培养工作,见图 2-10。

图 2-9 "全国教育系统先进集体"称号荣誉证书

图 2-10 2019 年,时任国家能源集团党组书记、董事长,现任应急管理部部长王祥喜莅临学院

2.4.3   "三全育人"综合改革试点院系

2019年6月,中共河南省委高校工委、河南省教育厅下发《中共河南省委高校工委 河南省教育厅关于公布全省高校第二批"三全育人"综合改革试点单位名单的通知》(教思政〔2019〕400号),河南理工大学能源科学与工程学院被确定为河南省高校第二批"三全育人"综合改革试点院系,见图2-11。开展"三全育人"综合改革试点是全面贯彻落实习近平新时代中国特色社会主义思想和党的十九大精神,进一步推动全国高校思想政治工作会议精神落地生根,全面实施《高校思想政治工作质量提升工程实施纲要》的重要举措,旨在在高校层面探索一体化构建内容完善、标准健全、运行科学、保障有力、成效显著的高校思想政治工作体系,形成全员全过程全方位育人格局。学院高度重视思想政治教育和"三全育人"工作,其获批河南省高校第二批"三全育人"综合改革试点院系是继河南理工大学2018年获批河南省"三全育人"综合改革试点高校后该校"三全育人"工作的再次提升和突破,为今后进一步深化"三全育人"综合改革、全面提升试点工作成效起到推动和政策支持作用。矿业工程学科"三全育人"综合改革推动学生能力素质不断提升。学生理想信念坚定、政治素质硬、奉献精神强、专业功底厚,深受用人单位的好评。"三全育人"综合改革举措和成果被《光明日报》《中国青年报》《河南日报》等报道。

图 2-11   河南省高校第二批"三全育人"综合改革试点院系

2.4.4   历史文化建设与传承

"中国矿业高等教育发源地"纪念石(图2-12)于2009年在河南理工大学揭幕。矿业工程学科悠久的历史文化底蕴和深厚的学术积淀强有力地支撑了河南理工大学的地矿特色。河南理工大学能源科学与工程学院前身是创建于1909年的焦作路矿学堂(图2-13)矿冶组。在100多年的办学历史中,学院跟随学校多次更名、迁址,于2005年更名为现在的河南理工大学能源科学与工程学院。在整个历史进程中,学院师生始终自强不息,奋发向上,百余年薪火相传,几代人同心协力,为煤炭行业的发展和地方经济建设作出了不可磨灭的贡献。为强化历史文化建设与传承,学院将悠久的历史文化和艰苦的奋斗历程进行总结归纳,建设了能源科学与工程学院历史沿革背景墙(图2-14),背景墙中展示出学院发展过程中主要的历史时间节点和事件。"大爱、和谐、敬业、服务、规范、高效"的工作理念,时刻激励着采矿学子不忘初心、牢记使命,为煤炭事业、为祖国的繁荣富强而努力学习和奋斗。

图 2-12 "中国矿业高等教育发源地"纪念石

图 2-13 焦作路矿学堂

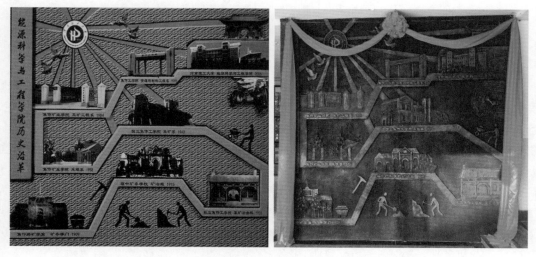

图 2-14 能源科学与工程学院历史沿革背景墙

焦作路矿学堂作为中国矿业高等教育的起源,开创了中国近代能源工业专门人才培养、我国矿业高等教育和河南现代高等教育的先河,成为我国民族工业步入文明时代的见证,为国家经济发展和社会文明进步作出了突出贡献。河南理工大学因煤而建、因煤而兴,从创建之初就肩负着振兴我国煤炭工业的历史责任。矿业工程学科全面落实"立德树人"根本任务,强化学院办学与历史传承发展,在 2019 年河南理工大学 110 周年华诞之际,全面回顾了百余年的办学历史与发展历程,总结分析办学经验,传承学院历史文化。学院组织编撰出版了《能源科学与工程学院史》(图 2-15),将学院历史划分为中国矿业高等教育的开端与发展、中国矿业工程师的摇篮和研究教学型学院的建设与发展三个阶段,充分展示了能源科学与工程学院的办学历史成就和贡献,彰显了学院办学思想精神和文化,使学生通过学习学院历史文化,掌握事物发展规律,了解历史,丰富学识,增长见识,塑造优秀品格,努力成为德智体美劳全面发展的社会主义建设者和接班人。

图 2-15 《能源科学与工程学院史》及《记忆中的老采矿》文化著作

学院充分利用众多优秀校友资源,组织撰写并出版了《记忆中的老采矿》(图 2-15)等著作,将优秀校友的学习、工作和成长经历融入育人全过程,学院官微《记忆中的老采矿》栏目累计阅读量突破 30 万人次。该书收录采矿工程专业各届校友撰写的回忆性的文章和诗词共 72 篇(首),再现了校友们在老采矿系学习期间的育人故事、恩师风范、同窗友爱、学子情结等内容,具有很好的纪念意义和历史价值;也充分展现了采矿工程专业各个发展阶段的教育理念、办学经验、育人故事、人生感悟和辉煌成就等内容,激发了广大校友对母校、对老师的感激之情,激励一代一代的采矿学子为煤炭事业和国家的经济社会发展而努力奋斗,为后人留下了一笔宝贵的精神财富。多家单位和个人将该书内容作为课程思政元素进行教学应用,形成了独特的文化育人品牌。

2.4.5 文化品牌"采矿精神,乌金品质"

采矿精神源于理工百十年文脉,乌金品质能铸华夏各行业英才。1909 年创建的焦作路矿学堂矿冶组是我国矿冶工程学科高等教育最早的一个分支,采矿工程专业是河南理工大学办学历史最悠久、底蕴最深厚的专业,为国家特别是煤炭行业和河南经济社会培养了众多高级专业人才。在百余年的发展过程中,矿业工程学科逐步凝结形成了"采矿精神,乌金品质""墨金文化"等文化品牌。在新时代背景下,学院将继承和发扬学院的优良传统,以习近平新时代中国特色社会主义理论为指导,贯彻党的教育方针,坚持"立德树人",不断提升教学质量和人才培养质量。

"采矿精神,乌金品质"的主要内涵如下:能源科学与工程学院一百余年办学历程中,以大爱精神为导向,凝练形成了以"采矿精神,乌金品质"为核心的学科特色文化,其"勇于求索、敢为人先""燃烧自己、照亮别人"的高贵品格薪火相传,弥久恒远,铸就了师生"光明磊落、坦荡如砥"的浩然正气,胸怀祖国、放眼世界的壮志豪气,不畏艰苦、善于创新的昂扬锐气,虚怀若谷、不骄不躁的宽宏大气。如图 2-16 所示。

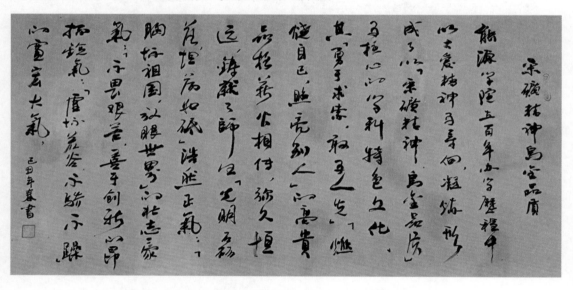

图 2-16 "采矿精神,乌金品质"的内涵

为充分展示办学特色,深入建设和挖掘思想政治教育资源,学院大厅内设立了两大块优质无烟煤,总质量约为 20 吨。该无烟煤于 2003 年取自晋煤集团古书院矿,在井下直接切割经长途运输安置于此。其主要特征为低灰,低硫,低挥发分,高碳含量,高发热量,火焰呈蓝色,散发香味。这两块无烟煤有"墨金"之美誉,如图 2-17 所示。在此"墨金"后面建设的小广场名为"墨金苑",成为师生学习、开展活动的主要场所,发挥了积极的育人作用。学院紧紧围绕国家和区域发展需求,结合学科和专业发展定位、人才培养目标,构建全面覆盖、类型丰富、层次递进、相互支撑的育人文化体系。

(a)   (b)

图 2-17   "墨金"与"墨金苑"

2.5 课程思政与文化品牌协同育人

课程思政与文化品牌协同育人是指将课程思政与特色文化品牌相结合,以三全育人为载体,强化育人意识和责任感,充分发挥所有人在本职工作上的育人功能,并使之相互配合,形成合力。采矿工程专业的师生们大力弘扬"自强不息,奋发向上"的理工精神,自觉传承"明德任责"校训、"好学力行"校风,以及"三严"(严慈、严谨、严格)教风和"勤勉求是"学风,百余年风雨兼程,勇往直前,为中华民族伟大复兴和国家富强奋斗不止。

课程思政紧紧围绕坚定学生理想信念,以爱党、爱国、爱社会主义、爱人民、爱集体为主线,系统进行中国特色社会主义和中国梦教育、社会主义核心价值观教育、法治教育、劳动教育、心理健康教育、中华优秀传统文化教育。根据矿业工程学科专业的特色和优势,深度挖掘提炼专业知识体系中蕴含的思想价值和精神内涵,培养学生精益求精的大国工匠精神,激发学生科技报国的家国情怀和使命担当,并围绕构建高水平人才培养体系,不断完善课程思政工作体系、教学内容体系以及特色文化育人品牌。

2.6 小 结

本章总结了通过课程思政落实立德树人根本任务,详述了基于悠久的办学历史形成的特色办学文化和精神及其发挥育人作用的主要方式和成果。矿业工程学科高度重视课程思政和育人文化建设,结合专业特点,在工程伦理与学术规范、专业必修和主要选修课中全面引入思政元素,从育人文化及育人品牌等方面树立学生的自信心与自豪感,巩固学生的爱国意识、规矩意识和敬业精神。

3　实践创新平台建设与协同育人

随着科技与经济的高速发展,矿业工程领域对人才需求的层次和标准更高,具有国际视野和创新能力的人才成为矿业企业稀缺的人力资源。河南理工大学矿业工程学科吸收、借鉴国内外矿业工程学科高等教育先进的办学理念、办学模式、文化传统、价值观念及行为方式,与时俱进,通过科研、教学以及实践基地平台建设,形成矿业工程学科全方位育人平台,推动矿业工程学科学生培养的现代化进程,从本质上提高矿业工程人才的培养质量。

3.1　科研平台建设

3.1.1　平台建设情况

矿业工程学科以煤炭、煤层气等化石能源的安全、绿色、高效、智能开发与利用为重点发展方向,以服务国家战略和培养一流人才为己任,系统、持续地推进科研平台建设工作。学科现拥有"煤炭安全生产与清洁高效利用省部共建协同创新中心"和"深井瓦斯抽采与围岩控制技术国家地方联合工程实验室"两个国家级科研平台,应急管理部安全科技研发平台、河南省重点实验室等省部级科研平台 6 个,以及多个基于科研平台设立的人才创新平台,如表 3-1 所示。

表 3-1　矿业工程学科主要科研平台一览表

序号	平台名称	主管部门	批准时间	级别
1	煤炭安全生产与清洁高效利用省部共建协同创新中心	教育部	2019 年 9 月	国家级
2	深井瓦斯抽采与围岩控制技术国家地方联合工程实验室	国家发改委	2011 年 11 月	国家级
3	深井岩层控制与瓦斯抽采技术科技研发平台	应急管理部	2018 年 5 月	省部级
4	河南省矿产资源绿色高效开采与综合利用重点实验室	河南省科技厅	2016 年 2 月	省部级
5	河南省煤炭绿色转化重点实验室	河南省科技厅	2017 年 3 月	省部级
6	深井瓦斯抽采与围岩控制河南省工程实验室	河南省发改委	2008 年 12 月	省部级
7	河南省煤矿岩层控制国际联合实验室	河南省科技厅	2014 年 12 月	省部级
8	河南省矿产资源清洁高效利用工程技术研究中心	河南省科技厅	2020 年 3 月	省部级
9	河南省煤矿现代化开采与岩层控制杰出外籍科学家工作室	河南省人社厅 河南省外专局	2018 年 7 月	人才创新平台
10	河南省煤矿现代化开采与岩层控制院士工作站	河南省科技厅	2014 年 6 月	人才创新平台
11	矿业工程博士后科研流动站	国家人社部	2007 年 9 月	高层次人才培养平台

（1）煤炭安全生产与清洁高效利用省部共建协同创新中心

"煤炭安全生产与清洁高效利用省部共建协同创新中心"（以下简称中心）在首批河南省协同创新中心"煤炭安全生产协同创新中心"的基础上，历经"项目协作—战略合作—协同创新"多年培育建设，于2019年9月经教育部认定为省部共建协同创新中心，由河南理工大学牵头，河南能源集团有限公司、中国平煤神马能源化工集团有限责任公司、郑州煤炭工业（集团）有限责任公司、郑州煤矿机械集团股份有限公司等单位共同建设。

中心实行理事会和学术委员会指导下的中心主任负责制，采用"理事会（学术委员会）—中心主任—创新平台—创新团队"的组织管理体系。中心聘任河南省工业和信息化委员会主管领导担任理事长，张铁岗院士为主任，设置3个创新平台，汇聚院士2人、中组部"千人计划"专家2人、"国家百千万人才工程"人选3人、国家安全生产专家11人等全职固定人员125人，组建了11支创新团队，围绕中心目标和凝练的重大任务开展研究工作。

中心依托安全科学与工程、矿业工程等河南省重点学科进行建设，优化整合了"瓦斯地质与瓦斯治理省部共建国家重点实验室培育基地""炼焦煤资源开发及综合利用国家重点实验室"和"深井瓦斯抽采与围岩控制技术国家地方联合工程实验室"等13个国家、省部级科研平台，现有科研用房（场所）面积 36 320 m^2，大型仪器设备237台（套），设备总值3.44亿元。

中心以保障煤炭能源安全和清洁利用为使命，创新体制机制，汇聚优秀创新人才，组织协同单位共同开展煤炭安全生产与清洁高效利用重大基础理论研究、技术与装备协同攻关。近年来，中心累计承担国家重大专项、国家重点研发计划、国家科技支撑计划、国家自然科学基金重点项目等国家级科研项目/课题212项，协同单位委托项目等1 454项，科研总经费达8.27亿元。中心取得了一系列标志性科研成果，累计获得国家科技进步二等奖5项，中国专利优秀奖2项，省部级科技进步一等奖20余项；授权发明专利464项；发表学术论文600余篇，其中SCI、EI收录231篇；出版学术专著67部。

（2）深井瓦斯抽采与围岩控制技术国家地方联合工程实验室

"深井瓦斯抽采与围岩控制技术国家地方联合工程实验室"于2011年获国家发展改革委批准建设，主要针对工程软岩、冲击地压、瓦斯等制约中部地区煤炭工业发展的重大致灾因素，围绕深井岩层控制、动力灾害防治、瓦斯（煤层气）抽采等研究方向开展关键共性技术研发。该实验室已取得一批标志性成果，所拥有的瓦斯抽采"钻-增透-封-联-疏-控"成套技术、深井围岩控制技术等代表了各领域的技术发展方向，成果已在河南、山西、内蒙古等省（区）的主要煤矿区进行了推广应用。

该实验室成立有学术委员会，主任委员由中国工程院院士康红普担任。每两年召开一次学术委员会会议，见图3-1。现有固定研究人员76人，其中中国工程院院士1人，美国国家工程院院士1人，教授和教授级高工32人，副教授和高级工程师26人，博士73人；培育建设各级创新型科技团队6个。现有"岩石力学""瓦斯抽采"等9个专业大类实验室，研发场地面积为2 800 m^2，研发设备总价值为4 500万元。

"十三五"期间，该实验室承担国家级、省部级项目86项，其中国家重点研发计划课题1项，国家自然科学基金项目35项，纵向课题总经费2 900万元；承担企业委托项目364项，立项经费1.2亿元；发表高水平论文183篇，取得国家发明专利65项；获得省部级以上科技成果奖32项，其中国家科技进步二等奖1项，中国专利优秀奖2项，河南省科技进步一等奖

图 3-1　实验室学术委员会全体委员会议合影

2 项,中国煤炭工业协会科学技术一等奖 4 项。技术创新和研发工作处于国内先进水平。

（3）河南省矿产资源绿色高效开采与综合利用重点实验室

"河南省矿产资源绿色高效开采与综合利用重点实验室"由河南理工大学和河南能源集团有限公司联合组建,2016 年获河南省科技厅批准建设,见图 3-2。该实验室主要围绕矿产资源开采和利用领域面临的重大突出问题开展基础理论和关键技术研究,为中原经济区矿产资源安全、绿色、高效开采和资源综合利用提供保障。该实验室设有矿山岩体力学理论和实验、矿产资源绿色高效开采、煤层气（瓦斯、页岩气）抽采与利用、采动损害与环境保护、资源洁净加工与高效利用等 5 个研究方向。该实验室已建成"矿山压力实验室""微震监测实验室""相似模拟实验室""岩石力学实验室"等 10 多个专业实验室,总面积达 2 200 m^2,配置 10 万元以上大型设备（软件）32 套,设备原值 3 000 万余元。近 5 年来,实验室承担国家级科研项目 12 项,省部级科研项目 14 项,企业委托重大项目 16 项,各类科研经费 2 200 万元;发表 SCI/EI 检索论文 52 篇,出版专著 6 部,出版规划教材 1 部,获得授权发明专利 24 项,获得省部级科技成果奖 12 项,其中一等奖 2 项;成功举办"国际采矿岩层控制会议"等重要学术会议。

（4）河南省煤矿岩层控制国际联合实验室

"河南省煤矿岩层控制国际联合实验室"依托河南理工大学深井瓦斯抽采与围岩控制技术国家地方联合工程实验室,联合美国西弗吉尼亚大学采矿工程系共同组建,见图 3-3。建立国际联合实验室,开展国际化合作和协同创新,将有助于加快深井岩层控制领域重大难题攻关进程。该实验室积极开展国际学术交流,同美国西弗吉尼亚大学和肯塔基大学、加拿大麦吉尔大学、波兰西里西亚工学院、澳大利亚昆士兰大学等多所大学建立联系,先后派出 16

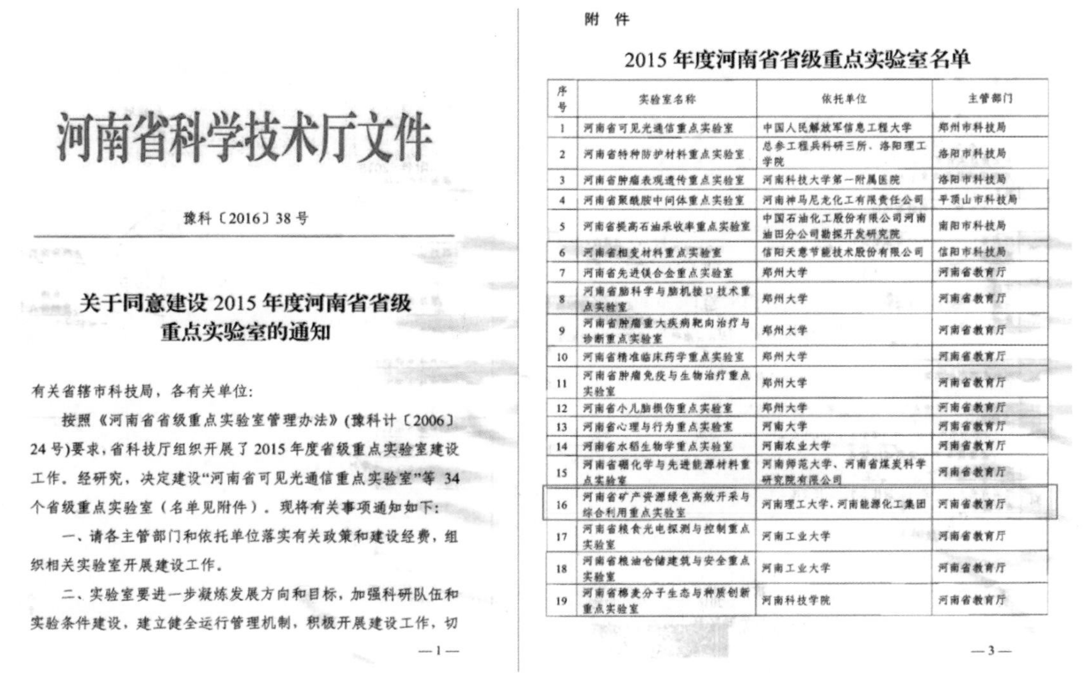

河南省科学技术厅文件

豫科〔2016〕38 号

**关于同意建设 2015 年度河南省省级
重点实验室的通知**

有关省辖市科技局，各有关单位：

按照《河南省省级重点实验室管理办法》(豫科计〔2006〕
24 号)要求，省科技厅组织开展了 2015 年度省级重点实验室建设
工作。经研究，决定建设"河南省可见光通信重点实验室"等 34
个省级重点实验室（名单见附件）。现将有关事项通知如下：

一、请各主管部门和依托单位落实有关政策和建设经费，组
织相关实验室开展建设工作。

二、实验室要进一步凝炼发展方向和目标，加强科研队伍和
实验条件建设，建立健全运行管理机制，积极开展建设工作，切

—1—

附件

2015 年度河南省省级重点实验室名单

序号	实验室名称	依托单位	主管部门
1	河南省可见光通信重点实验室	中国人民解放军信息工程大学	郑州市科技局
2	河南省特种防护材料重点实验室	总参工程兵科研三所、洛阳理工学院	洛阳市科技局
3	河南省肿瘤表观遗传重点实验室	河南科技大学第一附属医院	洛阳市科技局
4	河南省氨醚胺中间体重点实验室	河南神马尼龙化工有限责任公司	平顶山市科技局
5	河南省提高石油采收率重点实验室	中国石油化工股份有限公司河南油田分公司勘探开发研究院	南阳市科技局
6	河南省相变材料重点实验室	信阳天意节能技术股份有限公司	信阳市科技局
7	河南省先进镁合金重点实验室	郑州大学	河南省教育厅
8	河南省脑科学与脑机接口技术重点实验室	郑州大学	河南省教育厅
9	河南省肿瘤重大疾病靶向治疗与诊断重点实验室	郑州大学	河南省教育厅
10	河南省精准临床药学重点实验室	郑州大学	河南省教育厅
11	河南省肿瘤免疫与生物治疗重点实验室	郑州大学	河南省教育厅
12	河南省小儿脑损伤重点实验室	郑州大学	河南省教育厅
13	河南省心理与行为重点实验室	郑州大学	河南省教育厅
14	河南省水植生物学重点实验室	河南农业大学	河南省教育厅
15	河南省硼化学与先进能源材料重点实验室	河南师范大学、河南省煤炭科学研究院	河南省教育厅
16	河南省矿产资源绿色高效开采与综合利用重点实验室	河南理工大学、河南能源化工集团	河南省教育厅
17	河南省粮食光电探测与控制重点实验室	河南工业大学	河南省教育厅
18	河南省粮油仓储健康与安全重点实验室	河南工业大学	河南省教育厅
19	河南省棉麦分子生态与种质创新重点实验室	河南科技学院	河南省教育厅

—3—

图 3-2 "河南省矿产资源绿色高效开采与综合利用重点实验室"建设批文

人次到国外留学或进行学术交流。2009 年至今，聘请美国国家工程院院士彭赐灯（Syd S.
Peng）担任实验室客座教授。在彭赐灯院士的推动下，实验室同西弗吉尼亚大学采矿工程
系建立良好的合作关系，实验室先后派出多人到该校留学，合作出版著作 5 部，并开展了多
项研究课题合作（其中国家自然科学基金重点项目 1 项）。2014 年河南理工大学"河南省煤
矿现代化开采与岩层控制院士工作站"获准建设，彭赐灯院士为首位进站院士。

（5）深井岩层控制与瓦斯抽采技术科技研发平台

"深井岩层控制与瓦斯抽采技术科技研发平台"于 2018 年经应急管理部批准建设，见
图 3-4。平台依托河南省重点学科矿业工程学科，同时，安全技术及工程、地质资源与地质
工程和力学等省级一级重点学科也为平台建设提供有力的支撑。平台主要围绕深井岩层控
制、动力灾害防治、瓦斯抽采、煤层气开发等方向开展关键技术及装备研发；现有研发人员
15 名，其中高级职称 6 名，博士 13 名，已建成 3 支省级创新团队（跨平台）；现有"煤层气工
程实验室"等 6 个专业实验室，研发总面积 1 200 m²，科研仪器设备 220 套，其中 10 万元以
上的大型仪器设备 21 套，设备总值 2 600 万元。平台成立了学术委员会、教授委员会、强化
领导团队，规范运行管理。

平台已取得一系列标志性成果，所研发的瓦斯抽采卸压增透成套技术、低渗透煤储层改
造技术、煤层气地面开发技术、高应力开拓巷道沿煤掘进综合支护技术、深井围岩控制技术、
地表沉陷控制技术等代表了各自领域的技术前沿，部分成果已经在平顶山、焦作等地区的煤
矿进行了推广应用，并初步实现产业化。近年来，平台承担省部级项目 17 项，其中国家自然
科学基金项目 8 项，获得省部级以上科技成果奖 6 项，发表 SCI/EI 收录论文 52 篇，出版著
作 5 部，获得国家发明专利 35 项。

河南省科学技术厅文件

豫科外〔2014〕16 号

关于认定 2014 年河南省国际联合实验室的
通　知

各有关单位：

　　为推进我省国际科技合作与交流，建立国际科技合作高端平台，在各单位申报、科技主管部门推荐，以及组织专家评审的基础上，经研究，同意认定"河南省绿色复合建筑材料与结构国际联合实验室"等 16 个实验室为 2014 年河南省国际联合实验室。

　　希望各有关单位，按照《河南省国际联合实验室管理办法》要求，围绕实验室所提出的目标和任务，不断创新合作方式，提升合作水平，使"国际联合实验室"真正成为技术领先、人才聚集的国际化研发平台。

—1—

附件

2014 年河南省国际联合实验室名单

序号	实验室名称	依托单位
1	河南省绿色复合建筑材料与结构国际联合实验室	郑州大学
2	河南省中美国产医学国际联合实验室	郑州大学
3	河南省生物质资源与材料国际联合实验室	郑州大学
4	河南省全球变化生态学国际联合实验室	河南大学生命科学学院
5	河南省抗体药物国际联合实验室	河南大学医学院
6	河南省作物保护国际联合实验室	河南省农业科学院植物保护研究所
7	河南省食品安全国际联合实验室	郑州轻工业学院
8	河南省煤矿岩层控制国际联合实验室	河南理工大学
9	河南省家禽育种国际联合实验室	河南农业大学
10	河南省图象信息处理与智能检测国际联合实验室	河南科技大学
11	河南省转化生物学国际联合实验室	周口师范学院
12	河南省生物质基能源及材料国际联合实验室	河南省科学院能源研究所有限公司
13	河南省绿色化学国际联合实验室	河南师范大学
14	河南省金刚石工具技术国际联合实验室	中原工学院
15	河南省特种润滑油国际联合实验室	河南信佳润滑科技股份有限公司
16	棉花功能基因组学与分子育种国际联合实验室	河南科技学院

—3—

图 3-3　"河南省煤矿岩层控制国际联合实验室"建设批文

中华人民共和国应急管理部
Ministry of Emergency Management of the People's Republic of China

首页　机构　新闻　公开　服务　互动　科普　党建　社会数据服务

首页 > 公开 > 通知公告 > 通知

2018-05-06 16:31　来源：规划科技司　　字体：【大中小】　🖨打印　分享

应急管理部关于公布安全科技
支撑平台（第一批）名单的通知

应急函〔2018〕75号

各省、自治区、直辖市及新疆生产建设兵团安全生产监督管理局，各省级煤矿安全监察局，有关单位：

　　为贯彻落实《中共中央国务院关于推进安全生产领域改革发展的意见》精神，依据《安全科技支撑平台建设与管理暂行办法》（安监总厅科技〔2014〕35号），现公布应急管理部安全科技支撑平台（第一批）名单，并就有关事项通知如下：

　　一、各安全科技支撑平台应按照《安全科技支撑平台建设与管理暂行办法》要求和平台职能定位，不断完善工作机制和管理体系，加强合作交流，促进科技资源开放共享，积极参加国家和地方安全生产科技工作，持续加强科技支撑能力建设。

　　二、鼓励各级安全生产监督管理部门、煤矿安全监察局将支撑平台纳入当地应急管理与安全生产工作体系，加大指导与支持力度，完善支撑平台参与应急管理与安全生产体制机制，充分发挥安全科技支撑平台对应急管理与安全生产工作的支撑作用。

　　附件：应急管理部安全科技支撑平台（第一批）名单

应急管理部
2018年5月2日

附件

应急管理部安全科技支撑平台（第一批）名单

序号	平台名称	创建单位	平台类型
1	危险化学品及金属非金属矿山事故防控技术科技研发平台	中国安全生产科学研究院	科技研发平台
2	煤矿深井开采灾害防治技术科技研发平台	安徽理工大学	科技研发平台
3	深井岩层控制与瓦斯抽采技术科技研发平台	河南理工大学	科技研发平台
4	金属矿山及有色冶金安全技术创新中心	中国恩菲工程技术有限公司	技术创新中心
5	煤矿瓦斯分离与综合利用技术创新中心	黑龙江科技大学	技术创新中心
6	煤矿智能化开采技术创新中心	院研化黄陵矿业集团有限责任公司	技术创新中心
7	中小煤矿机械化开采技术创新中心	百色百矿集团国有限公司	技术创新中心
8	煤矿安全管理云服务技术创新中心	山东精诚电子科技有限公司	技术创新中心
9	高危行业安全物联网技术创新中心	南京安元科技有限公司	技术创新中心
10	爆炸物检测检验与物证分析平台	北京理工大学	检测检验与物证分析平台
11	南方煤矿瓦斯与顶板灾害预防控制安全生产重点实验室	湖南科技大学	安全生产重点实验室
12	化工过程安全生产重点实验室	南京工业大学	安全生产重点实验室

图 3-4　"深井岩层控制与瓦斯抽采技术科技研发平台"获准立项建设批文

（6）河南省煤矿现代化开采与岩层控制杰出外籍科学家工作室

　　"河南省煤矿现代化开采与岩层控制杰出外籍科学家工作室"成立以来，开展了煤矿现代化开采与岩层控制基础理论研究，尤其建立了煤层开采地质特征的定量科学评价体系，指导矿山安全开采;丰富了大开采空间岩层运动基础理论研究,形成完善的理论体系;深化了巷道围岩控制基础理论,提出深井巷道围岩控制的新方法。在岩层控制与灾害预防基础理论研究方面,工作室完成了开采系统对围岩系统的工程动力响应机制研究,地质特征参量、开采空间参量、支护系统特征参量等的多参量耦合致灾机理研究和大开采空间顶板动力灾害预测及控制技术研究,极大提升了矿山开采安全水平。另外,在岩层控制技术与装备研发方面,发明智能放煤装备和高端新型锚杆等,以适应智能开采大环境。

"河南省煤矿现代化开采与岩层控制杰出外籍科学家工作室"密切河南理工大学与世界各国大学及科研机构间的合作关系,促进人才培养与学科国际交流,提升学科的国际影响力。工作室在建期间,共有 6 名青年教师进行了国际合作交流,6 名教师出国交流;招收了 3 名外国博士、4 名外国硕士;主办 4 次国际学术会议;邀请专家讲学 47 人次(含疫情期间的网络线上讲学),如图 3-5 所示。

图 3-5 依托外籍科学家工作室成功举办"智能开采与岩层控制国际论坛"

近三年来,河南理工大学依托外籍科学家工作室共获得国家级项目 14 项,项目资金 1 270 万元;省级项目 16 项,项目资金 211 万元;横向项目 137 项,项目资金 4 000 万元;获得省部级以上科研奖励 22 项。

3.1.2 实验研究场地

矿业工程学科已建设有科研实验室 45 个,实验室总面积为 3 214 m² (不含研究室、工作室等办公用房),为师生开展科学实验创造了宽裕的场地条件。具体情况详见表 3-2。

表 3-2　矿业工程学科科研实验室一览表

序号	实验室名称	所在楼宇	房间编号	建筑面积/m²
1	相似材料模拟实验室	能源楼	N001	450
2	数值模拟实验室 Ⅰ	能源楼	N318(W)	27
3	数值模拟实验室 Ⅱ	能源楼	N318(E)	75
4	尤洛卡矿压监测实验室	能源楼	N521	102
5	矿压控制实验室	能源楼	N524	68
6	充填开采实验室	能源楼	N516	68
7	煤矿爆炸冲击防护实验室	实验大楼	Z324(WP)	61
8	煤与瓦斯突出模拟实验室	实验大楼	Z323(WP)	61
9	瓦斯抽采实验室 Ⅰ	能源楼	N116	35
10	瓦斯抽采实验室 Ⅱ	能源楼	N118	70
11	瓦斯抽采实验室 Ⅲ	能源楼	N120	102
12	瓦斯抽采实验室 Ⅳ	能源楼	N113	70
13	三轴流变实验室	能源楼	N112	70
14	RMT-150B 实验机实验室	安全楼	A102	96
15	200 吨压力机实验室	二号实验楼	2S132	71
16	试样加工实验室 Ⅱ	二号实验楼	2S131	71
17	试样加工实验室 Ⅰ	二号实验楼	2S133	77
18	岩石节理剪切渗流实验室	实验大楼	Z236(WP)	49
19	GCTS 岩石力学实验室	实验大楼	Z117(WP)	98
20	煤岩渗透特性实验室	实验大楼	Z238(WP)	65
21	岩石疲劳加载实验室	实验大楼	Z115(WP)	81
22	动压监测实验室 Ⅰ	实验大楼	Z804	70
23	SHPB 动态测试系统实验室	实验大楼	Z100A(WP)	100
24	地应力测试实验室	实验大楼	Z814	32
25	声发射监测实验室	实验大楼	Z815	32
26	煤岩断裂特性实验室	实验大楼	Z235(WP)	54
27	支护材料性能实验机实验室	实验大楼	Z100B(WP)	80
28	岩层信息智能钻测实验室	实验大楼	Z802	66
29	岩体与支护材料无损检测室	实验大楼	Z801	83
30	采动损害与保护实验室	实验大楼	Z813	66
31	围岩变形损伤光纤传感智能监测实验室	实验大楼	Z803	32
32	冰基温控相似模拟实验台	实验大楼	Z100C(WP)	60
33	煤炭智能开采实验室	实验大楼	Z823	66
34	地热仿真开采实验室	能源楼	N520	60
35	地热基础教学实验室	能源楼	N522	68
36	煤层气显微镜实验室	能源楼	N526	55

表 3-2(续)

序号	实验室名称	所在楼宇	房间编号	建筑面积/m²
37	等温吸附实验室	二号实验楼	2S134	60
38	样品处理实验室	二号实验楼	2S135	50
39	生物质能实验室	实验大楼	Z819	66
40	地球化学实验室	实验大楼	Z824	32
41	瓦斯基础参数测试实验室	实验大楼	Z825 西	32
42	煤层气渗流实验室	实验大楼	Z825 东	32
43	压裂液研制实验室	实验大楼	Z826	32
44	地热综合开采实验室	实验大楼	Z805	32
45	萃取实验室	实验大楼	Z827	87

3.1.3　科研仪器设备

学校建有分析测试中心,统一管理扫描电子显微镜、透射电子显微镜、核磁共振谱仪、同位素质谱仪、场发射环境扫描电镜等通用大型仪器设备近 30 套,设备总值 5 800 万元,面向校内外开放共享。

矿业工程学科现有各类研发仪器设备 460 台(套),设备原价值超过 5 000 万元,详见表 3-3。部分科研仪器设备见图 3-6。这些科研仪器设备对支撑高水平科学研究和高层次人才培养发挥了关键作用。

表 3-3　矿业工程学科部分大型仪器设备

序号	资产名称	购置年度	规格型号
1	岩石力学综合测试系统	2017	RTX-3000
2	岩石力学综合测试系统配套装置	2017	RPX-200
3	多功能岩层控制实验系统	2020	
4	煤炭地下气化模拟实验系统	2021	
5	SOS 微震监测系统	2009	
6	等温吸附分析仪	2009	ISO-300
7	岩石动力学动静载荷实验系统	2018	
8	岩石三轴流变仪	2011	RLW-2000
9	动态非接触全场应变测试系统	2017	VIC-3D HS
10	多场耦合作用下大直径 SHPB 动态冲击实验系统	2016	Y100/Y50
11	三维激光扫描仪	2017	RIEGL VZ-400I
12	吸附热测定仪	2018	C80
13	物理模型实验装置	2006	YDM-E
14	全自动伺服控制岩石直剪残余剪切测试系统	2015	RDS-200
15	矿山微震监测系统	2008	12 通道/24 位

表 3-3（续）

序号	资产名称	购置年度	规格型号
16	冷热台偏光显微镜	2017	DM4P&THMS600
17	光纤光栅传感解调仪	2014	SM130-700
18	岩石力学实验系统	2003	KMT-150
19	冰基温控式相似模拟实验台	2020	
20	巷道支护材料力学性能综合实验台	2020	
21	可视化孔内钻具实验系统	2020	
22	便捷式超声波成像仪	2018	A1040 MIRA
23	8 通道 PCIE 声波、声发射一体化测试系统	2018	Micro Ⅱ
24	碳硫分析仪	2017	cs-800
25	小孔径水压致裂地应力测试系统	2020	
26	倒置荧光显微镜	2011	Ti-S
27	高速相机系统	2014	pco
28	GDEM 动力学专业版软件	2013	GDEMv2.7
29	空心包体应变计	2009	
30	煤体瓦斯瞬时解吸及渗流特性测试系统	2018	KDZS-Ⅱ
31	剪式举升机(TT-203)静态侍服液压设备	2003	TT-203
32	岩石可控压力取芯机	2015	RCD-250
33	偏光显微成像仪	2017	Scope. A1
34	超动态测试系统	2020	
35	光学三维扫描仪	2013	OKIO-H
36	岩石试件研磨机	2015	RSG-200
37	岩层钻孔探测仪	2009	
38	三维真实破裂过程分析软件	2018	RFPA3D
39	光纤光栅波长解调仪	2010	SM225
40	厌氧工作站	2011	DG250
41	三全孔内电视系统	2013	GD3Q-GM
42	矿用钻孔成像轨迹检测装置	2016	ZKXG30
43	GPU 服务器	2017	DELL T630
44	岩石试件锯	2015	RLS-100
45	比表面孔径测定仪	2020	
46	台式高速冷冻离心机	2011	5804R
47	声发射仪	2016	DS5-8B
48	数控车床	2008	CKA6150
49	激光巷道监测仪	2008	BJSD-2
50	超长工作距离显微镜	2017	LWD-1000
51	FLAC3D 有限差分软件	2007	V3
52	多功能智能厌氧系统	2011	MACSmics

(a) Merlin Compact扫描电子显微镜

(b) H-Sorbet 2600T高温高压气体吸附仪

(c) JEOL2100 透射电子显微镜

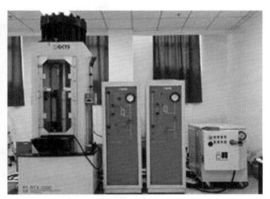

(d) GCTS 岩石力学综合测试系统

(e) 大直径 SHPB 动态冲击实验系统

(f) 巷道支护材料力学性能综合实验台

图 3-6 部分科研仪器设备

（g）多功能岩层控制真三轴实验系统

（h）冰机温控式相似模拟实验台

（i）岩石三轴流变仪

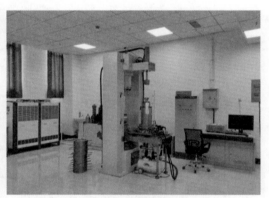

（j）岩石动力学动静载荷实验系统

图 3-6（续）

3.2 教学平台建设

3.2.1 实验中心

（1）国家级工程训练中心

工程训练中心为国家级实验教学示范中心，占地面积为 32 100 m^2，实训场地面积为 20 800 m^2，下设工程技术实训中心、工程技术实践中心、工程技术创新中心，每年可接待工程训练学生 10 000 余人。中心下设工程基础训练部、智能制造训练平台、电工电子训练部、教务办公室等教学机构，每个教学机构又由若干个教研组组成，下设各教学模块。中心共有专职教师 61 人，其中双师型教师 10 人，工程师 10 人，实训操作指导技师 36 人。中心现有教学仪器设备 2 000 多台（套），总价值 4 800 多万元，其中数控技术设备、特种加工技术实践教学设备 40 多台（套）；数字化专业设计系统、快速成型技术、反求技术、可视化制造技术等先进设备 60 多台（套）；常规制造技术设备 500 多台（套）；机械基础实验设备 100 多台（套）；

电工电子实训设备 600 多台(套);机电一体化自动控制实训设备 12 台(套)。中心开设工程认识训练、工程基础实训与实践、工程综合训练、电工电子技术训练、创新方法与实践(线上+线下)等实践课程 12 门,开设训练项目共 81 个。参加工程训练的专业主要有采矿工程、安全工程等 50 多个专业。

(2)河南省采矿工程实验中心

河南省采矿工程实验中心始建于 20 世纪 80 年代,经过四十余年的建设,已形成了先进、完备的实验教学条件。中心分设煤矿开采方法及工艺模型实验室、数值模拟实验室、煤岩力学实验室、煤矿开采保护实验室、岩石动态力学特性实验室、采矿相似模拟实验室、支护材料实验室等 9 类功能实验室,见图 3-7。实验中心占地面积为 2 400 m^2,仪器设备 1 235 台(套),设备总值约 2 400 万元,现有专职教师 5 人,兼职教师 10 人,博士 12 人,教授 2 人,副教授 8 人。中心秉承学校的办学理念和优良校风,形成了"授专业知识、训实践能力、育人才素质、促创新思维"的实验教学理念。通过各种类型的实验教学项目,着力培养学生具有扎实的专业基础知识、踏实严谨的工作作风、团结协作的优良品质及勇于创新的开拓精神。在长期的实验教学过程中,中心形成了自己的特色:① 依托高水平学术平台和学术团队,具有较高的实验教学水平,科研技术和成果能够得到及时转化;② 坚持探索性与开放性实验教学模式,培养学生创新意识,锻炼学生实践动手能力,有力保障了培养目标的实现;③ 现代化矿井模型与实物有机结合,辐射面广,教学效果优良;④ 多学科联合开发矿井虚拟仿真实验教学平台,技术手段先进,极大丰富了学生实操和实训手段。

(3)煤矿开采国家级虚拟仿真实验教学中心

煤矿开采国家级虚拟仿真实验教学中心为国家级实验教学示范中心,中心占地面积为 260 m^2,现有设备及软件 46 台(套),总价值 400 万余元。中心开发有采煤工艺、综掘工艺、爆破工艺、矿井提升等虚实结合型实验教学系统。中心现建有国家级虚拟仿真实验项目 1 项,省级虚拟仿真实验项目 3 项。煤矿开采国家级虚拟仿真实验教学中心自成立以来,围绕煤矿开采核心工艺,联合企业开发综合机械化采煤、综合机械化掘进、爆破掘进、矿井提升等多套实训系统,并研发矿井三维漫游、矿井三维数字模型、煤矿安全警示教学系统等多套仿真软件系统,部分见图 3-8。中心面向校内采矿工程、安全工程、地质工程、测绘工程、机械设计制造及其自动化等地矿类专业学生及校外煤炭企业从业人员,开设 10 余门实验课程,年受益本科生 2 000 余人,有力支撑了实验、实习等教学环节,为采矿工程、安全工程、测绘工程等国家一流本科专业建设作出了重要贡献。

3.2.2 实习基地

(1)全国工程专业学位研究生联合培养示范基地

2017 年,河南理工大学与河南能源集团研究总院有限公司合作共建的"矿业工程学科专业学位研究生联合培养实践基地"荣获第三届"全国工程专业学位研究生联合培养示范基地"称号,如图 3-9 所示。基地建立以来,以现场技术课题为导向,以培养应用型人才为目标,通过定期派遣矿业工程学科专业学位研究生进入基地,开展合作课题研究,加深与河南能源集团研究总院有限公司的合作。

为加强专业学位研究生指导教师队伍建设和管理,提高专业学位研究生导师指导能力,矿业工程学科进行了硕士研究生导师分类遴选工作,对矿业工程领域专业学位研究

图 3-7　河南省采矿工程实验中心部分实验室照片

生导师的条件作了明确规定,加强对校内外导师的岗前与岗中的培训和考核。经严格遴选,选聘 63 名教师作为矿业工程学科专业学位研究生导师,要求对专业学位研究生严格实施"双导师"制,出台《关于专业学位研究生双导师制若干问题的规定》,按照规定选聘实践经验丰富且创新能力强的行业企业工程技术人员 20 人作为企业导师。同时,采取激励措施,加强校内外导师的沟通和交流,鼓励校内导师深入煤矿现场及实践基地,聘请企业导师进校为研究生开展学术活动。通过双师型导师队伍的建设,切实提高专业学位研究生的专业实践水平,提升其综合素质。基地建设总体进展顺利,规章制度逐步完善,实验设备齐全,各项学习办公设备已购置完毕,进入了管理规范、设施优良并稳步提高的良性发展阶段。

图 3-8　煤矿开采国家级虚拟仿真实验教学中心教学场景及部分软件界面

图 3-9　全国工程专业学位研究生联合培养示范基地

（2）企业实习实训基地

采矿工程专业与周边省市的各大煤业集团如郑州煤炭工业（集团）有限责任公司、中国平煤神马控股集团有限公司、河南能源集团有限公司、晋能控股集团有限公司、平顶山煤业（集团）有限责任公司、永城煤电控股集团有限公司、山西潞安矿业（集团）有限责任公司、兖矿能源集团股份有限公司等建立了 30 余个长期稳定的校外实践教学基地，部分基地见图 3-10。为深化实践教学改革，培养学生的工程意识及工程实践能力，矿业工程学科针对毕业实习这一教学环节，探索出了一种新的实习方法——IP（independent practice）实习法，即以培养学生独立工作能力为目标的教师全过程跟踪指导，学生独立完成各个实习环节任务的实习方法。在实施过程中，IP 实习法收到了良好的效果。目前，该方法已推广到学校的电气工程及其自动化、土木工程、会计学、工商管理等专业，效果显著。同时，积极统筹教学、科研等教育资源，为采矿工程专业学生早期参加科研和实践教学创造良好的条件，采矿实验室、采矿工程技术中心均对本科生开放；有计划地安排本科生参加教师的科研项目或科技开发等活动，如"创新人才培养计划""大学生科技训练计划""大学生步步高科技攀登计划"等，制定严格的立项资助、培训指导、竞赛奖励制度。通过以上办法，采矿工程专业学生的实践创新能力和工程素养有了大幅度提高。

图 3-10　企业实习实训基地

3.3 创新平台协同育人模式

矿业工程学科创新平台协同育人模式是指矿业工程学科建设的实践创新育人平台与育人团队、育人机制、保障体系等协调统一的育人系统,在实践中,该协同育人模式将学科的国家级、省部级科研创新平台如省部共建协同创新中心、国家地方联合工程实验室等和教学平台如实践企业、实践基地等融合为多功能专业化协同育人平台;将创新团队、教学团队、学生团体等师资力量组成多样性梯队式协同育人团队;将政府、企业、科研单位、学校等实体协同组织、协同运营、联动式协同育人模式融合为多目标引领性产教融合协同保障体系。该协同育人模式能够实现育人过程有序、育人模式有力、育人效果有质。

3.3.1 科教融合协同育人

高等教育科教融合是建设高等教育强国、提高人才培养质量的必然选择。高校必须形成高等教育科教融合协同育人的思想和理念,将高校优质丰富的科研资源转化为人才培养优势,正确认识科学研究与人才培养之间的关系,将科研工作与教学工作深度融合,明确高校科研工作的主要目的,提高师资队伍的水平和人才培养质量。依托省部共建协同创新中心、国家地方联合工程实验室等国家级、省部级科研创新平台,尽可能让学生在学习专业知识的同时,充分利用平台的设备、师资和技术,参与科研项目,深化对专业知识的理解,激发学生学习的积极性和主动性。按照科教融合协同育人理念进行创新人才培养,强化实践教学,取得了显著的成效。鼓励教师和教学团队将矿业领域最前沿的科学知识和最先进的技术写进教材讲义,在课堂上传授给学生,将最新科研成果无缝衔接融入教学过程,使学生了解前沿知识,拥有创新理念,提高创新能力,实现科教融合协同育人。

3.3.2 产教融合协同育人

产教融合是产业与教育的深度融合,产教融合协同育人是指院校为提高人才培养质量与行业企业开展的深度合作,需要建立长效机制和校企利益共同体,形成稳定互惠的合作机制。我国矿业领域的央企和国有大型企业拥有先进设备和一流技术,人才济济,对促进我国煤炭科学技术进步和提升国际竞争力具有重要作用,为高校人才培养提供创新创业平台、前沿技术课程和教学服务等。矿业工程教育需要强调产教融合、校企合作,该学科培养的大量的优秀毕业生分布在全国各大煤炭企业,充分利用这些校友资源,构建产教融合协同体系与合作机制,充分发挥煤炭行业企业特别是央企、国有大型企业的育人作用,发挥行业企业参与产教融合协同育人的积极性和主动性,企业与高校共建共享实验室、创新基地、实习实践基地等。鼓励教师及其团队针对煤炭企业生产中存在的技术难题从事科技研发和成果转化,保障产教融合协调育人相关方的利益,做到产教合作共赢。

3.4 小 结

学科搭建产教融合平台,突出实践创新能力培养。从学科发展需要出发,构建由校内基础实验室、专业基础实验室、专业实验室和研究生创新教育培养基地组成,集教学、科研、创新等为一体的横向协同、纵向发展的国家、省、校三级立体教学平台体系,全面提升学生实践创新能力。依托国家级矿业工程学科专业学位研究生联合培养示范基地,研究生在基地专业实践 6 个月以上,在现场导师的指导下,与企业联合攻关,解决矿产开发中的技术难题,从而提高学生的工程实践能力、解决问题能力和科研创新能力。

学科依托煤矿开采国家级虚拟仿真实验教学中心,构建"三维联动"教学模式。针对矿业工程人才培养特点,依托学科拥有的国家级虚拟仿真实验教学中心,开发国家级、省部级虚拟仿真实验教学项目 6 项;借助 Sakai、慕课、微课、雨课堂等网络辅助教学系统,虚实结合,形成了由多重教学方法、多样化教学手段、多元化考核方式相互促进的"三维联动"教学模式,取得了显著的教学育人成果。

4　师资队伍与育人团队

4.1　师资队伍概况

矿业工程学科是河南理工大学的传统优势学科,最早于 1998 年被批准为河南省特色重点学科,也是第八批(2013 年)和第九批(2017 年)河南省重点学科。学科的发展关键在师资,一流的专业必须有一流的师资。师资水平的高低,直接决定了高校教育办学质量的优劣,而师资水平的基础在于师资队伍。师资队伍是高校人才培养、科学研究和社会服务的源动力,矿业工程学科现有教职工 92 人,其中外籍院士 1 人(美国国家工程院院士 Syd S. Peng),博士生导师 28 人,教授 34 人(其中二级教授 5 人),副教授(高级工程师)32 人,讲师(工程师)26 人。具有博士学位教师 90 人,硕士学位教师 2 人,分别占全部教职工的97.83% 和 2.17%,现有本科、硕士、博士在校生约 1 500 人,师生比约为 1∶16,如图 4-1所示。

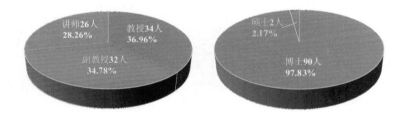

图 4-1　矿业工程学科现有教职工情况

学科引进多名优秀外籍科学家,其中包括美国西弗吉尼亚大学教授 1 名、澳大利亚新南威尔士大学教授 1 名、加拿大麦吉尔大学教授 1 名、巴西里约联邦大学教授 1 名以及澳大利亚莫纳什大学教授 1 名。拥有采矿工程国家级教学团队、教育部教学指导委员会委员 1 人、国务院政府特殊津贴 1 人、全国师德先进个人 1 人、全国教材建设先进个人 1 人、省专业技术杰出人才 1 人、省优秀专家 2 人、享受省政府特殊津贴 1 人、省特聘教授 2 人、省教学指导委员会副主任委员 2 人、中原科技创新领军人才 1 人、中原青年拔尖人才 3 人、省教学名师3 人、省学术技术带头人 3 人、省劳模创新工作室 1 个、省文明教师 2 人、省最美教师 1 人、全国煤炭教育工作先进个人 1 人、煤炭青年科技奖获得者 4 人、河南青年五四奖章获得者 1人;多人获得包括河南省科技创新杰出人才、河南省杰出青年人才、河南省高校创新人才、河南省教育厅学术技术带头人、河南省高校中青年骨干教师等荣誉称号。

师资队伍中包含从国外、企业或研究机构聘请的一批兼职教师,承担现场教学、实习指导、实践案例专题讲座等教学任务。教师数量满足教学需要,结构合理,并有企业或行业专家作为兼职教师。

4.2 师资队伍建设

采矿工程专业高度重视教师应用技术能力和工程实践能力,本着"引进、培养、调整、优化"队伍建设的指导方针,采取多种举措加强师资队伍建设。

4.2.1 青年教师的培养

采矿工程教学团队为了团队的可持续发展,始终把青年教师的培养作为团队发展的关键。多年来,采矿工程教学团队根据师资队伍新老交替、专业发展和人才培养的需要,按照"培养、提高、稳定、引进"相结合的原则不断加强师资队伍建设,先后引进了一批博士、博士后和教授,送出去近10名青年教师到国内外高校攻读学位和访学,师资队伍的年龄、学历、职称和学缘结构不断优化,为采矿工程教学团队教学水平的不断提高奠定了基础。

(1)大力引进高层次人才,优化师资队伍结构

引进高层次人才是加强师资队伍建设的有效途径之一。近几年来,学院采取各种政策,通过给高层次人才提供科研启动资金与安家费、解决家属和子女就业入学问题等政策措施,先后从国内外著名大学引进了一批博士、博士后和教授。教师队伍中既有国外大学毕业的博士,又有来自中国矿业大学、中南大学、北京理工大学、重庆大学、东北大学、太原理工大学等兄弟院校的高层次人才,还有来自生产和设计院所的高级工程技术人员。团队中具有外校学习经历的教师占比已经达到了80%以上,45岁及以下的中青年教师占70%,教学团队的学缘和年龄结构得到了优化,为实现师资队伍的新老更替和高水平建设奠定了基础。

(2)加强岗前和职后培训,不断提高教育教学水平

根据学校师资队伍培训的有关要求,凡是新进教师必须参加学校统一组织的新教师岗前培训,其主要目的是使青年教师了解教育教学规律,适应教育教学任务要求,提高教育教学能力,更好地全面履行教师职责。在学校新教师培训的基础上,学院还建立了青年教师岗前和职后培训制度,每年在寒暑假期间聘请学院教育教学水平较高的老教师讲示范课,发挥老教师对青年教师的传帮带作用,以及在理论和实践等教学环节的指导作用。同时还通过老教师定期听青年教师讲课并对个别青年教师进行指导、与青年教师进行教学经验交流,帮助他们提高授课质量和水平,尽快适应教育教学要求。一些教师由于教学水平高、授课效果好,多次参加学院和学校举行的"希望杯""力行杯""越崎杯"等教学竞赛,并获得奖励,从而带动青年教师的成长和发展,为提高团队整体的教学水平起到了良好作用。

(3)重视对青年教师的培养,提升他们的学术视野和水平

多年来,团队十分重视青年教师的培养工作,常抓不断,取得了突出的效果。为了提高师资水平,团队先后派出了一批中青年教师去美国、澳大利亚、加拿大等国家进修学习,这些教师回国后都成了团队中的学术骨干和学科带头人,为提升学科地位和学科的学术水平,为教学、科研以及青年教师培养作出了巨大的贡献。在几代人的引导下,学院培养了一批博士毕业生,在团队的支持下,优先资助(设立博士基金)博士生参加科研活动和国内外学术会议,选送骨干人员到国内知名校所培训、进修。目前他们已经成为学院教学、科研的主要力量。

(4)鼓励青年教师参与教学改革,以教研促教学效果显著

鼓励和支持青年教师从事各种教学改革研究,不断提高教育教学水平。近几年来,中青

年教师结合自身的教育教学改革实践参与教育教学改革项目,年轻教师许多好的教学改革设想得到试验,极大地提高了采矿工程专业教学团队的教学水平和人才培养质量。许多成果被应用到其他专业的发展中,对促进其他专业的发展产生了良好的辐射作用。

(5)鼓励青年教师承担重大科研项目,提高科研水平,服务教学发展

鼓励青年教师参与、承担高水平科研项目,不断提高其科研水平,以科研促进教学发展。采矿工程专业教学团队的中青年教师共参与国家重点研发计划项目、国家973计划、国家自然科学基金重点项目等近20项。科学研究极大地锻炼了广大中青年教师的科研能力,提高了他们的科研水平,为他们进行更深入的科学研究和更好地从事教学工作奠定了基础。

4.2.2　师资队伍整体水平的提高

在教师数量及结构得到保障的同时,师资队伍的整体水平也能够支撑学生毕业要求的达成,主要体现在:

(1)采矿工程专业教师有明确、稳定的教学和研究方向,均熟悉教学大纲要求和教材内容,教学经验丰富,责任心强,能够全程参与教书育人。

(2)从事本专业教学(含实验教学)工作的教师,90%以上有至少6个月以上矿山企业工作或工程实践(包括指导实习、与企业合作项目、企业工作等)背景和经历。

河南理工大学与国家能源投资集团有限责任公司、河南能源集团有限公司、霍州煤电集团有限责任公司等企业签订《高校青年教师煤炭企业挂职锻炼合作协议》,大力支持教师以脱产形式在合作企业挂职锻炼,在企业中担任技术管理部门负责人、技术顾问,直接参与企业科研、工程项目、企业培训工作,如部分老师在义马煤业集团股份有限公司生产技术部担任挂职部长职务、在霍州煤电集团有限责任公司挂职担任矿长助理职务等,不仅为相关企业提供技术咨询和服务,协助企业推进新技术产业化,提高煤矿员工的理论水平,而且丰富了自身工程实践经验,满足了采矿工程专业教学的需要。

在教学制度方面,实施教授全部为本科生授课制度。采矿工程专业通过补助等方式鼓励教师结合本领域的进展开设新课程,或者对原有课程进行更新,同时要求专职教师必须完成一定的教学工作量才能满足岗位要求,并实行一票否决制。其中河南省文件规定本科院校专业课教师评定讲师任职资格需年均教学工作量为160学时以上;副教授和教授均在180学时以上。校级文件规定副教授每年至少为本科生主讲2门次课程,年均教学业绩点不少于125个;教授每年至少为本科生主讲1门次课程,年均教学业绩点不少于110个;实验教学岗教师年均为本科生指导3门次实验课,实验技术岗教师年均为本科生指导2门次实验课;教师岗位教授每学年至少为本科生主讲一门次课程,且授课时数在30学时以上;教师岗位副教授每学年至少为本科生主讲两门次课程,且授课时数在60学时以上。

学校鼓励专职教师投入本科教学和学生指导,并鼓励其为本科生开设学术讲座,进行关于专业发展、专业特色、学习目的、学习方法和职业发展等方面的指导;鼓励教师进行教育教学改革研究与创新,撰写教改论文,进一步促进本科生培养质量的提升。采矿工程专业教师积极参与教育教学改革,并依托教改成果改进教学方式,不断提高教学质量。

在教学质量方面,把全体学生学习效果作为关注的焦点,通过教学督导、期中教学检查、听课、学生评教和与学生座谈等形式对教师的教学质量进行有效评价,建立"评价—反馈—改进—评价"闭环的质量持续改进机制,并及时反馈评价结果,不断改进教师工作,这样不仅

保证学生学习效果提升,而且有效促进教学质量提升。同时,根据学科建设的需要,有计划地选派科研能力较强、发展潜力较大的青年骨干教师进入博士后流动站或者工作站从事科研工作,以加强专业学科梯队人才的培养。动员教师积极参与企业技术服务工作,为煤炭企业提供技术咨询和工程实践服务,这样既解决了工程实际问题,又积累了工程实践经验,可以更好地将实践融入教学。同时,吸取美国西弗吉尼亚大学的经验,对教学体系和管理理念进行改革和提高,规范教学体系和课程体系,有针对性地开展教学质量督导,学生可以通过"最喜爱的教师评选"等相关活动对教师的教学质量进行反馈,从而促使教师主动提升自身的教学水平与质量。

在学生指导方面,积极倡导"教书育人、管理育人、全员育人"的理念,要求全体教师在学生的学习指导、科技创新指导、社会实践、就业指导中发挥积极作用。与此同时,开展形式多样、内容丰富的指导工作,采用本科生导师制、专业首席指导老师制等对学生进行学习指导,内容涉及思想修养、理想信念、人际交往、学习生活、素质提升、职业规划和考研就业等。在教师职称评审、年度考核和职务晋升中,把参与学生指导作为必要条件。大量有效的措施和细致扎实的工作,使学生普遍具有良好的心理素质,较强的学习能力、社会实践能力和科技创新能力。

因此,从总体上看,师资队伍的整体水平能够支撑学生毕业要求的达成;从个体上看,教师具有较强的教学能力、沟通能力、职业发展能力,较高的专业水平,丰富的工程经验,能够投入本科教学和学生指导中,并且能够开展工程实践问题研究,能够完成其承担的实际教学任务,保障了师资队伍的教学与科研能力的提升。

在国际化方面,为了提升矿业工程学科师资队伍的国际化水平,在人才引进、自主培养两个方面采取了一系列举措。

在人才引进方面,通过合理利用人才引进政策,招聘海外高层次人才参与高校科研和教学;或者高薪引进海外高层次人才,为学科引入新的学术研究方向,提升学术地位,充分发挥"名师效应";当经费、渠道等受到限制时,通过采用错峰引智等方式邀请海外知名院校教授作为客座教授,加大吸引海外教师来校交流、合作的力度,形成稳定的、新方向的科研团队,同时定期邀请海外教授为学生做学术报告,开阔学生的国际化视野。

在自主培养方面,学校制定了《河南理工大学教师出国(境)进修实施办法(试行)》,鼓励优秀教师到国(境)外高水平大学和科研机构访问进修、合作研究、攻读学位,开阔教师国际化视野,促进教师最大限度地获取学科前沿知识,学习先进的教学科研方法,汲取经验和成果,提升教学科研水平。教师通过阅读或撰写高水平论文、参加国际学术会议等方式,了解掌握国际矿业工程的研究热点与发展前沿。学院通过制定相应政策及考核标准,营造一个宽松、和谐的学术环境,考核更注重标志性成果,而不仅仅是成果的数量。加大青年拔尖人才引培力度,推动优秀青年人才脱颖而出,保障师资力量能够不断提升,提高河南理工大学矿业工程学科在国内的竞争力。

4.3 科研团队与教学组织

4.3.1 科研团队

矿业工程学科的科研团队主动对接国家重大发展战略和行业、地方需求,打破学科界限,适应新时代国家对矿业人才及科研的需求,在新一代信息技术、新能源新材料、生态环境、煤炭绿色开采和清洁利用等领域进行了学科交叉融合,加强矿业工程学科群建设,探索建立了"坚持问题导向、以项目作支撑、多学科交叉、导师团队合作指导"的学科交叉人才培养模式,为培养国家急需的高层次复合型、创新型人才奠定了坚实基础。科研团队如表4-1所示。

表4-1　河南理工大学矿业工程学科科技创新团队一览表(截至2022年10月)

序号	年份	团队名称	类型
1	2009	瓦斯抽采关键技术与装备	河南省创新型科技团队
2	2012	煤矿采动损害与保护技术	河南省创新型科技团队
3	2013	深井巷道围岩控制	河南省创新型科技团队
4	2017	注浆与充填材料研制与应用	河南省创新型科技团队
5	2021	煤矿智能开采新技术	河南省高校科技创新团队
6	2022	巷道顶板灾害智能辨识与控制	河南省高校科技创新团队
7	2022	煤矿岩层控制与灾害防控	河南省高校科技创新团队

各团队介绍如下:

(1) 瓦斯抽采关键技术与装备河南省创新型科技团队

该团队由采矿工程、安全工程等专业的7人组成,其中高级职称4人,博士5人,另长期聘用机械设计制造及其自动化、材料科学与工程、电气工程及其自动化等专业专家5人。团队成员年龄、职称和专业结构合理,具有很强的执行力、凝聚力和创新活力。团队主要从事井下瓦斯抽采钻进、封孔、联孔、疏孔、调控等环节中的关键技术与装备研究,在瓦斯抽采钻进方面,提出"钻穴"观点,揭示了煤层钻进规律,发明系列新型钻杆,大幅度增加了钻孔深度;在瓦斯抽采封孔方面,提出"LQ主动支护式封孔原理",发明囊袋式注浆封孔技术及系列配套设备,大幅度提高了瓦斯抽采浓度;在瓦斯抽采联孔方面,开发了标准化联孔器材,实现瓦斯抽采联孔标准化。相关成果均进行了推广应用,取得了显著的经济效益与社会效益。

近年来,团队共承担"十二五"国家科技支撑计划课题、专题各1项;获得国家自然科学基金项目立项5项;承担河南省重点研发专项项目1项、企业委托课题40余项;纵向、横向项目总经费近2 000万元;通过省级鉴定的成果10项,其中国际领先3项,国际先进4项;获得省部级以上科技成果奖7项,其中国家科技进步二等奖1项;取得国家专利40项,其中发明专利24项。

(2) 煤矿采动损害与保护技术河南省创新型科技团队

随着地下煤炭资源的不断采出,开采所引起的地表沉陷及其引发的灾害问题日益突出,成为亟待解决的社会和环境问题。煤矿采动损害与保护技术研究团队在矿山开采沉陷及采动损害保护技术领域开展研究工作,主要研究内容包括煤矿绿色开采、煤矿岩层移动规律、地表移动和变形规律、地表移动和变形预计、地表移动和变形观测、建筑物保护煤柱的设计、"三下"采煤技术、开采对环境的影响及其治理、老采空区地基稳定性评价及处理等。

该团队共有成员12人,其中享受国务院政府特殊津贴1人,教育部新世纪优秀人才1人,博士生导师9人,河南省优秀专家1人,中原科技创新领军人才1人,河南省科技创新杰出人才1人,河南省优秀青年科技专家1人,河南省学术技术带头人3人,10人具有高级职称,是集采矿工程、矿山测量、开采沉陷、岩石力学工程等研究领域于一体、多领域交叉、结构合理、学术水平较高的创新团队。近十年来,团队成员发表学术论文 300 余篇,其中被 SCI/EI 收录 180 余篇;共承担教育部新世纪优秀人才支持计划、国家科技支撑计划、国家自然科学基金联合基金重点项目与国家自然科学基金面上项目、国家自然科学基金青年基金项目、河南省杰出青年科学基金项目、河南省重点科技攻关项目等国家级或省部级科研项目 90 余项;"大面阵数字航空影像获取关键技术及装备"获得国家科技进步二等奖;出版专著和译著 20 余部,如《高耸构筑物采动变形理论与保护》《"三软"煤层开采沉陷规律及其应用》《煤矿开采损害与保护》《矿井特殊开采技术》《矿山开采沉陷工程》《长壁开采(第 2 版)》等;完成企业委托及采动损害技术鉴定项目 200 余项,多项鉴定成果达到国际先进或国内领先水平并得到推广应用。

(3) 深井巷道围岩控制河南省创新型科技团队

随着我国煤矿开采深度逐年加深,巷道围岩控制难度逐年加大,针对这种现状,该团队主要从深井巷道围岩控制理论和技术方面开展攻关。

该团队共有成员 20 人,其中具有博士学位 18 人,教授 7 人,副教授 10 人,讲师 3 人。近 5 年来团队主持或者参与国家自然科学基金项目、河南省杰出青年科学基金项目、河南省杰出人才创新基金等纵向课题 20 余项,发表 SCI/EI 检索论文 80 多篇,出版专著 6 部,申请专利 100 余项。

该团队长期从事巷道围岩控制研究并作出突出贡献,建立了煤巷锚杆支护围岩强度强化理论、煤巷顶板稳定及两帮稳定的判别准则,提出回采巷道锚杆支护系统设计方法以及基于围岩强度强化理论的深井巷道锚杆-锚索强力支护、锚杆-锚索协调支护原理,确定了巷道围岩锚固体及锚固体流变的稳定性准则,完善了深井复杂困难巷道围岩控制的综合技术。这些成果处于国内领先水平,并在邢台、平顶山、鹤壁、焦作等矿区得到了推广应用。

(4) 注浆与充填材料研制与应用河南省创新型科技团队

该团队是集新型矿用材料的研发、生产、应用技术服务、整体方案解决于一体的创新型团队,主要解决矿井支护、煤系固废综合利用难题,从事相关材料与技术的研发、生产和推广应用,提升无机材料科研水平。

该团队有博士生导师 2 人,教授 7 人,副教授 8 人,讲师 6 人,具有博士学位 15 人。该团队以矿硐工程难题解决、注浆材料研发生产、技术材料推广应用为己任,努力提升无机材料科研水平,汇集了一批高新材料、土木工程、矿业工程等多个学科的高水平人才,从事新型注浆材料、充填加固材料、支护材料等矿用材料的研发与生产。团队累计完成国家及省部级科研项目 25 项,获得省部级科技进步奖 13 项。经过多年科研攻关,该团队取得了新型无机注浆材料方面的专利,研发出针对不同环境需求的无机材料。

(5) 煤矿智能开采新技术河南省高校科技创新团队

该团队共有成员 13 人,其中高级职称 9 人。团队将传统煤矿开采、岩石力学、岩层控制的理论和技术与大数据、物联网、软件工程、智能控制等高新技术相融合,紧密围绕煤矿智能开采理论与技术进行科技攻关,多学科交叉融合、相互促进。

该团队共发表高水平研究论文 54 篇,出版专著/教材 4 部,授权专利/软件著作权 50项;主持包括国家重点研发计划、国家 973 计划、国家自然科学基金等国家级项目 15 项,省部级科研项目 10 项,企业委托项目 30 余项,累计科研经费 2 000 多万元;获得省部级以上奖励 10 项,多人次获学科、学术带头人等荣誉称号;在特厚煤层智能放煤、智能岩层控制、巷道围岩控制与快速掘进等方面取得了多项高水平创新性研究成果,整体实力处于国内前列,部分研究成果处于国际领先水平。

(6)巷道顶板灾害智能辨识与控制河南省高校科技创新团队

该团队共有成员 11 人,其中高级职称 8 人,涵盖矿业工程、机械工程、计算机工程等学科。该团队始终坚持围绕煤矿巷道顶板灾害智能预测及控制开展研究,将岩石力学、岩体力学、岩石破碎学经典理论与计算机编程、机械设计、智能测控等专业技术深入融合,形成了"巷道顶板岩层结构探测与识别""巷道锚固支护参数智能精准设计""锚固力增强与防衰减理论及技术""巷道顶板锚固支护稳定性智能预测与效果检测"四个稳定的研究方向,突破解决巷道顶板结构智能超前感知、锚固参数智能设计、恶劣围岩锚固质量提升、锚固效果智能预测四个关键技术的瓶颈问题。

该团队承担国家自然科学基金项目 10 项,省部级科研项目 15 项,企业委托项目 90 余项,累计科研经费近 2 000 万元,参与国家 973 计划、国家自然科学基金重点项目 2 项,发表高水平论文 210 余篇,授权专利/软件著作权 40 余项,获得省部级以上科技奖励 25 项,多项成果入选河南省行业新技术、新方法展示库,为河南省煤矿巷道安全提供了技术和人才支撑。

该团队多人次获省部级、行业人才类荣誉称号,在巷道冒顶危险源辨识、恶劣围岩条件巷道围岩控制理论等方面取得了诸多高水平创新性研究成果,整体实力处于国际先进水平,部分研究成果位于国际领先水平。

(7)煤矿岩层控制与灾害防控河南省高校科技创新团队

该团队共有成员 12 人,其中高级职称 8 人,研究领域涵盖矿业工程、安全工程、工程力学等学科。团队坚持围绕煤炭资源开发中的矿井水害防治与水资源利用难题开展科技攻关,将采动岩体力学、渗流力学、计算机人工智能等理论和技术深入融合,形成了"矿井精细化地质保障理论与技术""采动岩体裂隙演化与渗流突变理论""矿井突水预测预报理论与方法""水资源保护性开采理论与技术"四个稳定的研究方向,力求解决矿井突水灾害中的精细化地质保障、采动岩体渗流突变致灾机理、矿井突水精准预警以及水资源保护性开采四个关键科学难题。

该团队承担国家自然科学基金重点项目 1 项、优秀青年项目 1 项、面上和青年项目 13 项,省部级项目 10 余项,企业委托项目 40 余项,累积科研经费近 1 800 万元,发表高水平论文 200 余篇,授权专利/软件著作权 50 余项,获得省部级以上科技奖励 20 余项。

该团队多人次获省部级人才类等荣誉称号,在破碎岩体突水(溃砂)致灾机理、复杂条件下矿井水害防控技术等方面取得了系列高水平创新性研究成果,整体实力处于国际先进水平,部分研究成果位于国际领先行列。

4.3.2　河南省优秀基层教学组织

基于矿业工程学科的发展,采矿工程系荣获"河南省优秀基层教学组织",该教学组织现有教职工 44 人,其中教授 14 人,副教授 17 人,讲师 11 人,助教 2 人,博士 40 人,硕士 3 人,其他 1 人。高级职称教师占教师总数的 70.5%,博士学历教师占本专业教师总数的 90.9%。采矿工程系作为河南省优秀基层教学组织,其基础在于建设一支素质良好、结构优化、数量适宜、富有活力、相对稳定的师资队伍,这也是提高教学质量、培养高素质人才的关键。采矿工程系的专职教学科研人员有国家安全生产专家 2 人,教育部高校教学指导委员会委员 1 人,国家专业技术人才知识更新工程("653"工程)首席专家 1 人,河南省教学名师 2 人,省级学术带头人 3 人,河南省优秀教师 4 人,河南省优秀教育工作者 1 人,河南省中青 年骨干教师 6 人,校级特聘教授 4 人,博士生导师 8 人。采矿工程专业教学团队为国家级教学团队,已形成一支老、中、青相结合,以中青年教师、高学历、高职称为主体的师资队伍,是一支学术水平高、教学经验丰富、创新能力强、职称和年龄结构较为合理的师资队伍,为培养高素质的人才奠定了坚实基础。基层教学组织师资队伍情况汇总如表 4-2 所示。

表 4-2 基层教学组织师资队伍情况汇总

职称	年龄结构					学历		专业		
	≤35 岁	36~45 岁	46~60 岁	>60 岁	合计	博士	硕士	采矿工程专业	相近专业	其他专业
正高级	0	4	10	0	14	13	0	11	3	0
副高级	3	14	0	0	17	16	1	12	4	1
中级	6	4	1	0	11	9	2	8	3	0
其他	2	0	0	0	2	2	0	0	0	0
合计	11	22	11	0	44	40	3	33	10	1

目前,采矿工程专业设有多个国家级、省部级科研平台,高层次的研究成果和科研平台为采矿工程专业发展提供了良好的基础条件,为教学与实验室建设提供了支撑。高层次的人才梯队和优异的科研成果为本科教学奠定了坚实的基础。采矿工程专业近 3 年承担国家级、省级和企业科技项目 150 余项,科研经费超过 5 000 万元/年,获得国家科技进步二等奖 1 项、省部级奖 25 项,出版教材、专著 15 部,发表论文 280 余篇,其中 SCI、EI、ISTP 三大检索论文 70 余篇,发明专利 51 项。

采矿工程系在专业教育方面采取了本科生导师制、专业首席指导教师制度、班主任专业教育与指导、任课教师辅导答疑、专业讲座及学术报告和考研辅导等。

(1) 本科生导师制。本科生导师制是在对本科生实行班级制和年级辅导员制的同时,选聘一些具有较高思想道德素质和业务素质的教师担任本科生的导师,导师不仅要负责学生的学习,而且要在思想、生活、心理等方面给予学生个别指导的教育制度。新形势下,秉承以学生为中心的办学理念,采矿工程系实行本科生导师制,对学生进行"导向"和"导学",促进本科生知识、能力、素质的全面发展,彰显出河南理工大学采矿工程专业教育的品质与价值。

(2) 专业首席指导教师制度。《河南理工大学本科生专业首席指导教师制度实施办法(修订)》(校教〔2010〕49 号)指出,本科生专业首席指导教师负责专业教育和人生引导,并明确规定了专业首席指导教师的主要职责,即关心学生成长,对学生进行专业指导(新生入学指导、定期专业指导)和其他方式指导(集体座谈、个别面授、网上指导等),积极与学生辅导员、班主任沟通交流和了解情况;明确了专业首席指导教师的待遇,即本科生专业首席指导教师举办的专业讲座参照校级学术讲座计酬,召开专业指导座谈会的按学校座谈会制度给予补贴。

(3) 班主任专业教育与指导。《河南理工大学班主任工作条例》(校党文〔2010〕37 号)规定了班主任职责,班主任考评、待遇等。例如,指导和帮助学生选课,引导学生积极参加专业学习;培养学生的科研能力和创新能力,组织学生开展科技创新活动;协助专业首席指导教师做好专业教育;班主任的考评结果作为评定职称、晋升、提级、提薪的重要依据之一。

（4）任课教师辅导答疑。学校要求每门课任课教师都要详细规定辅导答疑的具体时间和地点。每位任课教师在授课期间每周至少辅导答疑一次。

（5）专业讲座及学术报告。采矿工程系每年不定期邀请知名专家教授为采矿工程专业师生做学术讲座（报告），内容涉及学科前沿介绍、大学生职业规划及心理健康教育、社会问题探讨等多方面。

（6）考研辅导。学院每年根据不同学生的实际需求,制订相应的考研辅导计划,聘请专业知识丰富的教师对考研学生进行专业课程辅导。

同时,每位教师十分明确自己在教学质量提升中的作用,通过不断改进教学方法、更新教学内容、应用信息化手段、把握教学技巧等措施提升教学质量。采矿工程系通过教学督导、期中教学检查、听课、学生评教和与学生座谈等形式对教师的教学质量进行有效评价,并将评价结果及时反馈给教师,不断改进教师工作,有效促进教学质量提升。这也是保障采矿工程系获得"河南省优秀基层教学组织"的基础。

4.3.3　智能采矿虚拟教研室

智能采矿虚拟教研室由河南理工大学牵头,太原理工大学、西安科技大学、郑州煤矿机械集团股份有限公司共同参与组建,2021年获河南省教育厅批准建设。该教研室现有教师25人,其中正高13人,副高12人,除采矿工程专业外还吸纳有计算机科学与技术、自动化、机械设计制造及其自动化等专业7人,教师职称结构、年龄结构、学缘结构合理。教研室设有"采煤概论""煤矿综掘工作面机械装备虚拟仿真实验""开采损害与环境保护"3门国家级一流本科课程、2门国家级精品课程、1门国家级精品资源共享课程及"智能采矿""矿山压力与岩层控制""开采损害与保护"等8门河南省一流本科课程;主编国家级规划教材3部。教研室配套建设有先进的智慧录播教室,如图4-2所示,并依托多所高校的虚拟教学资源,线上教学条件完备。

图 4-2　配套建设的智慧录播教室

由河南理工大学牵头建设的中西部智能开采虚拟教研室于2021年获批建设,该虚拟教研室共有教师28人,均为河南理工大学、太原理工大学和西安科技大学采矿工程专业教师。3所高校的采矿工程专业均为国家级一流专业建设点,拥有国家级教学团队,共同为中西部地区培养煤炭智能开采方面的优秀人才。

此外,河南理工大学矿业工程学科正申报岩层控制与绿色开采虚拟教研室建设试点,结合《教育部高等教育司关于开展虚拟教研室试点建设工作的通知》(教高司函〔2021〕10号),河南理工大学及其二级单位能源科学与工程学院制定了一系列支持措施。

① 学校方面:制定系(教研室)管理办法,明确教研室职责和教研室考评办法;为虚拟教研室建设试点提供良好的办公条件和工作环境;制定教学质量工程、一流课程、一流专业等资助与奖励办法。

② 学院方面:教研室设有日常运行经费、国家一流专业建设经费、学生实习经费、实验设备购置费;制定教材出版、论文发表等资助办法,为教研室建设提供充足的经费保障。

该虚拟教研室由河南理工大学牵头建设,邀请了中国矿业大学等14所高校的长期从事岩层控制与绿色开采方面教学科研工作的教师参与其中。各高校可以在教学与科研内容、实习基地、教学平台等方面实现互补。其中,校企(地)合作是教研室的优良传统,是服务社会、区域及行业发展的主渠道,也是实现专业特色发展的必由之路。该教研室积极搭建"以企业为主体、市场为导向、产学研相结合"的技术创新体系,依托国家及省级实验教学示范中心,河南、山西、内蒙古等核心实践创新实习基地,河南能源集团有限公司、中国平煤神马控股集团有限公司、晋能控股集团有限公司、国能神东煤炭集团有限责任公司等的20余个企事业单位实习基地,实现课程群实践教学。合作企业为虚拟教研室建设中采矿工程人才的培养搭建了赋能平台,学生运用矿山压力与岩层控制、开采损害与环境保护基本理论和知识解决企业实际的岩层控制与绿色开采问题,教师将企业实践成果应用于教学,丰富课程内涵,从而实现产教融合。该虚拟教研室的特色如下。

(1)依托专业建设历史悠久,建设成果丰硕

河南理工大学采矿工程专业距今已有110余年建设历史,为国家级一流本科专业、国家级特色专业、国家级专业综合改革试点专业、教育部卓越工程师教育培养计划试点专业,该专业拥有国家级一流本科课程3门、国家级精品课程2门、国家级精品资源共享课程1门,三次通过全国工程教育专业认证,在全国53个开设采矿工程专业的高校中排名第4,进入全国A类专业行列。

(2)创新虚拟教学模式方法,丰富知识难点解惑方式

该教研室采用以典型案例为基础的互动性翻转课堂、虚拟仿真、实操训练等相结合的教学模式,丰富慕课、钉钉课堂、腾讯课堂等授课形式,提高教学质量,建立岩层控制与绿色开采方面教学虚拟平台,对开采损害机制与过程、岩层运移与控制对策进行仿真实验,针对难点问题,依托在线答疑团队,提高学生的参与感、获得感。

(3)注重科研反哺教学,强化课程群交叉互融性

以资源开采过程中岩层控制和环境保护方面的科学问题为导向,以关键技术突破为切入点,以绿色开采为目标,通过虚拟现实软件情景再现,将岩层控制、开采损害、绿色开采等与采矿工程专业交叉领域的最新研究成果渗透到课程中。

同时,虚拟教研室结合煤矿开采国家级虚拟仿真实验教学中心,在"双一流""新工科"等新要求涌现的大背景下,借助互联网优势建立岩层控制与绿色开采方面教学虚拟平台,深化教学模式与方法改革,以关键技术突破为切入点,以绿色开采为目标,以信息平台为工作场所,以互联网思维为工作思路,基于"以学生为中心"理念,打造"线上+线下"的"混合教研、

实证教研、合作教研"新型教研方式。

4.3.4 黄大年式教师团队

河南理工大学采矿工程专业教师团队于 2023 年 6 月荣获河南省黄大年式教师团队（图 4-3），该团队由 53 人构成，其中正高职称 21 人，副高职称 19 人，博士生导师 21 人，博士学历占比 98.11%；拥有教育部教学指导委员会委员、中原教育教学领军人才、河南省特聘教授、河南省教学名师、河南省优秀教师、河南省高层次人才等，团队教师团结协作，健康持续发展。团队负责人郭文兵教授，为全国教材建设先进个人、河南省优秀专家、中原科技创新领军人才等，在团队建设方面起到了重要的引领作用。团队成员分别毕业于中国矿业大学、中南大学、中国矿业大学（北京）、东北大学、中国科学院武汉岩土力学研究所、国立室兰工业大学（日本）等 10 余所高校和科研单位，学缘结构合理；20 位（占 38%）教师具有美国、加拿大、澳大利亚、日本等留学或访学经历，具有宽广的国际视野。该教师团队聚焦国家能源安全开采领域，坚持学习弘扬黄大年同志的高尚精神，秉承"为人为学其道一也"的师德师风，潜心治学，充分发挥采矿工程专业特色和优势，形成"立德修身、潜心治学、创新引领、踔厉奋发"的团队文化，为矿业工程人才培养和科技创新作出突出贡献。

第三批河南省黄大年式教师团队拟认定名单

序号	团队名称	所属高校	负责人姓名
1	金刚石光电材料与器件教师团队	郑州大学	单崇新
2	新能源科学与工程交叉研究教师团	郑州大学	周震
3	先进装备与节能教师团队	郑州大学	王定标
4	古文字与华夏文明传承创新教师团	郑州大学	李运富
5	"新媒体公共传播"教师团队	郑州大学	张淑华
6	材料化学教师团队	河南大学	张治军
7	中国文学跨学科教师团队	河南大学	关爱和
8	教育学教师团队	河南大学	杨捷
9	地方鸡种质资源保护利用教师团队	河南农业大学	康相涛
10	黄河流域林业生态安全教师团队	河南农业大学	范国强
11	动物生物学教师团队	河南师范大学	陈广文
12	教师教育教学教师团队	河南师范大学	罗红艳
13	高校物理学创新创业融合教师团队	河南师范大学	宵钦
14	采矿工程专业教师团队	河南理工大学	郭文兵
15	智能测绘与时空服务教师团队	河南理工大学	金双根
16	高性能轴承设计制造教师团队	河南科技大学	张永振

图 4-3 采矿工程专业黄大年式教师团队

4.4 小 结

本章总结了矿业工程学科的师资队伍、科研团队及基层教学组织情况，阐述了师资队伍建设"引进、培养、调整、优化"的指导方针与人才引进和师资队伍建设的多种举措；基于科研团队与教学组织情况，划分了矿业工程学科下创新团队、科研小组、教学团队、教学小组、学生团体等教研单元，建立了矿业工程全过程、多学科交叉、多样性梯队式的产教融合智慧教研团队，并于 2021 年成功获批了智能采矿省级虚拟教研室，为提高矿业工程学科的人才培养质量与实现学科健康高效发展提供了支撑。

5　课程体系优化与教学模式改革

5.1　课程体系优化

本节主要围绕矿业工程学科采矿工程专业课程体系优化内容,从采矿工程专业课程体系及其优化方法与优化结果三个方面,阐述采矿工程专业课程体系的建立和发展过程,明确采矿工程专业、智能采矿工程专业本科生培养方案,为矿业工程学科本科教学质量提升提供方法支撑。

5.1.1　采矿工程专业课程体系

科学合理的课程体系是实现人才培养目标的基本保证。2022版《矿业工程本科专业人才培养方案》按照"科学基础、实践能力和人文素养融合发展"的人才培养理念,构建"通识教育与专业教育相融合、创新创业教育与专业教育相融合、实践教育与行业协同相融合、素质教育与核心价值观相融合、个性化培养与质量标准相融合"的"两平台、四模块、五融合"的人才培养课程体系。

课程体系由公共基础课程模块、素质拓展模块、专业课程模块和专业拓展模块搭建的通识课程平台和专业课程平台两部分组成。平台与模块课程的构建及优化应充分支撑毕业要求和培养目标的达成。课程设置应目标明确,避免内容重复,课程之间应有机衔接、层次递进;鼓励构建以项目为驱动的课程及课程群。采矿工程专业参照国标要求,合理设置本专业公共基础课程、素质拓展课程和专业课程各部分的学分以及必修和选修课程学分比例。具体课程体系划分见表5-1。

表 5-1　"两平台十四模块"矿业工程本科课程体系划分

两平台	四模块	具体课程
通识课程平台	公共基础课程模块	公共基础理论课程
		公共基础实践课程
	素质拓展模块	素质拓展理论课程
		素质拓展实践创新(含学科、文体等竞赛,创新创业实践,社会实践与调查)
专业课程平台	专业课程模块	专业理论必修课程
		专业理论选修课程
		专业实践课程[含集中(分散)实践环节、专业实践创新模块、独立设置的实验课程模块]
	专业拓展模块	专创融合课程、科教融合课程、跨学科交叉融合课程

（1）通识课程平台

通识课程平台包含公共基础课程模块和素质拓展模块。公共基础课程即所有专业的本科生原则上都要学习的课程，包括德智体美劳全面发展所要求的基本课程，均为必修课程，旨在培养学生正确的人生观和价值观，提高学生的综合素质。素质拓展课程包含素质拓展理论选修课程和素质拓展实践创新，旨在拓展学生知识视野，提高学生实践能力。

① 公共基础课程模块

a. 思想政治理论课程。思想政治理论课程属于公共基础课程模块，包括"马克思主义基本原理""毛泽东思想和中国特色社会主义理论体系概论""中国近现代史纲要""思想道德与法治"（原为"思想道德修养与法律基础"）、"形势与政策"。"形势与政策"分散在第一——第六学期内完成，第一学期和第六学期各计 1 学分，其余 4 个学期不计学分。依据《普通高等学校本科教育教学审核评估实施方案（2021—2025 年）》等文件要求，增加"习近平总书记教育重要论述"教学内容，融入"形势与政策"课程。

b. 体育课程。根据《关于全面加强和改进新时代学校体育工作的意见》要求，体育类课程在完善"健康知识＋基础运动技能＋专项运动技能"教学模式的基础上，注重提高学生的体能素质，培养学生终身体育锻炼的习惯。体育类课程坚持课内外一体化教学，以早操早读、运动会等多种形式，激发学生课余运动兴趣，切实保证学生每天一小时体育活动时间。"体育与健康"课程安排在第一、二学年，共 4 学分，课外体育贯穿大学四年。

c. 外语类课程。"大学英语"课程实行分级教学。课程应注重听说读写等应用能力的培养，同时加强跨文化交际等方面能力的拓展。鼓励学生选修第二外语或英语提高类课程，重视大学英语课外学习资源的建设与应用，为学生提供考研、留学、商务等不同系列的高级英语选修课程。

d. 计算机类课程。"大学计算机"课程旨在提升大学生信息素养，初步培养大学生计算思维意识，建议各专业必修；已要求修读高阶课程的计算机类、自动化类等专业可免修。"高级语言程序设计"课程旨在强化培养学生计算思维意识，培养大学生解决科学问题能力，建议各专业必修，由各专业根据培养目标要求自行确定。

e. 公共数学、大学物理、大学化学、制图等基础课程。各专业根据《普通高等学校本科专业类教学质量国家标准》等相关标准和人才培养需要，确定学生修读的课程层次、内容和学分学时要求。

f. 综合性工程训练。各专业结合教学需要，开设"工程认识训练""工程基础实训与实践""工程综合训练""电工电子技术训练"等课程，加强综合性工程训练。

g. 劳动教育课程。根据《中共中央 国务院关于全面加强新时代大中小学劳动教育的意见》《中共河南省委 河南省人民政府关于全面加强新时代大中小学劳动教育的实施意见》和教育部《大中小学劳动教育指导纲要（试行）》要求，开设"劳动教育理论"课程（必修，1 学分，16 学时，采用慕课形式授课）。劳动实践与第二课堂紧密结合，由校园公益劳动、宿舍环境保持、志愿服务活动、创新创业实践、顶岗实习实训等形式组成，共 1 学分（纳入素质拓展实践创新学分）。劳动实践以学院考核为主体，各专业根据后勤管理处、校团委、学生处的劳动实践方案，并结合自身情况和学科特点，制定实施细则，引导学生开展各类劳动，提高学生在生产实践中发现问题和创造性解决问题的能力，实施细则备案后予以执行。

h. 创新创业课程。根据《普通本科学校创业教育教学基本要求(试行)》等相关文件要求,开设"创新创业基础"(2学分,32学时)公共基础必修课程,培养学生创新精神、创业意识,提升学生创新创业思维能力。同时积极开设创新创业思维类、方法类、指导类、实训类等素质拓展选修课程,进一步启发学生创新意识,激发创新创业灵感。

i. 军事课程。根据《普通高等学校军事课教学大纲》要求,军事课程由军事理论和军事技能训练两部分组成。"军事理论"记2学分,共32学时;"军事技能训练"(简称军训)课程时间2周,记2学分。

② 素质拓展模块

a. 素质拓展理论课程。根据《普通高等学校学生心理健康教育课程教学基本要求》《大学生职业发展与就业指导课程教学要求》《大中小学国家安全教育指导纲要》要求,开设"大学生心理健康教育""大学生职业生涯与发展规划""大学生就业指导""国家安全教育"限选课,各专业必选。其中"大学生心理健康教育"课程旨在增强大学生的自我心理调适能力,提高大学生心理健康水平和综合素质,促进大学生健康发展、全面发展;"大学生职业生涯与发展规划"课程旨在引导学生培养职业生涯规划意识,培养求职择业应具备的素质和能力;"大学生就业指导"课程旨在加强对大学生的就业指导与就业服务,拓宽毕业生就业渠道,提高广大毕业生的就业能力;"国家安全教育"课程旨在强化国家安全系统化学习训练,增强学生维护国家安全的责任感和能力。

素质拓展理论选修课程分为思想政治理论类、人文社科类、科学技术类、公共艺术类和创新创业类共五类,本科生毕业前至少修满12学分。

b. 素质拓展实践创新。素质拓展实践创新含学科、文体等竞赛,创新创业实践,社会实践与调查等环节,旨在激励学生利用课外时间积极从事科研、竞赛、发明制作、社会实践、创新创业训练等活动,培养学生团队协作精神,提高其实践创新能力;要求学生毕业前至少修满5个素质拓展实践创新学分,此类学分单独考核记载并计入总学分,具体按《河南理工大学本科生素质拓展学分认定及实施办法》和《河南理工大学创新创业学分认定及转换管理办法(试行)》等有关文件执行。

(2) 专业课程平台

① 专业课程模块

专业课程模块包括专业理论必修课程、专业理论选修课程和专业实践课程。专业理论必修课程中的主干课程是为实现专业的培养目标而设置的,主要面向专业学生开设,是学生必须学习的专业理论和专业技能。专业主干课程的要求应不低于《普通高等学校本科专业类教学质量国家标准》,应尽量提高要求、突出特色。专业理论选修课程应根据学生个性发展要求设置选修模块让学生在指定的学分内任意选择,适量增加专业选修课的线上学时。专业实践课程教学环节要体现本专业的优势和特色,根据国标、专业认证、审核评估的要求合理设置理论课、实践课比例。在注重理论教学的同时,进一步强化实践教学,做到理论与实践紧密结合。

② 专业拓展模块

专业拓展模块是在上述基础上的提高或拓宽,旨在进一步拓宽学生的知识视野,进一步增强学生的创新精神,进一步提高学生的实践能力。专业拓展模块包含三大拓展方向,即专创融合课程、科教融合课程、跨学科交叉融合课程。各专业至少指定选修 1 门专业拓展模块的课程,有条件的学院可以选修模块形式开设,相关实验班可重点开设。

5.1.2 课程体系优化方法

本科专业人才培养方案是学校落实党和国家关于本科人才培养总体要求,组织开展教学活动、安排教学任务的规范性文件,是实施专业人才培养和开展质量评价的基本依据。为全面贯彻立德树人根本任务,落实"以本为本",推进"四个回归",适应经济社会发展对人才培养的新要求,全面提高人才培养能力,加快推进一流本科教育,充分发挥培养方案在本科专业人才培养工作中的指导和纲领作用,学院形成了矿业工程本科专业人才培养方案修订方法。

(1)指导思想

以习近平新时代中国特色社会主义思想为指导,全面贯彻全国教育大会和新时代全国高等学校本科教育工作会议精神,落实《河南理工大学"十四五"事业发展规划》安排部署,紧紧围绕立德树人根本任务,主动适应建设国内一流特色高水平大学的要求,以《普通高等学校本科专业类教学质量国家标准》和专业认证(评估)标准等为依据,坚持德智体美劳"五育并举",遵循学生中心、产出导向、持续改进"三大理念",面向"四新"建设及国家经济社会发展需求,着力培养德智体美劳全面发展的社会主义建设者和接班人。

(2)基本原则

① 坚持育人为本,促进全面发展。按照全国教育大会和新时代全国高等学校本科教育工作会议要求,把立德树人内化到思想道德教育、文化知识教育、社会实践教育等人才培养各环节,努力构建德智体美劳全面发展的人才培养体系。设置体现思想政治教育、体育、美育、劳育、创新创业教育、心理健康教育的课程或教育环节,促进学生全面发展。

② 坚持标准引领,确保科学规范。依据教育部《普通高等学校本科专业类教学质量国家标准》和专业认证等相关标准,按照《普通高等学校本科教育教学审核评估实施方案(2021—2025 年)》要求,注重各专业课程设置对毕业要求和培养目标的支撑度、专业培养方案与经济社会发展和学生发展需求的契合度,科学合理设置学分总量和课程数量,强化专业人才培养方案的科学性、适应性和可操作性。

③ 坚持交叉融合,提升培养质量。遵循高等教育发展规律和大学生成长成才规律,促进通专融合、理实融合、产教融合、科教融合、专业交叉融合,实行模块化的专业基础教育,体现课程间的逻辑关系,在横向上实现与其他专业拓展的内在关联,纵向上实现本专业拓展的递进关系,构建知识交叉融合的培养体系,不断提升人才培养质量。

④ 坚持创新驱动,培养拔尖人才。结合"六卓越一拔尖"计划 2.0 和"四新"建设要求,探索建立拔尖创新人才培养的有效机制,鼓励并支持学院积极建设卓越人才实验班、未来技术实验班或产业实验班等人才培养特区,在已有的有效培养模式基础上,全面重塑课程结构,迭代升级人才培养体系,不断改进教学模式,集中优质教育资源培养具有国际水准和竞争力的拔尖创新人才。

(3)基本要求

① 优化通识教育课程体系。充分发挥通识教育在培养一流本科人才中的重要作用,进一步完善通识教育课程体系,提高通识教育课程质量。按照国家有关规定,积极借鉴

国内外高水平大学课程建设经验,在原有通识课程体系的基础上,科学设置通识教育核心课程和通识教育选修课程,科学推进通识教育与专业教育相渗透、理论与实践相结合,有效引导学生涉猎不同学科领域,学习不同学科思维方法,实现学生知识学习、能力培养和素质提升的有机结合。通识教育课程设置由教务处负责统筹,各学院根据实际需要开设。

② 精准设置专业课程体系。参照《普通高等学校本科专业类教学质量国家标准》和专业认证(评估)标准等,加强专业核心课程整合力度,凝练支撑专业核心能力培养的专业课程,设置体现学科前沿、跨学科交叉、创新性学习的课程。进一步优化课程内部知识结构,理顺课程间逻辑关系,提高专业课程的综合化和系统化。按照专业知识拓宽和加深原则,设计多元化的专业选修课程模块,满足学生多元化、个性化发展需要。

③ 夯实实践教学环节。在强化理论教学的同时,进一步强化实践教学。实践教学环节要体现本专业的优势和特色,根据国家标准、专业认证(评估)标准、审核评估的要求合理设置理论课程与实践课程比例。应按照"两性一度"的标准开展实践教学,强化学生实践能力的培养。深化产教融合,加强政校企合作,优化实验、实习实训、毕业设计等实践环节,开展基于问题、项目设计的实践活动,培养学生的综合设计能力、探索创新能力和解决复杂问题的能力。

④ 注重专创融合。进一步完善创新创业教育体系,广泛开展创新创业实践活动。开展创新创业教育必修、选修课程,开设专创融合课程,推进创新创业教育与专业教育的深度融合,使创新创业教育贯穿人才培养全过程。

⑤ 构建拔尖人才培养体系。遵循拔尖人才培养的基本规律,紧密对接新经济、新业态、新产业的发展需求,充分借鉴国内外先进经验,构建符合新时代要求的拔尖人才培养体系。在培养目标上,着重培养拔尖人才创新思维、创新意识和创新能力;在课程设计上,进一步拓展范围、增加数量、提高难度、强化交叉;在培养模式上,坚持多样化、个性化和开放式,激发学生自主学习动力,鼓励学生个性化发展;在师资配备上,坚持"以拔尖育拔尖",依靠骨干教师开展精细化培养。

(4) 学制、学分和学期

① 学制:稳步推进学分制教学改革,实施弹性学制。矿业工程本科专业基本学制4年,弹性学习年限为3～6年。服兵役及休学创业时间不计入学习年限。完成本专业人才培养方案规定的学习内容,并符合学校有关学位授予条件者,可授予相应学位。

② 学分:专业实践教学环节的具体学分比例应达到《普通高等学校本科专业类教学质量国家标准》的要求。工程类专业课程体系应符合《工程教育认证通用标准》的规定。卓越工程师教育培养计划试点专业的实践教学环节学分应符合相关规定。理工医类本科专业毕业学分要求不超过170学分(5年制本科专业毕业学分要求不超过210学分),其中实践教学环节学分原则上不低于总学分的30%(实践学分应同时满足工程教育认证要求),选修课学分原则上不低于总学分的20%。理工医类外的本科专业毕业学分要求不超过160学分,其中实践教学环节学分原则上不低于总学分的20%,选修课学分原则上不低于总学分的20%。

学分与学时计算关系。理论课程原则上(含课内实验)16学时计1学分,每门课程的学时数应为8的倍数;独立设置的实验课20学时计1学分;集中实践教学环节原则上每周计

1学分[如实习、实训、课程设计、综合实验、毕业设计(论文)或综合训练等,其中毕业设计原则上不超过10学分],实际分散进行的实践教学环节原则上每2周计1学分;课程学分数应为0.5的倍数。

③ 学期:实行8学期制(5年制专业为10学期制)。原则上每学年2个学期,平均每学期为20周。教学计划的学期分布应尽可能均匀。鼓励学院自主安排暑期课程,加强实践教学环节。

(5)培养目标与毕业要求

① 培养目标

人才培养目标是学校人才培养的总纲,是学校今后一段时期人才培养着力达成的目标要求和质量标准,反映毕业生主要的就业领域与性质、主要的社会竞争优势,以及毕业生毕业后5年左右事业发展的预期,在学校人才培养工作中起统领作用。根据学校的办学定位、办学特色和服务面向,按照"厚基础、宽口径、强能力、高素质"的人才培养思路,学校人才培养总体目标定位为"培养具有社会责任感、健全人格、扎实基础、宽阔视野、创新精神和实践能力的德智体美劳全面发展的高素质人才",各专业可以根据专业特点、建设水平和服务面向将专业培养目标具体化,明确定位为应用型、复合型或创新型人才。

采矿工程专业应根据学校发展定位、办学优势、资源条件、社会发展、行业企业要求及学校的人才培养总体目标等分别制定培养目标和要求,并积极改革教学模式、教学内容、教学方法和手段,坚持面对未来科技、经济、社会发展的需求,把促进学生的全面发展和适应社会需要作为人才培养质量的基本标准。

② 毕业要求

专业人才培养目标确立后,采矿工程专业应进一步明确通过本科阶段的培养和训练,本专业毕业生在知识、能力、素质等方面应达到的水平(工科专业可参照《工程教育专业认证通用标准》等进行梳理)。毕业要求应能支撑培养目标的达成,并应制定采矿工程专业所有设置的课程与毕业要求对应关系矩阵。

(6)制定与审核程序

① 规划与设计:学院根据要求,统筹规划,制定专业人才培养方案制(修)订的具体工作方案,成立由行业企业专家、教科研人员、一线教师和学生(毕业生)代表组成的专业建设委员会,共同做好专业人才培养方案制(修)订工作。

② 调研与分析:各学院要做好行业企业调研、毕业生跟踪调研和在校生学情调研,分析产业发展趋势和行业企业人才需求,至少调研收集5份国内外相同或相近专业的培养方案进行对比分析,总结分析2018版培养方案实施成效,明确2022版专业人才培养方案制(修)订思路与重点,形成《2022版本科人才培养方案制(修)订调研报告》,并于要求时间内交教务处教学建设科。

③ 起草与审定:各专业在充分调研、讨论的基础上拟定人才培养方案初稿,各学院要组织相关专家进行论证,论证专家中应有不少于3名来自校外同类专业的教授和行业专家。各专业结合论证意见对培养方案进行修改完善,经学院党政联席会议审核通过后向学校提交初稿。教务处组织全校各专业人才培养方案的审核及论证,将有关意见反馈学院做进一步修改完善后,提交学校教学指导委员会审议,报学校审定后公布实施。

④ 发布与更新：审定通过的专业人才培养方案，学校按程序发布执行。学校要建立健全专业人才培养方案实施情况评价、反馈与改进机制，根据经济社会发展需求、技术发展趋势和教育教学改革实际，及时优化调整。

5.1.3 课程体系优化结果

1. 设计依据及过程

河南理工大学采矿工程专业课程体系设计的主要依据是《工程教育专业认证通用标准》《矿业类工程教育专业认证补充标准》及《河南理工大学关于制(修)订 2022 版本科专业人才培养方案的指导意见》。采矿工程专业的课程体系制(修)订按照学校的统一部署和具体指导性意见进行，原则上每 4 年(一个教学循环)全面修订一次，每 2 年进行局部修订一次，具体执行时根据需要对课程作适当调整。

课程体系制(修)订工作的主要流程如下：

① 根据学校发布的指导意见，学校组织课程体系制(修)订工作，并公布各专业开设通识类课程(必修和选修)，学院成立课程体系制(修)订工作机构。

② 学院批准成立采矿工程专业课程体系制(修)订工作组，负责采矿工程专业课程体系的制(修)订工作。课程体系制(修)订工作组以能源科学与工程学院院长为组长，教学副院长及系主任为副组长，成员由校内相关专业的专家及采矿工程系教师等组成。

③ 课程体系制(修)订工作组组织组内成员外出调研，在充分调研的基础上完成初稿，上交学院课程体系制(修)订工作机构进行讨论和审查，提出修改意见。

④ 采矿工程专业课程体系制(修)订工作组一直重视行业专家或企业专家参与专业课程体系制订与教学实践环节，聘请了一批高层次的行业专家或企业专家参与专业课程体系制定并指导学生的实践教学环节。校外行业专家或企业专家以定期会议、走访、电话访谈等方式参与课程体系的制订，并对培养目标专业方向、课程设置及改进、课程实践能力培养以及学生后续能力提高等内容提出建议，在采矿工程专业课程体系的制(修)订与完善中发挥重要作用。

⑤ 工作组根据学院课程体系制(修)订工作机构的审查意见以及校外行业专家或企业专家的建议对课程体系进行修改完善后，将课程体系下发到学院有关系、所，由系、所组织本单位全体教师集中讨论提出修改意见。

⑥ 工作组汇总各系、所意见后再次对课程体系进行修改，形成相对合理的课程体系方案。

⑦ 工作组将课程体系方案提交至学校教务处，教务处根据学校指导意见对课程进行审定，并提出修改建议。

⑧ 工作组根据教务处反馈的意见进行修改，形成最终的课程体系方案。

2. 2018 年度采矿工程专业培养方案

(1) 专业简介

采矿工程专业始创于 1909 年的焦作路矿学堂矿冶组，是学校的传统优势专业，具有丰富的办学经验和文化积淀，是国家级特色专业、国家级卓越工程师培养计划试点专业、国家级专业综合改革试点专业，三次通过中国工程教育专业认证。采矿工程专业以"厚基础、重能力、高素质"为指导方针，是理工兼容、技经结合、信息与决策兼备的多学科交叉专业,主要培养运用现代技术从事矿产资源开发领域的科研、生产及管理方面的高级工程技术人才。

(2) 培养目标

采矿工程专业的培养目标是培养适应国家建设需要,德智体美劳全面发展,具有社会责任感、健全人格、创新意识、良好的人文和科学素养、较宽厚的基础理论知识和较强的采矿工程实践能力的高素质复合型人才。

毕业生能够掌握煤和非煤固体矿床开发建设的基本理论与方法、智能开采的基本原理和技术,具备采矿工程师的基本能力,能在矿产资源开发和智能开采领域从事工程设计与施工、生产运行与管理、技术研发与创新等方面的工作。本科生毕业五年后,在获得良好实践训练基础上,能够胜任现代矿山企业生产和技术管理,具有主持或带领团队解决复杂工程问题的能力,具备一定的国际视野与国际交往能力。

(3) 毕业要求

毕业生应达到如下知识、能力和素质等方面的基本要求。

① 工程知识:能够将数学、自然科学、工程基础和专业知识用于采矿工程(含智能开采),并能解决较复杂工程问题。

② 问题分析:能够运用专业技能识别、表达并通过文献研究分析采矿工程与智能开采技术中的实际问题,以获得有效结论。

③ 设计/开发解决方案:能够针对采矿工程领域的生产与管理问题提出解决方案,设计满足特定需求的系统或工艺流程,并能够在设计环节体现创新意识,考虑社会、健康、安全、法律、文化以及环境等因素。

④ 研究:能够基于科学原理,采用科学方法对采矿工程、智能开采中的工程问题进行研究,包括设计实验、分析与解释数据并通过信息综合得到合理有效的结论。

⑤ 使用现代工具:能够针对矿产资源开发和利用过程中的工程问题,选择与使用恰当的技术、资源、现代工具和信息技术工具。

⑥ 工程与社会:能够基于工程要求,考虑社会道德与伦理,合理分析、评价矿产资源开发行为和社会影响,并理解应承担的责任。

⑦ 环境和可持续发展:在矿产资源开发与利用过程中,树立环境和谐与可持续发展理念,并运用于工程实践。

⑧ 职业规范:具有人文社会科学素养、社会责任感,能够在采矿实践中理解并遵守工程职业道德和规范,履行责任。

⑨ 个人和团队:在工程与社会实践中,能够基本胜任在团队中承担个体、团队成员以及负责人的角色。

⑩ 沟通:具备在采矿工程与社会实践中,与业界同行及社会公众进行有效沟通和交流,包括撰写报告、设计文稿、陈述发言、清晰表达及回应指令等的基本能力;具备一定的国际视野,能够在跨文化背景下进行沟通和交流。

⑪ 项目管理:理解并掌握矿山企业建设与生产管理的基础理论与经济决策方法。

⑫ 终身学习:具有自主学习和终身学习的意识,有不断学习和适应发展的能力。

(4) 采矿工程综合课程体系

采矿工程课程体系拓扑结构如图 5-1 所示。课程平台及学分比例如表 5-2 所示。其中,主干学科与交叉学科包括矿业工程、力学;专业核心课程包括材料力学、岩体力学与工程、采矿学、矿山压力与岩层控制、井巷工程、矿井通风与安全、采矿系统工程、智慧矿山与智能开采技术;基本学制4年,弹性学习年限3～6年,毕业要求学分不少于170学分,顺利完成学业要求,可授予工学学士学位。毕业生能够在固体矿床开采、岩土工程领域从事设计、生产、施工、管理等工作,或在大中专院校、科研机构等从事教学和科研工作。该采矿工程课程体系对应的具体指导性教学进程见表5-3。

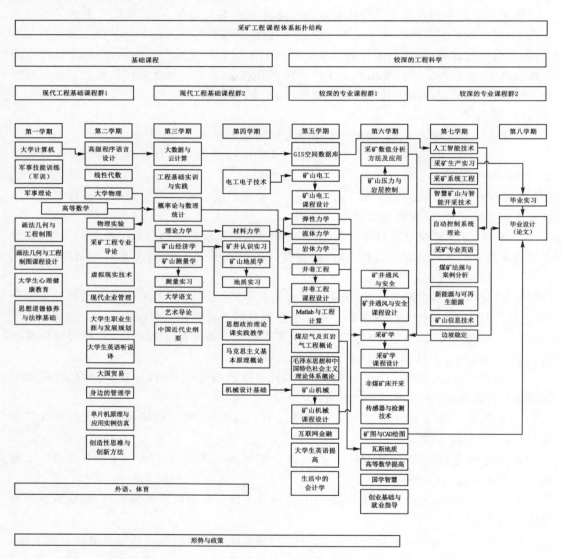

图 5-1　2018 年矿业工程学科采矿工程课程体系拓扑结构

表 5-2 课程平台及学分比例

课程平台	课程模块	课程性质	修读学分要求	占总学分比例	备注
通识课程平台	公共基础课程模块	必修	70.5	52.4%	两个平台课程学分相加即为总学分
	素质拓展理论课程	/	13.5		
	素质拓展实践创新	选修	5		
专业课程平台	专业理论必修课程	必修	26.5	47.6%	
	专业理论选修课程	选修	24.5		
	专业实践课程模块	必修	30		
合计			170	/	
实践教学环节	主要实践教学环节	必修	38	31.4%	课内实验限定累计总学时除以16即为所得学分;五项合计即为实践教学总学分
	独立设置的实验课程	必修	1		
	专业(实践)创新模块	必修	/		
	课内实验	/	9.3		
	素质拓展实践创新	选修	5		
合计			53.3	/	

表 5-3 采矿工程专业指导性教学进程表

建议修读时间	课程编号	课程名称	课程性质	学分	学时	学时分配			课程类别	备注
						授课	实验	线上		
第一学期	520000011	军事技能训练(军训)Military Training	必修	2	0	0	0	0	实践教学	2 周
	520000030	军事理论 Military Theory		2	32	16	0	16	通识课程	
	150000170	体育与健康 1 PE and Health Ⅰ		1	28	26	0	2	通识课程	
	120000010	思想道德修养与法律基础 Morals and Ethics and Fundamentals of Law		3	48	48	0	0	通识课程	
	140001290	大学英语 b-1 College English b-Ⅰ		2	32	32	0	0	通识课程	
	500000190	大学计算机 College Computer		2.5	40	26	14	0	通识课程	
	110000470	高等数学 c-1 Higher Mathematics c-Ⅰ		5	80	80	0	0	通识课程	
	040000450	画法几何与工程制图 b Descriptive Geometry and Engineering Drawing b		3	48	38	10	0	通识课程	
	040000011	画法几何与工程制图课程设计 Course Design on Descriptive Geometry and Mechanical Graphing		1	0	0	0	0	实践教学	1 周
	120000171	形势与政策 1 Situation and Policy Ⅰ		1	16	10	0	6	通识课程	
	181000051	大学生心理健康教育 Psychological Health Education for College Students	选修	2	32	24	8	0	通识课程	选修 2 学分
合计				24.5	356	300	32	24		

表 5-3(续)

建议修读时间	课程编号	课程名称	课程性质	学分	学时	学时分配			课程类别	备注
						授课	实验	线上		
	120000231	形势与政策-1 Situation and Policy-Ⅰ	必修	0	8	3	0	5	通识课程	
	150000180	体育与健康 2 PE and Health Ⅱ		1	32	30	0	2	通识课程	
	140001300	大学英语 b-2 College English b-Ⅱ		2	32	32	0	0	通识课程	
	110000480	高等数学 c-2 Higher Mathematics c-Ⅱ		5	80	80	0	0	通识课程	
	020010151	采矿工程专业导论 Introduction to Mining Engineering		0.5	8	8	0	0	专业课程	
	110000320	线性代数 b Linear Algebra b		2.5	40	40	0	0	通识课程	
	500000230	高级语言程序设计 b（C 语言）High-level Language Programming b (C Language Programming)		3	48	36	12	0	通识课程	
	130000510	大学物理（一）College Physics Ⅰ		3	48	48	0	0	通识课程	
	130000511	物理实验（一）General Physics Experimentation Ⅰ		1	24	0	24	0	实践教学	
第二学期	051050360	虚拟现实技术 Virtual Reality Technology	选修	1	16	16	0	0	专业课程	选修 3 学分
	100000010	现代企业管理 Modern Enterprise Management		2	32	8	0	24	专业课程	
	511000010	大学生职业生涯与发展规划 Students Venture Employment and Development Planning		1	16	16	0	0	通识课程	
	60101551M	大学英语听说译 College English Listening, Speaking and Translating		1	16	0	0	16	通识课程	至少选修 3 学分
	60101556M	大国贸易 World Trade		1	16	0	0	16	通识课程	
	60101547M	身边的管理学 Management Around		1	16	0	0	16	通识课程	
	60103372M	单片机原理与应用实例仿真 Simulation of Single Chip Microcomputer Principle and Application Example		2	32	0	0	32	通识课程	
	60001533Z	创造性思维与创新方法 Creative Thinking and Innovative Methods		2	32	0	0	32	通识课程	
合计				24	416	317	36	63		

表 5-3(续)

建议修读时间	课程编号	课程名称	课程性质	学分	学时	学时分配			课程类别	备注
						授课	实验	线上		
第三学期	530000151	工程基础实训与实践 b Basic Training and Practice of Engineering b	必修	3	0	0	0	0	实践教学	3 周
	120000241	形势与政策-2 Situation and Policy-Ⅱ		0	8	3	0	5	通识课程	
	150000190	体育与健康 3 PE and Health Ⅲ		1	32	30	0	2	通识课程	
	120000020	中国近代史纲要 Outline of China's Modern History		2	32	32	0	0	通识课程	
	140001310	大学英语 b-3 College English b-Ⅲ		2	32	32	0	0	通识课程	
	110000640	概率论与数理统计 Probability Theory and Mathematical Statistics		3.5	56	56	0	0	通识课程	
	070050100	理论力学 Theoretical Mechanics		2.5	40	40	0	0	通识课程	
	050011490	矿山测量学 Mine Surveying		2	32	28	4	0	专业课程	
	050000931	测量实习 Surveying Practice		2	0	0	0	0	实践教学	2 周
	181000041	大学语文 College Chinese	选修	2	32	32	0	0	通识课程	至少选2学分
	60104165M	艺术导论 Introduction to Art		2	32	0	0	32	通识课程	
	091057031	大数据与云计算 Big Data and Cloud Computing		2	32	32	0	0	专业课程	至少选2学分
	100000020	矿山经济学 Mine Economics		2	32	32	0	0	专业课程	
合计				22	296	285	4	7		
第四学期	120000251	形势与政策-3 Situation and Policy-Ⅲ	必修	0	8	3	0	5	通识课程	
	150000200	体育与健康 4 PE and Health Ⅳ		1	34	32	0	2	通识课程	
	120000030	马克思主义基本原理概论 Introduction to the Basic Principles of Marxism		3	48	48	0	0	通识课程	
	140001320	大学英语 b-4 College English b-Ⅳ		2	32	32	0	0	通识课程	
	070000170	材料力学 b Strength of Materials b		3.5	56	48	8	0	通识课程	
	030000940	矿山地质学 Mine Geology		2	32	28	4	0	专业课程	
	020090331	地质实习 Geological Practice		2	0	0	0	0	实践教学	2 周
	120000011	思想政治理论课实践教学 Practice of Ideology Political Theory		2	0	0	0	0	实践教学	暑期2 周
	020010021	矿井认识实习 Mine Practice		2	0	0	0	0	实践教学	2 周
	080000100	电工电子技术 c Electrical and Electronics Technology c	选修	2	32	28	0	4	专业课程	选修4学分
	040000290	机械设计基础 Machine Design Fundmentals		2	32	32	0	0	专业课程	
合计				21.5	274	251	12	11		

表 5-3(续)

建议修读时间	课程编号	课程名称	课程性质	学分	学时	授课	实验	线上	课程类别	备注
第五学期	120000261	形势与政策-4 Situation and Policy-Ⅳ	必修	0	8	3	0	5	通识课程	
	120000210	毛泽东思想和中国特色社会主义理论体系概论 Introduction to Mao Zedong's Thoughts and Theoretical System of the Chinese Characteristics Socialism		4	64	64	0	0	通识课程	
	020010050	岩体力学与工程 Rock Mechanics and Engineering		3	48	42	6	0	专业课程	
	020012020	井巷工程 Shaft Engineering		2.5	40	36	4	0	专业课程	
	020010121	井巷工程课程设计 Course Design for Shaft Engineering		1	0	0	0	0	实践教学	1 周
	080001000	矿山电工 Mine Electrotechnics		2	32	28	4	0	专业课程	
	040000320	流体力学 Fluid Mechanics		1.5	24	20	4	0	专业课程	
	080000971	矿山电工课程设计 Course Design for Mine Electrical Engineering		1	0	0	0	0	实践教学	1 周
	040920510	矿山机械 Mine Machine		2.5	40	36	4	0	专业课程	
	040000941	矿山机械课程设计 Course Design for Mine Machine		1	0	0	0	0	实践教学	1 周
	60101547M	生活中的会计学 Accounting in Life	选修	1.5	24	0	0	24	通识课程	至少选3学分
	110000560	Matlab 与工程计算 Matlab and Engineering Calculation		1.5	24	24	0	0	通识课程	
	07140032M	弹性力学 Theory of Elasticity		2	32	0	0	32	通识课程	
	6010155M	大学英语提高 College English Improvement		3	48	48	0	0	通识课程	
	60101529Z	互联网金融 Internet Finance		1.5	24	24	0	24	通识课程	
	021011200	GIS 空间数据库 GIS Spatial Database		1	16	0	0	16	专业课程	至少选1学分
	021011210	煤层气及页岩气工程概论 Introduction to Coalbed Methane and Shale Gas Engineering		1	16	16	0	0	专业课程	
		合计		22.5	320	253	22	45		

表 5-3（续）

建议修读时间	课程编号	课程名称	课程性质	学分	学时	学时分配			课程类别	备注
						授课	实验	线上		
	120000181	形势与政策 2 Situation and Policy Ⅱ	必修	1	16	10	0	6	通识课程	
	510000030	创业基础与就业指导 The Guidance of the Graduate Employment		2	32	16	0	16	通识课程	
	020011030	矿山压力与岩层控制 Rock Pressure and Ground Control		3	48	10	6	32	专业课程	慕课
	020010120	矿井通风与安全 Mine Ventilation and Safety		3	48	40	8	0	专业课程	
	020010161	矿井通风与安全课程设计 Course Design on Mine Ventilation and Safety		1	0	0	0	0	实践教学	1 周
	020011140	采矿学 Mining Science		3	48	44	4	0	专业课程	
	020010101	采矿学课程设计 Course Design for Mining Science		2	0	0	0	0	实践教学	2 周
第六学期	021010180	非煤矿床开采 Non-coal Mining Technologies	选修	1.5	24	20	4	0	专业课程	选修 4.5 学分
	091010230	传感器与检测技术 Sensor and Detecting Technology		1.5	24	24	0	0	专业课程	
	021010020	矿图与 CAD 绘图 Mine Maps and Drawing with CAD		1.5	24	12	12	0	专业课程	
	021010030	瓦斯地质 Methane Geology		1.5	24	24	0	0	专业课程	至少选 1.5 学分
	021011220	采矿数值分析方法及应用 Mining Numerical Analysis Method and its Application		1.5	24	16	8	0	专业课程	
	60101456E	国学智慧 The Wisdom of National Science		1.5	24	0	0	24	通识课程	至少选 1.5 学分
	110000610	高等数学提高 Improvement of Higher Mathematics		3	48	48	0	0	通识课程	
合计				22.5	312	216	42	54		

表 5-3(续)

建议修读时间	课程编号	课程名称	课程性质	学分	学时	学时分配			课程类别	备注
						授课	实验	线上		
第七学期	020010091	采矿生产实习 Practice on Mine Production	必修	4	0	0	0	0	实践教学	4周
	020010050	采矿系统工程 Mining System Engineering		1.5	24	24	0	0	专业课程	
	021010010	开采损害与环境保护 Mining-induced Environmental Damage and Protection	选修	1.5	24	24	0	0	专业课程	选修 5.5 学分
	021012000	智慧矿山与智能开采技术 Intelligent Mine and Intelligent Mining Technology		1.5	24	4	2	18	专业课程	
	080010630	自动控制系统概论 Automation Control System		1.5	24	24	0	0	专业课程	
	021001220	采矿专业英语 English for Mining Engineering		1	16	16	0	0	专业课程	
	021010060	煤矿法规与案例分析 Mine Laws and Case Analysis		0.5	8	8	0	0	专业课程	至少选 3 学分
	021012010	新能源与可再生能源 New Energy and Renewable Energy		1.5	24	24	0	0	专业课程	
	021002260	矿山信息技术 Mine Information Technology		1.5	24	24	0	0	专业课程	
	021012020	人工智能技术 Artificial Intelligence Technology		1.5	24	24	0	0	专业课程	
	021012030	边坡稳定 Slope Stability		1.5	24	24	0	0	专业课程	
		合计		14	160	140	2	18		
第八学期	020010251	毕业实习 Graduation Practice	必修	3	0	0	0	0	实践教学	3周
	020010061	毕业设计或论文 Graduation Design or Thesis		11	0	0	0	0	实践教学	11周
		合计		14	0	0	0	0		
素质拓展实践创新	要求学生在毕业前至少选修取得 5 个素质拓展实践创新学分,此类学分根据学校相关文件单独考核记载并计入总学分									

说明:

1. 课程总学分 170,其中通识课程总学分 89,专业课程总学分 81。

2. 课程总学时 2 134,其中授课总学时 1 762,实验总学时 150,线上总学时 222。

3. 理论课程(不含课内实验)总学分 116.7,占课程总学分 68.6%;实践课程(含实验、素质拓展实践等)总学分 53.3,占课程总学分 31.4%。

4. 必修课程总学分 134,占课程总学分 78.8%;选修课程总学分 36,占课程总学分 21.2%

3．2022 年度采矿工程专业（卓越工程师）培养方案

（1）培养目标

本专业按照"厚基础、宽口径、强能力、高素质"的人才培养思路，培养具有社会责任感、健全人格、扎实基础、宽阔视野、创新精神和实践能力的德智体美劳全面发展的高素质应用型工程技术人才。

毕业生能够掌握煤和非煤固体矿床开发建设的基本理论与方法、智能开采原理和技术，具备采矿工程师的基本能力，能在矿产资源开发和智能开采领域从事工程设计与施工、生产运行与技术管理等方面工作。

学生毕业后 5 年左右能够达到如下预期目标。

① 具备采矿工程（含智能开采）领域相关的专业基础知识与实践技能，能够有效解决采矿过程中出现的复杂工程问题。

② 能够进行采矿工程（含智能开采）领域的设计、开采等技术和管理工作与安全技术管理及科学研究工作。

③ 具有主持或带领团队解决复杂工程问题的能力，成为具备采矿工程师素质与能力的技术骨干。

④ 具有终身学习和适应发展的能力，不断更新和拓展自身的知识和技能。

⑤ 具有高度社会责任感，能够评价和解决采矿工程中的环保、安全、高效、可持续发展等问题。

（2）毕业要求

本专业学生在毕业时应达到以下 12 个方面的要求。

① 工程知识：能够将数学、自然科学、工程基础和专业知识用于采矿工程，并能解决较复杂工程问题。

② 问题分析：能够运用专业技能发现或表达采矿工程与智能开采技术中的实际问题，具备分析工程问题的基本能力。

③ 设计/开发解决方案：能够针对采矿工程领域的生产与管理问题提出解决方案，并能够在实践环节中体现创新意识，考虑社会、健康、安全、法律、文化以及环境等因素。

④ 研究：能够基于专业知识，对采矿工程、智能开采中的较复杂工程问题进行数据分析和一般研究，并得到合理有效的基本结论。

⑤ 使用现代工具：能够针对矿产资源开发和利用过程中的工程问题，选择与使用恰当的技术、资源、现代工具和信息技术工具。

⑥ 工程与社会：能够基于工程要求，考虑社会道德与伦理，合理分析、评价矿产资源开发行为和社会影响，并理解应承担的责任。

⑦ 环境和可持续发展：在矿产资源开发与利用过程中，树立环境和谐与可持续发展理念，并运用于工程实践当中。

⑧ 职业规范：具有人文社会科学素养、社会责任感，能够在采矿实践中理解并遵守工程职业道德和规范，履行责任。

⑨ 个人和团队：在工程与社会实践中，能够基本胜任在团队中承担个体、团队成员以及负责人的角色。

⑩ 沟通：具备在采矿工程实践中与业界同行及社会公众进行有效沟通和交流的能力，

包括撰写报告、设计文稿、陈述发言、清晰表达及回应指令等基本能力;具备一定的国际视野,能够在跨文化前景下进行沟通和交流。

⑪ 项目管理:理解并掌握矿山企业建设与生产管理的基础理论与经济决策方法。

⑫ 终身学习:具有自主学习和终身学习的意识,有不断学习和适应发展的能力。

课程与毕业要求关系矩阵如表5-4所示。

表 5-4 课程与毕业要求关系矩阵

序号	课程名称	毕业要求1	毕业要求2	毕业要求3	毕业要求4	毕业要求5	毕业要求6	毕业要求7	毕业要求8	毕业要求9	毕业要求10	毕业要求11	毕业要求12
1	形势与政策						√	√					√
2	体育与健康								√	√			√
3	军事技能训练									√			
4	军事理论								√				
5	大学生心理健康教育								√				√
6	大学生职业生涯与发展规划												√
7	大学生创新创业赛事攻略								√	√	√		
8	大学生职业软技能实训课程								√	√	√		
9	创新方法与实践								√	√	√		
10	智能制造技术应用实践								√	√	√		
11	劳动教育理论								√	√	√		
12	创新创业基础								√	√	√		
13	思想道德与法治						√		√				
14	中国近现代史纲要						√		√				√
15	马克思主义基本原理概论						√		√				√
16	毛泽东思想和中国特色社会主义理论体系概论						√		√				√
17	习近平新时代中国特色社会主义思想概论						√		√				√
18	国家安全教育						√		√				
19	中国优秀传统文化选讲								√		√		
20	改革开放史												
21	国学经典与人生智慧								√	√			
22	大学英语听说译										√		√
23	大学英语提高										√		√
24	大学语文								√		√		√
25	书法鉴赏								√				
26	影视鉴赏								√				
27	艺术导论								√				

表 5-4（续）

序号	课程名称	毕业要求1	毕业要求2	毕业要求3	毕业要求4	毕业要求5	毕业要求6	毕业要求7	毕业要求8	毕业要求9	毕业要求10	毕业要求11	毕业要求12
28	音乐鉴赏								√				
29	舞蹈鉴赏								√				
30	美术鉴赏								√				
31	高等数学 c	√	√										
32	线性代数 b	√	√										
33	概率论与数理统计	√	√		√								
34	大学英语 b										√		√
35	采煤概论	√											√
36	大学计算机	√	√		√	√							
37	Python 语言 b				√	√							
38	大学物理（一）	√	√										
39	画法几何与工程制图 b	√	√			√							
40	工程力学 a	√	√										
41	地球科学概论	√	√				√						
42	网页设计基础	√	√										
43	空间信息技术与前沿	√	√										
44	流体力学 c	√	√										
45	矿业经济学			√				√				√	
46	矿山测量学	√											
47	电工电子技术 c	√											
48	矿山地质学	√	√				√						√
49	机械设计基础 c	√		√									√
50	专业导论	√					√						
51	岩体力学与工程	√					√						√
52	井巷工程	√					√						
53	矿井通信与物联网	√	√		√	√							√
54	矿山机械装备及其智能化	√											√
55	采矿学	√					√	√					
56	机器人技术与应用		√	√									
57	液压传动		√	√									
58	传感器与检测技术		√	√									
59	矿山压力与岩层控制	√					√						√
60	矿井通风与安全	√					√						√
61	开采损害与环境保护	√						√					
62	智能开采技术					√		√					

表 5-4（续）

序号	课程名称	毕业要求1	毕业要求2	毕业要求3	毕业要求4	毕业要求5	毕业要求6	毕业要求7	毕业要求8	毕业要求9	毕业要求10	毕业要求11	毕业要求12
63	采矿系统工程	√				√							
64	矿图与 CAD 绘图			√		√							√
65	国际矿业前沿与未来采矿										√		
66	数字矿山与大数据分析技术	√	√		√	√							√
67	冲击地压工程学	√	√		√								
68	信号检测与自动控制原理	√			√								
69	能源开发概论							√					√
70	人工智能导论	√	√			√							
71	采矿专业英语	√									√		
72	煤矿法规与案例分析						√		√				
73	非煤矿床开采	√				√							
74	边坡稳定		√		√								
75	瓦斯地质学	√					√						
76	采矿数值分析方法及应用					√	√						
77	煤矿智能监测系统与技术												
78	大学生就业指导								√		√		
79	物理实验（一）		√			√							
80	画法几何与工程制图课程设计	√	√	√		√							
81	机械设计基础课程设计	√	√	√									
82	井巷工程课程设计		√	√	√	√			√			√	√
83	采矿学课程设计		√	√	√	√			√			√	√
84	矿山机械装备及其智能化课程设计			√		√							
85	矿井通风与安全课程设计		√	√	√	√			√			√	√
86	工程基础实训与实践 a		√				√		√	√		√	√
87	测量实习						√		√				
88	地质实习		√				√		√	√		√	√
89	矿井认识实习		√	√			√		√	√		√	√
90	采矿生产实习		√	√			√		√	√		√	√
91	毕业实习		√	√			√		√	√		√	√
92	毕业设计（论文）		√	√			√		√			√	√

（3）主干学科与交叉学科、专业核心课程、课程平台及学分比例

① 主干学科与交叉学科

主干学科：矿业工程。

交叉学科：力学、机械工程、计算机科学与技术。

② 专业核心课程

采矿学、智能开采技术、岩体力学与工程、矿山压力智能感知与岩层控制、井巷工程与智能掘进、矿井智能通风与安全、采矿系统工程、矿山机械装备及其智能化、矿井通信与物联网。

③ 课程体系构成及学分比例

课程体系构成及学分比例见表 5-5,课程体系见图 5-2。

表 5-5 课程体系构成及学分比例

课程分类	人文和社会科学类课程(15%)		数学与自然科学类课程(15%)		学科基础和专业课程(30%)						实践类课程		合计
					工程基础类课程		专业基础类课程		专业类课程		工程实践与毕业设计(20%)	其他实践	
	必修	选修	必修	选修	必修	选修	必修	选修	必修	选修	必修	必修/选修	
学分数	34	10.5	28.5	0	5	1.5	7	2	21.5	15	39	7	171
	44.5		28.5		52						39	7	171
占总学分比例	26.0%		16.7%		30.4%						22.8%	4.1%	100%

备注:"( )"内百分比为工程教育认证通用标准要求。实践类课程包含综合性实验项目、独立设课的实验、实习、实训、课程设计、毕业设计(论文)等。

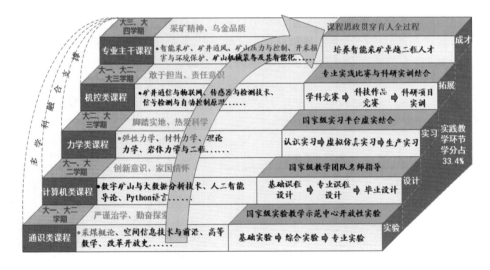

图 5-2 课程体系

(4) 修业年限、毕业学分要求与授予学位

① 修业年限:基本学制 4 年,弹性学习年限 3~6 年。

② 毕业学分要求:总学分 171 学分。

③ 授予学位:工学学士。

(5) 就业(发展)方向

毕业生能够在固体矿床开采领域、岩土工程领域从事设计与施工、生产与管理等工作,或在大中专院校、科研机构等从事教学和科研工作。

(6) 采矿工程专业(卓越工程师)指导性教学进程

表 5-6 为采矿工程专业(卓越工程师)指导性教学进程表。

表 5-6 采矿工程专业(卓越工程师)指导性教学进程表

建议修读时间	课程编号	课程名称	课程性质	课程类别	课程模块	学分	学时	授课	实验/实践	线上	备注
第一学期	520000021	军事技能训练(军训) Military Skills Training (Training)	实践教学	公共基础实践		2	0	0	0	0	3周
	520000040	军事理论 Military Theory	通识课程	公共基础理论		2	36	18	0	18	
	120000171	形势与政策 1 Situation and Policy Ⅰ	通识课程	公共基础理论		1	16	10	0	6	
	150000220	体育与健康 1 PE and Health Ⅰ	通识课程	公共基础理论		1	30	28	0	2	
	140001290	大学英语 b-1 College English b-Ⅰ	通识课程	公共基础理论		2	32	32	0	0	
	500000250	大学计算机 University Computer	通识课程	公共基础理论		2.5	40	32	8	0	
	110000470	高等数学 c-1 Higher Mathematics c-Ⅰ	通识课程	公共基础理论		5	80	80	0	0	
	040000450	画法几何与工程制图 b Descriptive Geometry and Engineering Drawing b	通识课程	公共基础理论		3	48	38	10	0	
	040000011	画法几何与工程制图 b 课程设计 Course Design for Descriptive Geometry and Engineering Drawing b	实践教学	公共基础实践		1	0	0	0	0	1周
	021040011	专业导论 Professional Introduction	专业课程	专业理论选修		0.5	8	8	0	0	至少选修0.5学分
	091017382	矿山信息化概论 Introduction to Mine Informatization	专业课程	专业理论选修		1	16	16	0	0	
	601000041	大学生职业生涯与发展规划 Occupational Career Planning of College Students	通识课程	素质拓展理论		1	16	16	0	0	限选3学分
	551000021	大学生心理健康教育 The Mental Health Education of College Students	通识课程	素质拓展理论		2	32	24	8	0	
	511000041	大学生创新创业赛事攻略 College Innovation and Entrepreneurship Tournament Strategy	通识课程	素质拓展理论		1.5	24	8	16	0	至少选修1.5学分
	121000121	大学生职业软技能实训课程 Vocational Soft Skills Training Course for College Students	通识课程	素质拓展理论		1.5	24	20	4	0	
	51100003M	创新方法与实践 Innovation & Practice	通识课程	素质拓展理论		1.5	24	0	0	24	
	511000101	智能制造技术应用实践 The Application of Intelligent Manufacturing	通识课程	素质拓展理论		1.5	24	8	16	0	
合计						24.5	362	294	42	26	

表 5-6(续)

建议修读时间	课程编号	课程名称	课程性质	课程类别	课程模块	学分	学时	学时分配			备注
								授课	实验/实践	线上	
第二学期	120000231	形势与政策-1 Situation and Policy-Ⅰ	通识课程	公共基础理论		0	8	3	0	5	
	120000340	思想道德与法治 Ideology,Morality and Law	通识课程	公共基础理论		3	48	42	6	0	
	150000270	体育与健康2 PE and Health Ⅱ	通识课程	公共基础理论		1	38	36	0	2	
	140001300	大学英语b-2 College English b-Ⅱ	通识课程	公共基础理论		2	32	32	0	0	
	500000240	Python 语言 b Python Language b	通识课程	公共基础理论		3	48	32	16	0	
	130000510	大学物理(一) College Physics Ⅰ	通识课程	公共基础理论		3	48	48	0	0	
	130000511	物理实验(一) General Physics Experimentation Ⅰ	实践教学	公共基础实践		1	24	0	24	0	
	110000480	高等数学c-2 Higher Mathematics c-Ⅱ	通识课程	公共基础理论		5	80	80	0	0	
	110000320	线性代数b Linear Algebra b	通识课程	公共基础理论		2.5	40	40	0	0	
	191000031	国家安全教育 The Education of National Security	通识课程	素质拓展理论		1	16	0	0	16	选修1学分
	181000131	中国优秀传统文化选讲 Selected Lectures on Fine Traditional Chinese Culture	通识课程	素质拓展理论		1	16	16	0	0	至少选修1学分
	12100010M	改革开放史 The History of Reform and Opening-up	通识课程	素质拓展理论		1	16	8	0	8	
	181000091	国学经典与人生智慧 Sinology Classics and Life Wisdom	通识课程	素质拓展理论		1	16	8	0	8	
	021040021	能源开发概论 Introduction to Energy Development	专业课程	专业理论选修		1.5	24	24	0	0	至少选修1.5学分
	021040031	人工智能导论 Introduction to Artificial Intelligence	专业课程	专业理论选修		1.5	24	24	0	0	
合计						24	422	345	46	31	

表 5-6（续）

建议修读时间	课程编号	课程名称	课程性质	课程类别	课程模块	学分	学时	学时分配			备注
								授课	实验/实践	线上	
第三学期	530000151	工程基础实训与实践 a Engineering Basic Training and Practice a	实践教学	公共基础实践		2	0	0	0	0	2周
	120000241	形势与政策-2 Situation and Policy-Ⅱ	通识课程	公共基础理论		0	8	3	0	5	
	150000280	体育与健康3 PE and Health Ⅲ	通识课程	公共基础理论		1	38	36	0	2	
	600000030	劳动教育理论 Theory of Labor Education	通识课程	公共基础理论		1	16	0	0	16	
	530000231	创新创业基础 Foundation for Innovation and Entrepreneurship	通识课程	公共基础理论		2	32	24	8	0	
	120000280	中国近现代史纲要 Outline of Contemporary and Modern Chinese History	通识课程	公共基础理论	必修	3	48	42	6	0	
	140001310	大学英语 b-3 College English b-Ⅲ	通识课程	公共基础理论		2	32	32	0	0	
	070050200	工程力学 a Engineering Mechanics a	专业课程	专业理论必修		4	64	56	8	0	
	050011490	矿山测量学 Mine Surveying	专业课程	专业理论必修		2	32	28	4	0	
	050000931	测量实习 Surveying Practice	实践教学	专业实践		2	0	0	0	0	2周
	080000100	电工电子技术 c Electrical and Electronics Technology c	专业课程	专业理论选修	选修	2	32	28	0	4	至少选修2学分
	251000041	矿业经济学 Mining Economics	专业课程	专业理论选修		2	32	32	0	0	
	031000071	地球科学概论 Introduction to Geoscience	通识课程	素质拓展理论		1.5	24	24	0	0	至少选修1.5学分
	091000021	网页设计基础 Web Design Fundamentals	通识课程	素质拓展理论		1.5	24	16	8	0	
	05100002M	空间信息技术与前沿 Space Information Technology and Frontier	通识课程	素质拓展理论		1.5	24	0	0	24	
	02100001M	采煤概论 Introduction of Coal Mining	通识课程	素质拓展理论		1.5	24	0	0	24	
合计						22.5	326	265	34	27	

表 5-6（续）

建议修读时间	课程编号	课程名称	课程性质	课程类别	课程模块	学分	学时	授课	实验/实践	线上	备注
								学时分配			
	120000251	形势与政策-3 Situation and Policy-Ⅲ	通识课程	公共基础理论	0	8	3	0	5	
	150000290	体育与健康 4 PE and Health Ⅳ	通识课程	公共基础理论	1	38	36	0	2	
	120000330	马克思主义基本原理 Basic Principles of Marxism	通识课程	公共基础理论	3	48	42	6	0	
	140001320	大学英语 b-4 College English b-Ⅳ	通识课程	公共基础理论	2	32	32	0	0	
	110000640	概率论与数理统计 Probability Theory and Statistics	通识课程	公共基础理论	3.5	56	56	0	0	
	021090430	矿山地质学 Mine Geology	专业课程	专业理论必修	2	32	28	4	0	
	020090331	地质实习 Geological Practice	实践教学	专业实践创新	2	0	0	0	0	2 周
第四学期	020010021	矿井认识实习 Mine Practice	实践教学	专业实践	2	0	0	0	0	2 周
	040982020	机械设计基础 c Machine Design c	专业课程	专业理论必修	2	32	32	0	0	
	040982031	机械设计基础 c 课程设计 Course Design for Mechanical Design c	实践教学	专业实践	1	0	0	0	0	1 周
	041950800	流体力学 c Fluid Mechanics c	专业课程	专业理论选修	1.5	24	20	4	0	至少选修3学分
	041930410	机器人技术与应用 Robotics Technology and Application	专业课程	专业理论选修	1.5	24	24	0	0	
	061040540	液压传动基础 Fundamentals of Hydraulic Transmission	专业课程	专业理论选修	1.5	24	24	0	0	
	091046110	传感器与检测技术 Sensor and Detection Technology	专业课程	专业理论选修	1.5	24	24	0	0	
合计						21.5	294	273	14	7	

表 5-6（续）

建议修读时间	课程编号	课程名称	课程性质	课程类别	课程模块	学分	学时	学时分配			备注
								授课	实验/实践	线上	
第五学期	120000261	形势与政策-4 Situation and Policy-Ⅳ	通识课程	公共基础理论		0	8	3	0	5	
	120000310	毛泽东思想和中国特色社会主义理论体系概论 Introduction to Mao Zedong Thought and Socialism with Chinese Characteristics	通识课程	公共基础理论		3	48	42	6	0	
	020012010	岩体力学与工程 Rock Mechanics and Engineering	专业课程	专业理论必修		3	48	42	6	0	
	020012020	井巷工程 Shaft Engineering	专业课程	专业理论必修		2.5	40	36	4	0	
	020040221	井巷工程课程设计 Course Design for Shaft Engineering	实践教学	专业实践		1	0	0	0	0	1周
	020010130	采矿学 Mining Science	专业课程	专业理论必修		3	48	44	4	0	
	020011111	采矿学课程设计 Design for Mining Science	实践教学	专业实践		2	0	0	0	0	2周
	020040070	矿井通信与物联网 Mine Communications and Internet of Things	专业课程	专业理论必修	必修	2	32	32	0	0	
	040920540	矿山机械装备及其智能化 Mine Machinery and Intellectualization	专业课程	专业理论必修		2.5	40	36	4	0	
	0400920541	矿山机械装备及其智能化课程设计 Course Design for Mine Machinery and Intellectualization	实践教学	专业实践		1	0	0	0	0	1周
	14100003M	大学英语听说译 Speaking，Listening & Translation of College English	通识课程	素质拓展理论	选修	1	16	0	0	16	至少选修1学分
	141000041	大学英语提高 College English Improvement	通识课程	素质拓展理论		1.5	24	24	0	0	
	181000101	大学语文 College Chinese	通识课程	素质拓展理论		1.5	24	24	0	0	
合计						21	280	235	24	21	

表 5-6（续）

建议修读时间	课程编号	课程名称	课程性质	课程类别	课程模块	学分	学时	授课	实验/实践	线上	备注
	120000181	形势与政策 2 Situation and Policy Ⅱ	通识课程	公共基础理论		1	16	10	0	6	
	120000320	习近平新时代中国特色社会主义思想概论 Introduction to Xi Jinping Thought on Socialism with Chinese Characteristics for a New Era	通识课程	公共基础理论		3	48	42	6	0	
	020040170	矿山压力与岩层控制 Rock Pressure and Ground Control	专业课程	专业理论必修		3	48	40	8	0	
	020010120	矿井通风与安全 Mine Ventilation and Safety	专业课程	专业理论必修		3	48	40	8	0	
	020010161	矿井通风与安全课程设计 Course Design for Mine Ventilation and Safety	实践教学	专业实践	必修	1	0	0	0	0	1周
	020010260	开采损害与环境保护 Mining-induced Damage and Environmental Protection	专业课程	专业理论必修		2	32	28	4	0	
	020040120	智能开采技术 Intelligent Mining Technology	专业课程	专业理论必修		2	32	32	0	0	
	021010940	采矿系统工程 Mining System Engineering	专业课程	专业理论必修		1.5	24	24	0	0	
	021010020	矿图与CAD绘图 Mine Maps and Drawing with CAD	专业课程	专业理论选修		1.5	24	12	12	0	至少选修2学分
第六学期	021040051	国际矿业前沿与未来采矿 International Mining Frontier and Future Mining	专业课程	专业理论选修		1	16	16	0	0	
	021010410	煤矿法规与案例分析 Mine Laws and Case Analysis	专业课程	专业理论选修		1	16	16	0	0	
	021040060	数字矿山与大数据分析技术 Digital Mine and Big Data Analysis Technology	专业课程	跨学科交叉融合	选修	2	32	32	0	0	至少选修4学分
	021040070	冲击地压工程学 Rock Burst Engineering	专业课程	跨学科交叉融合		2	32	32	0	0	
	021040080	信号检测与自动控制原理 Signal Detection and Automatic Control Theory	专业课程	跨学科交叉融合		2	32	32	0	0	
	171000111	书法鉴赏 Calligraphy Appreciation	通识课程	素质拓展理论		1	16	16	0	0	
	171000121	影视鉴赏 Film & Television Appreciation	通识课程	素质拓展理论		1	16	16	0	0	至少选修2学分
	17100009M	艺术导论 Introduction to Art	通识课程	素质拓展理论		1.5	24	0	0	24	
	161000071	音乐鉴赏 Music Appreciation	通识课程	素质拓展理论		1.5	24	24	0	0	
	161000081	舞蹈鉴赏 Dance Appreciation	通识课程	素质拓展理论		1	16	16	0	0	
	17100010M	美术鉴赏 Art Appreciation	通识课程	素质拓展理论		1	16	0	0	16	
合计						24.5	376	332	38	6	

表 5-6(续)

建议修读时间	课程编号	课程名称	课程性质	课程类别	课程模块	学分	学时	学时分配			备注
								授课	实验/实践	线上	
第七学期	601000051	大学生就业指导 Career Guidance for College Students	必修	实践教学	专业实践	8	0	0	0	0	8 周
	021001230	采矿专业英语 English for Mining Engineering	专业课程	专业理论选修	1	16	16	0	0	至少选修1学分
	020090120	瓦斯地质学 Methane Geology	专业课程	专业理论选修	1.5	24	24	0	0	
	020010180	非煤矿床开采 Non-coal Mining Technologies	专业课程	专创融合	1.5	24	20	4	0	至少选修1.5学分
	020030220	边坡稳定 Slope Stability	选修	专业课程	专创融合	1.5	24	24	0	0	
	020010190	采矿数值分析方法及应用 Mining Numerical Analysis Method and its Application	专业课程	科教融合	1.5	24	16	8	0	至少选修1.5学分
	021040150	煤矿智能监测系统与技术 Coal Mine Intelligent Monitoring System and Technology	专业课程	科教融合	1.5	24	24	0	0	
	601000051	大学生就业指导 Employment Guidance for College Students	通识课程	素质拓展理论	1	16	16	0	0	选修1学分
	合计					13	80	68	12	0	
第八学期	020040151	毕业实习 Graduation Practice	必修	实践教学	专业实践	3	0	0	0	0	3 周
	020040161	毕业设计(论文) Graduation Design(Thesis)		实践教学	专业实践	12	0	0	0	0	12 周
	合计					15	0	0	0	0	
素质拓展实践创新	要求学生在毕业前至少选修取得 5 个素质拓展实践创新学分,此类学分根据学校相关文件单独考核记载并计入总学分										

说明:

1. 课程总学分 171,其中通识课程平台总学分 88.5,专业课程平台总学分 82.5。

2. 课程总学时 2 140,其中授课总学时 1 812,实验/实践总学时 210,线上总学时 118。

3. 理论课程(不含课内实验)总学分 113.4,占课程总学分 66.3%;实践课程(含实验、素质拓展实践等)总学分 57.6,占课程总学分 33.7%。

4. 必修课程总学分 137,占课程总学分 80%;选修课程总学分 34,占课程总学分 20%

表 5-7 为采矿工程专业（卓越工程师）主要实践教学环节安排表。

表 5-7　采矿工程专业（卓越工程师）主要实践教学环节安排表

建议修读时间	课程编号	课程名称	课程性质	学分	周数或学时	实践课程类型	备注
第一学期	520000021	军事技能训练（军训） Military Skills Training（Training）	必修	2	2 周	公共基础实践课程	
	040000011	画法几何与工程制图 b 课程设计 Course Design for Descriptive Geometry and Engineering Drawing b	必修	1	1 周	公共基础实践课程	
第二学期	130000511	物理实验（一） General Physics Experimentation Ⅰ	必修	1	24 学时	公共基础实践课程	独立设置的实验课程
第三学期	530000151	工程基础实训与实践 a Engineering Basic Training and Practice a	必修	2	2 周	公共基础实践课程	
	050000931	测量实习 Surveying Practice	必修	2	2 周	专业实践课程	
第四学期	020090331	地质实习 Geological Practice	必修	2	2 周	专业实践课程	专业实践创新模块
	020010021	矿井认识实习 Mine Practice	必修	2	2 周	专业实践课程	
	040982031	机械设计基础 c 课程设计 Course Design for Mechanical Design c	必须	1	1 周	专业实践课程	
第五学期	0400920541	矿山机械装备及其智能化课程设计 Course Design for Mine Machinery and Intellectualization	必修	1	1 周	专业实践课程	
	020040221	井巷工程课程设计 Course Design for Shaft Engineering	必修	1	1 周	专业实践课程	
	020011111	采矿学课程设计 Course Design for Mining Science	必修	2	2 周	专业实践课程	
第六学期	020010161	矿井通风与安全课程设计 Course Design for Mine Ventilation and Safety	必修	1	1 周	专业实践课程	
第七学期	020040231	采矿生产实习 Practice on Mine Production	必修	8	8 周	专业实践课程	
第八学期	020040151	毕业实习 Graduation Practice	必修	3	3 周	专业实践课程	
	020040161	毕业设计（论文） Graduation Design（Thesis）	必修	12	12 周	专业实践课程	
合计				41		此表不含课内实验和素质拓展实践,独立设置的实验课程、专业实践创新模块请在备注栏注明;实践课程类型分为公共基础实践课程和专业实践课程	

4. 2022 年度智能采矿工程专业培养方案

智能采矿工程专业为教育部设立的新工科专业,属于国家保障性能源战略需求与区域经济社会发展所需的紧缺专业,融合了采矿工程、计算机科学与人工智能技术、机械工程等多学科的专业知识,形成了具有鲜明行业发展特色的交叉型学科知识结构体系。

(1)培养目标

智能采矿工程专业按照"厚基础、宽口径、强能力、高素质"的人才培养思路,培养具有社会责任感、健全人格、扎实基础、宽阔视野、创新精神和实践能力的德智体美劳全面发展的高素质复合型人才。

毕业生能够掌握煤和非煤固体矿床开发建设的基本理论与方法、智能开采的基本原理和技术,具备智能采矿工程师的基本能力,能在矿产资源开发和智能开采领域从事工程设计与施工、生产运行与管理、技术研发与创新等方面的工作。

学生毕业后 5 年左右能够达到如下预期目标。

① 具备智能采矿工程领域相关的专业基础知识与实践技能,能够有效解决智能采矿过程中出现的复杂工程问题。

② 能够进行智能采矿工程领域的设计、开采等技术和管理工作与安全技术管理及科研工作。

③ 具有良好的人文素养、团队合作意识和创新精神。

④ 具有终身学习和适应发展的能力,不断更新和拓展自身的知识和技能。

⑤ 具备一定的国际视野与国际交往能力。

(2)毕业要求

智能采矿工程专业学生在毕业时应达到以下 12 个方面的要求。

① 工程知识:能够将数学、自然科学、工程基础和专业知识用于智能采矿工程,并能解决较复杂工程问题。

② 问题分析:能够运用专业技能识别、表达并通过文献研究分析智能采矿中的实际问题,以获得有效结论。

③ 设计/开发解决方案:能够针对采矿工程领域的生产与管理问题提出解决方案,设计满足特定需求的系统或工艺流程,并能够在设计环节中体现创新意识,考虑社会、健康、安全、法律、文化以及环境等因素。

④ 研究:能够基于科学原理,采用科学方法对采矿工程中的工程问题进行研究,包括设计实验、分析与解释数据、通过信息综合得到合理有效的结论。

⑤ 使用现代工具:能够针对矿产资源开发和利用过程中的工程问题,选择与使用恰当的技术、资源、现代工具和信息技术工具。

⑥ 工程与社会:能够基于工程要求,考虑社会道德与伦理,合理分析、评价矿产资源开发行为和社会影响,并理解应承担的责任。

⑦ 环境和可持续发展:在矿产资源开发与利用过程中,树立环境和谐与可持续发展理念,并运用于工程实践当中。

⑧ 职业规范:具有人文社会科学素养、社会责任感,能够在采矿实践中理解并遵守工程职业道德和规范,履行责任。

⑨ 个人和团队:在工程与社会实践中,能够基本胜任在团队中承担个体、团队成员以及

负责人的角色。

⑩ 沟通:具备在智能采矿工程和社会实践中与业界同行及社会公众进行有效沟通和交流的能力,包括撰写报告、设计文稿、陈述发言、清晰表达及回应指令等的基本能力;具备一定的国际视野,能够在跨文化背景下进行沟通和交流。

⑪ 项目管理:理解并掌握矿山企业建设与生产管理的基础理论与经济决策方法。

⑫ 终身学习:具有自主学习和终身学习的意识,有不断学习和适应发展的能力。

课程与毕业要求关系矩阵如表 5-8 所示。

表 5-8　课程与毕业要求关系矩阵

序号	课程名称	毕业要求 1	毕业要求 2	毕业要求 3	毕业要求 4	毕业要求 5	毕业要求 6	毕业要求 7	毕业要求 8	毕业要求 9	毕业要求 10	毕业要求 11	毕业要求 12
1	形势与政策						√	√					√
2	体育与健康								√	√			√
3	军事技能训练									√			
4	军事理论								√				
5	大学生心理健康教育								√				√
6	大学生职业生涯与发展规划												√
7	大学生创新创业赛事攻略								√	√	√		
8	大学生职业软技能实训课程								√	√	√		
9	创新方法与实践								√	√	√		
10	智能制造技术应用实践								√	√	√		
11	劳动教育理论								√	√	√		
12	创新创业基础								√	√	√		
13	思想道德与法治						√		√				
14	中国近现代史纲要						√		√				√
15	马克思主义基本原理概论						√		√				√
16	毛泽东思想和中国特色社会主义理论体系概论						√		√				√
17	习近平新时代中国特色社会主义思想概论						√		√				√
18	国家安全教育						√		√				√
19	中国优秀传统文化选讲								√		√		
20	改革开放史								√				
21	国学经典与人生智慧								√	√			
22	大学英语听说译										√		√
23	大学英语提高								√	√			√
24	大学语文								√				

表 5-8(续)

序号	课程名称	毕业要求1	毕业要求2	毕业要求3	毕业要求4	毕业要求5	毕业要求6	毕业要求7	毕业要求8	毕业要求9	毕业要求10	毕业要求11	毕业要求12
25	书法鉴赏								✓				
26	影视鉴赏								✓				
27	艺术导论								✓				
28	音乐鉴赏								✓				
29	舞蹈鉴赏								✓				
30	美术鉴赏	✓	✓										
31	高等数学 c	✓	✓										
32	线性代数 b	✓	✓		✓								
33	概率论与数理统计										✓		✓
34	大学英语 b	✓											✓
35	采煤概论	✓	✓		✓	✓							
36	大学计算机				✓	✓							
37	Python 语言 b	✓	✓										
38	大学物理(一)	✓	✓			✓							
39	画法几何与工程制图 b								✓		✓		✓
40	理论力学 c	✓	✓										
41	材料力学 b	✓											
42	地球科学概论	✓	✓					✓					
43	网页设计基础	✓	✓										
44	空间信息技术与前沿	✓	✓										
45	流体力学 c	✓											
46	矿业经济学			✓				✓				✓	
47	矿山测量学	✓											
48	电工电子技术 c	✓											
49	矿山地质学	✓	✓				✓						✓
50	机械设计基础	✓		✓									✓
51	专业导论	✓					✓						
52	岩体力学与工程	✓					✓						✓
53	井巷工程与智能掘进	✓					✓						✓
54	矿井通信与物联网	✓	✓		✓	✓							✓
55	矿山机械装备及其智能化	✓											✓
56	采矿学	✓					✓	✓					
57	机器人技术与应用		✓	✓									

表 5-8（续）

序号	课程名称	毕业要求1	毕业要求2	毕业要求3	毕业要求4	毕业要求5	毕业要求6	毕业要求7	毕业要求8	毕业要求9	毕业要求10	毕业要求11	毕业要求12
58	液压传动		√	√									
59	传感器与检测技术		√	√									
60	矿山压力智能感知与岩层控制	√					√					√	
61	矿井智能通风与安全	√					√					√	
62	开采损害与环境保护	√						√					
63	智能开采技术					√		√					
64	采矿系统工程	√				√							
65	矿图与 CAD 绘图		√			√						√	
66	国际矿业前沿与未来采矿		√					√			√		
67	数字矿山与大数据分析技术	√	√		√	√						√	
68	冲击地压工程学	√			√								
69	信号检测与自动控制原理	√			√								
70	能源开发概论							√					√
71	人工智能导论	√	√			√							
72	采矿专业英语	√									√		
73	煤矿法规与案例分析						√		√				
74	非煤矿床开采	√					√						
75	边坡稳定		√		√								
76	瓦斯地质学	√					√						
77	采矿数值分析方法及应用					√	√						
78	煤矿智能监测系统与技术												
79	大学生就业指导								√		√		
80	物理实验（一）		√			√							
81	画法几何与工程制图课程设计	√	√	√		√							
82	机械设计基础课程设计	√	√	√		√							
83	井巷工程与智能掘进课程设计		√	√	√	√	√	√			√	√	
84	采矿学课程设计		√	√	√	√	√	√			√	√	
85	矿山机械装备及其智能化课程设计		√			√							
86	矿井智能通风与安全课程设计		√	√	√	√	√	√			√	√	
87	工程基础实训与实践 a		√	√			√	√		√	√	√	
88	测量实习						√	√					
89	地质实习		√	√			√	√		√	√	√	

表 5-8（续）

序号	课程名称	毕业要求1	毕业要求2	毕业要求3	毕业要求4	毕业要求5	毕业要求6	毕业要求7	毕业要求8	毕业要求9	毕业要求10	毕业要求11	毕业要求12
90	矿井认识实习		√	√			√	√			√	√	
91	采矿生产实习		√	√			√	√			√	√	
92	毕业实习		√	√			√	√			√	√	
93	毕业设计（论文）		√	√			√	√			√	√	

备注：前面第三项描述的毕业要求要逐条说明（具体条数各专业根据相应标准自定），课程与毕业要求的对应关系在相应栏中划√，可以一对一或一对多。

（3）主干学科与交叉学科、专业核心课程、课程平台及学分比例

① 主干学科与交叉学科

主干学科：矿业工程。

交叉学科：力学、机械工程、计算机科学与技术。

② 专业核心课程

采矿学、智能开采技术、岩体力学与工程、矿山压力智能感知与岩层控制、井巷工程与智能掘进、矿井智能通风与安全、采矿系统工程、矿山机械装备及其智能化、矿井通信与物联网。

③ 课程体系构成及学分比例

课程体系构成及学分比例如表 5-9 所示。

表 5-9 课程体系构成及学分比例

课程分类	人文和社会科学类课程（15%）		数学与自然科学类课程（15%）		学科基础和专业课程（30%）						实践类课程		合计
					工程基础类课程		专业基础类课程		专业类课程		工程实践与毕业设计（20%）	其他实践	
	必修	选修	必修	选修	必修	选修	必修	选修	必修	选修	必修	必修/选修	
学分数	34	10.5	28	0	9	1.5	7	2	22	15	35	7	171
	44.5		28		56.5						35	7	171
占总学分比例	26.0%		16.4%		33.0%						20.5%	4.1%	100%

备注："（）"内百分比为工程教育认证通用标准要求。实践类课程包含综合性实验项目、独立设课的实验、实习、实训、课程设计、毕业设计（论文）等。

（4）修业年限、毕业学分要求与授予学位

① 修业年限：基本学制 4 年，弹性学习年限 3～6 年。

② 毕业学分要求：总学分 171 学分。

③ 授予学位：工学学士。

（5）就业（发展）方向

毕业生能够在矿山开采领域从事智能化开采设计与施工、生产与管理等工作，或在大中专院校、科研机构等从事教学和科研工作。

（6）智能采矿工程专业指导性教学进程

表 5-10 为智能采矿工程专业指导性教学进程表。

表 5-10 智能采矿工程专业指导性教学进程表

建议修读时间	课程编号	课程名称	课程性质	课程类别	课程模块	学分	学时	学时分配			备注
								授课	实验/实践	线上	
	520000021	军事技能训练(军训) Military Skills Training（Training）	实践教学	公共基础实践		2	0	0	0	0	3 周
	520000040	军事理论 Military Theory	通识课程	公共基础理论		2	36	18	0	18	
	120000171	形势与政策 1 Situation and Policy Ⅰ	通识课程	公共基础理论		1	16	10	0	6	
	150000220	体育与健康 1 PE and Health Ⅰ	通识课程	公共基础理论		1	30	28	0	2	
	140001290	大学英语 b-1 College English b- Ⅰ	通识课程	公共基础理论		2	32	32	0	0	
	500000250	大学计算机 University Computer	通识课程	公共基础理论		2.5	40	32	8	0	
	110000470	高等数学 c-1 Higher Mathematics c- Ⅰ	通识课程	公共基础理论		5	80	80	0	0	
	040000450	画法几何与工程制图 b Descriptive Geometry and Engineering Drawing b	通识课程	公共基础理论		3	48	38	10	0	
第一学期	040000011	画法几何与工程制图 b 课程设计 Course Design for Descriptive Geometry and Engineering Drawing b	实践教学	公共基础实践		1	0	0	0	0	1 周
	020040201	专业导论 Professional Introduction	专业课程	专业理论选修		0.5	8	8	0	0	
	601000041	大学生职业生涯与发展规划 Occupational Career Planning of College Students	通识课程	素质拓展理论		1	16	16	0	0	限选3学分
	551000021	大学生心理健康教育 The Mental Health Education of College Students	通识课程	素质拓展理论	选修	2	32	24	8	0	
	511000041	大学生创新创业赛事攻略 College Innovation and Entrepreneurship Tournament Strategy	通识课程	素质拓展理论		1.5	24	8	16	0	
	121000121	大学生职业软技能实训课程 Vocational Soft Skills Training Course for College Students	通识课程	素质拓展理论		1.5	24	20	4	0	至少选修1.5学分
	51100003M	创新方法与实践 Innovation & Practice	通识课程	素质拓展理论		1.5	24	0	0	24	
	511000101	智能制造技术应用实践 The Application of Intelligent Manufacturing	通识课程	素质拓展理论		1.5	24	8	16	0	
合计						24.5	362	294	42	26	

表 5-10(续)

建议修读时间	课程编号	课程名称	课程性质	课程类别	课程模块	学分	学时	学时分配			备注
								授课	实验/实践	线上	
	120000231	形势与政策-1 Situation and Policy-Ⅰ	通识课程	公共基础理论		0	8	3	0	5	
	120000340	思想道德与法治 Ideology，Morality and Law	通识课程	公共基础理论		3	48	42	6	0	
	150000270	体育与健康 2 PE and Health Ⅱ	通识课程	公共基础理论		1	38	36	0	2	
	140001300	大学英语 b-2 College English b-Ⅱ	通识课程	公共基础理论		2	32	32	0	0	
	500000250	Python 语言 b Python Language b	通识课程	公共基础理论		3	48	32	16	0	
	130000510	大学物理（一） College Physics Ⅰ	通识课程	公共基础理论		3	48	48	0	0	
	130000511	物理实验（一） General Physics Experimentation Ⅰ	实践教学	公共基础实践		1	24	0	24	0	
第二学期	110000480	高等数学 c-2 Higher Mathematics c-Ⅱ	通识课程	公共基础理论		5	80	80	0	0	
	110000320	线性代数 b Linear Algebra b	通识课程	公共基础理论		2.5	40	40	0	0	
	191000031	国家安全教育 The Education of National Security	通识课程	素质拓展理论		1	16	0	0	16	限选1学分
	181000131	中国优秀传统文化选讲 Selected Lectures on Fine Traditional Chinese Culture	通识课程	素质拓展理论		1	16	16	0	0	至少选修1学分
	12100010M	改革开放史 The History of Reform and Opening-up	通识课程	素质拓展理论		1	16	8	0	8	
	181000091	国学经典与人生智慧 Sinology Classics and Life Wisdom	通识课程	素质拓展理论		1	16	8	0	8	
	021040021	能源开发概论 Introduction to Energy Development	专业课程	专业理论选修		1.5	24	24	0	0	至少选修1.5学分
	021040031	人工智能导论 Introduction to Artificial Intelligence	专业课程	专业理论选修		1.5	24	24	0	0	
合计						24	422	345	46	31	

建议修读时间	课程编号	课程名称	课程性质	课程类别	课程模块	学分	学时	授课	实验/实践	线上	备注
第三学期	530000151	工程基础实训与实践 a Engineering Basic Training and Practice a	实践教学	公共基础实践	2	0	0	0	0	2周
	120000241	形势与政策-2 Situation and Policy-Ⅱ	通识课程	公共基础理论	0	8	3	0	5	
	150000280	体育与健康 3 PE and Health Ⅲ	通识课程	公共基础理论	1	38	36	0	2	
	600000030	劳动教育理论 Theory of Labor Education	通识课程	公共基础理论	1	16	0	0	16	
	530000231	创新创业基础 Foundation for Innovation and Entrepreneurship	通识课程	公共基础理论	2	32	24	8	0	
	120000280	中国近现代史纲要 Outline of Contemporary and Modern Chinese History	通识课程	公共基础理论	3	48	42	6	0	
	140001310	大学英语 b-3 College English b-Ⅲ	通识课程	公共基础理论	2	32	32	0	0	
	070000170	理论力学 c Theoretical Mechanics c	通识课程	公共基础理论	3.5	56	48	8	0	
	050011490	矿山测量学 Mine Surveying	专业课程	专业理论必修	2	32	28	4	0	
	050000931	测量实习 Surveying Practice	实践教学	专业实践	2	0	0	0	0	2周
	080000140	电工电子技术 c Electrical and Electronics Technology c	专业课程	专业理论选修	2	32	28	0	4	至少选修4学分
	101010480	现代企业管理 Modern Enterprise Management	专业课程	专业理论选修	2	32	32	0	0	
	251000041	矿业经济学 Mining Economics	专业课程	专业理论选修	2	32	32	0	0	
	031000071	地球科学概论 Introduction to Geoscience	通识课程	素质拓展理论	1.5	24	24	0	0	至少选修1.5学分
	091000021	网页设计基础 Web Design Fundamentals	通识课程	素质拓展理论	1.5	24	16	8	0	
	05100002M	空间信息技术与前沿 Space Information Technology and Frontier	通识课程	素质拓展理论	1.5	24	0	0	24	
	02100001M	采煤概论 Introduction of Coal Mining	通识课程	素质拓展理论	1.5	24	0	0	24	
合计						24	350	289	34	27	

表 5-10(续)

建议修读时间	课程编号	课程名称	课程性质	课程类别	课程模块	学分	学时	学时分配			备注
								授课	实验/实践	线上	
第四学期	120000251	形势与政策-3 Situation and Policy-Ⅲ		通识课程	公共基础理论	0	8	3	0	5	
	150000290	体育与健康 4 PE and Health Ⅳ		通识课程	公共基础理论	1	38	36	0	2	
	120000330	马克思主义基本原理 Basic Principles of Marxism		通识课程	公共基础理论	3	48	42	6	0	
	140001320	大学英语 b-4 College English b-Ⅳ		通识课程	公共基础理论	2	32	32	0	0	
	110000640	概率论与数理统计 Probability Theory and Statistics	必修	通识课程	公共基础理论	3.5	56	56	0	0	
	021090430	矿山地质学 Mine Geology		专业课程	专业理论必修	2	32	28	4	0	
	020090331	地质实习 Geological Practice		实践教学	专业实践创新	2	0	0	0	0	2 周
	020010021	矿井认识实习 Mine Practice		实践教学	专业实践	2	0	0	0	0	2 周
	040982020	机械设计基础 c Machine Design c		专业课程	专业理论必修	2	32	32	0	0	
	040982031	机械设计基础 c 课程设计 Course Design for Mechanical Design c		实践教学	专业实践	1	0	0	0	0	1 周
	070000170	材料力学 b Material Mechanics b		专业课程	专业理论必修	4	64	56	8	0	
合计						22.5	310	285	18	7	

表 5-10(续)

建议修读时间	课程编号	课程名称	课程性质	课程类别	课程模块	学分	学时	学时分配			备注
								授课	实验/实践	线上	
第五学期	120000261	形势与政策-4 Situation and Policy-Ⅳ	通识课程	公共基础理论	0	8	3	0	5		
	120000310	毛泽东思想和中国特色社会主义理论体系概论 Introduction to Mao Zedong Thought and Socialism with Chinese Characteristics	通识课程	公共基础理论	3	48	42	6	0		
	020012010	岩体力学与工程 Rock Mechanics and Engineering	专业课程	专业理论必修	3	48	42	6	0		
	020040050	井巷工程与智能掘进 Shaft Engineering and Intelligent Drifting	专业课程	专业理论必修	2.5	40	36	4	0		
	020040071	井巷工程与智能掘进课程设计 Course Design for Shaft Engineering and Intelligent Drifting	实践教学	专业实践	1	0	0	0	0	1 周	
	020010130	采矿学 Mining Science	专业课程	专业理论必修	3.0	48	44	4	0		
	020011111	采矿学课程设计 Course Design for Mining Science	实践教学	专业实践	2	0	0	0	0	2 周	
	020040070	矿井通信与物联网 Mine Communications and Internet of Things	专业课程	专业理论必修	2	32	32	0	0		
	041950800	流体力学 c Fluid Mechanics c	专业课程	专业理论选修	1.5	24	20	4	0	至少选修3学分	
	041930410	机器人技术与应用 Robotics Technology and Application	专业课程	专业理论选修	1.5	24	24	0	0		
	061040540	液压传动基础 Fundamentals of Hydraulic Transmission	专业课程	专业理论选修	1.5	24	24	0	0		
	091046110	传感器与检测技术 Sensor and Detecting Technology	专业课程	专业理论选修	1.5	24	24	0	0		
	14100003M	大学英语听说译 Speaking，Listening & Translation of College English	通识课程	素质拓展理论	1	16	0	0	16	至少选修1学分	
	141000041	大学英语提高 College English Improvement	通识课程	素质拓展理论	1.5	24	24	0	0		
	181000101	大学语文 College Chinese	通识课程	素质拓展理论	1.5	24	24	0	0		
合计						20.5	288	243	24	21	

注：必修（120000261 至 020040070），选修（041950800 至 181000101）

表 5-10（续）

建议修读时间	课程编号	课程名称	课程性质	课程类别	课程模块	学分	学时	学时分配			备注
								授课	实验/实践	线上	
第六学期	120000181	形势与政策 2 Situation and Policy Ⅱ	通识课程	公共基础理论		1	16	10	0	6	
	120000320	习近平新时代中国特色社会主义思想概论 Introduction to Xi Jinping Thought on Socialism with Chinese Characteristics for a New Era	通识课程	公共基础理论		3	48	42	6	0	
	020040080	矿山压力智能感知与岩层控制 Intelligent Perception of Rock Pressure and Ground Control	专业课程	专业理论必修		3	48	40	8	0	
	020040060	矿井智能通风与安全 Mine Intelligent Ventilation and Safety	专业课程	专业理论必修		3	48	40	8	0	
	020040101	矿井智能通风与安全课程设计 Course Design for Mine Intelligent Ventilation and Safety	实践教学	专业实践	必修	1	0	0	0	0	1周
	020010260	开采损害与环境保护 Mining-induced Damage and Environmental Protection	专业课程	专业理论必修		2	32	28	4	0	
	020040120	智能开采技术 Intelligent Mining Technology	专业课程	专业理论必修		2	32	32	0	0	
	040920540	矿山机械装备及其智能化 Mine Machinery and Intellectualization	专业课程	专业理论必修		2.5	40	36	4	0	
	040920541	矿山机械装备及其智能化课程设计 Course Design for Mine Machinery and Intellectualization	实践教学	专业实践		1	0	0	0	0	1周
	021010020	矿图与 CAD 绘图 Mine Maps and Drawing with CAD	专业课程	专业理论选修		1.5	24	12	12	0	至少选修1.5学分
	020090120	瓦斯地质学 Methane Geology	专业课程	专业理论选修		1.5	24	24	0	0	
	020010190	采矿数值分析方法及应用 Mining Numerical Analysis Method and its Application	专业课程	科教融合		1.5	24	16	8	0	至少选修1.5学分
	021040150	煤矿智能监测系统与技术 Coal Mine Intelligent Monitoring System and Technology	专业课程	科教融合		1.5	24	24	0	0	
	021040070	冲击地压工程学 Rock Burst Engineering	专业课程	跨学科交叉融合	选修	2	32	32	0	0	至少选修2学分
	021040080	信号检测与自动控制原理 Signal Detection and Automatic Control Theory	专业课程	跨学科交叉融合		2	32	32	0	0	
	021040060	数字矿山与大数据分析技术 Digital Mine and Big Data Analysis Technology	专业课程	跨学科交叉融合		2	32	32	0	0	
	171000111	书法鉴赏 Calligraphy Appreciation	通识课程	素质拓展理论		1	16	16	0	0	至少选修2学分
	171000121	影视鉴赏 Film & Television Appreciation	通识课程	素质拓展理论		1	16	16	0	0	
	17100009M	艺术导论 Introduction to Art	通识课程	素质拓展理论		1	16	16	0	0	
	161000071	音乐鉴赏 Music Appreciation	通识课程	素质拓展理论		1.5	24	24	0	0	
	161000081	舞蹈鉴赏 Dance Appreciation	通识课程	素质拓展理论		1	16	16	0	0	
	17100010M	美术鉴赏 Art Appreciation	通识课程	素质拓展理论		1	16	0	0	16	
合计						25.5	376	320	50	6	

表 5-10(续)

建议修读时间	课程编号	课程名称	课程性质	课程类别	课程模块	学分	学时	学时分配 授课	实验/实践	线上	备注
第七学期	020010091	采矿生产实习 Practice on Mine Production	必修	实践教学	专业实践	4	0	0	0	0	4周
	021010940	采矿系统工程 Mining System Engineering		专业课程	专业理论必修	1.5	24	24	0	0	
	021001230	采矿专业英语 English for Mining Engineering	选修	专业课程	专业理论选修	1	16	16	0	0	至少选修2学分
	021040051	国际矿业前沿与未来采矿 International Mining Frontier and Future Mining		专业课程	专业理论选修	1	16	16	0	0	
	021010410	煤矿法规与案例分析 Mine Laws and Case Analysis		专业课程	专业理论选修	1	16	16	0	0	
	020010180	非煤矿床开采 Non-coal Mining Technologies		专业课程	专创融合	1.5	24	20	4	0	至少选修1.5学分
	020030220	边坡稳定 Slope Stability		专业课程	专创融合	1.5	24	24	0	0	
	601000051	大学生就业指导 Employment Guidance for College Students		通识课程	素质拓展理论	1	16	16	0	0	限选1学分
		合计				10	96	92	4	0	
第八学期	020040151	毕业实习 Graduation Practice	必修	实践教学	专业实践	3	0	0	0	0	3周
	020040161	毕业设计(论文) Graduation Design(Thesis)		实践教学	专业实践	12	0	0	0	0	12周
		合计				15	0	0	0	0	
素质拓展实践创新	要求学生在毕业前至少选修取得5个素质拓展实践创新学分,此类学分根据学校相关文件单独考核记载并计入总学分										

说明:

1. 课程总学分171,其中通识课程平台总学分88,专业课程平台总学分83。

2. 课程总学时2 204,其中授课总学时1 868,实验/实践总学时218,线上总学时118。

3. 理论课程(不含课内实验)总学分116.9,占课程总学分68.4%;实践课程(含实验、素质拓展实践等)总学分54.1,占课程总学分31.6%。

4. 必修课程总学分137,占课程总学分80%;选修课程总学分34,占课程总学分20%

表 5-11 为智能采矿工程专业主要实践教学环节安排表。

表 5-11　智能采矿工程专业主要实践教学环节安排表

建议修读时间	课程编号	课程名称	课程性质	学分	周数或学时	实践课程类型	备注
第一学期	520000021	军事技能训练（军训） Military Skills Training（Training）	必修	2	3 周	公共基础实践课程	
	040000011	画法几何与工程制图 b 课程设计 Course Design for Descriptive Geometry and Engineering Drawing b	必修	1	1 周	公共基础实践课程	
第二学期	130000511	物理实验（一） General Physics Experimentation Ⅰ	必修	1	24 学时	公共基础实践课程	独立设置的实验课程
第三学期	530000151	工程基础实训与实践 a Engineering Basic Training and Practice a	必修	2	2 周	公共基础实践课程	
	050000931	测量实习 Surveying Practice	必修	2	2 周	专业实践课程	
第四学期	020090331	地质实习 Geological Practice	必修	2	2 周	专业实践课程	专业实践创新模块
	020010021	矿井认识实习 Mine Practice	必修	2	2 周	专业实践课程	
	040982031	机械设计基础 c 课程设计 Course Design for Mechanical Design c	必修	1	1 周	专业实践课程	
第五学期	020040071	井巷工程与智能掘进课程设计 Course Design for Shaft Engineering and Intelligent Drifting	必修	1	1 周	专业实践课程	
	020011111	采矿学课程设计 Course Design for Mining Science	必修	2	2 周	专业实践课程	
第六学期	020040101	矿井智能通风与安全课程设计 Course Design for Mine Ventilation Intelligent and Safety	必修	1	1 周	专业实践课程	
	0400920541	矿山机械装备及其智能化课程设计 Course Design for Mine Machinery and Intellectualization	必修	1	1 周	专业实践课程	
第七学期	020010091	采矿生产实习 Practice on Mine Production	必修	4	4 周	专业实践课程	
第八学期	020040151	毕业实习 Graduation Practice	必修	3	3 周	专业实践课程	
	020040161	毕业设计及论文 Graduation Design（Thesis）	必修	12	12 周	专业实践课程	
合计				37	此表不含课内实验和素质拓展实践，独立设置的实验课程、专业实践创新模块请在备注栏注明；实践课程类型分为公共基础实践课程和专业实践课程		

5.2 教学综合改革

为规范我国高等学校工程教育专业认证,构建我国高等工程教育质量监控体系,提高工程专业教学质量,教育部联合专业学会和行业协会推出高等学校工程教育专业认证。作为我国当前"五位一体"高等教育质量评估的重要内容之一,工程教育认证自 2006 年启动以来,得到了社会的广泛关注和高校的积极响应。

2017 年以来,教育部积极推进新工科建设,形成了"复旦共识""天大行动"和"北京指南"新工科建设三部曲,探索工程教育的中国模式和中国经验。国家发展改革委、国家能源局、应急管理部等八部门联合印发的《关于加快煤矿智能化发展的指导意见》指出,推动智能化技术与煤炭产业融合发展,加大人才培养力度,突破制约煤矿智能化发展的瓶颈。

采矿工程专业通过综合改革,科学设计和规划"三个贯通",即教学改革以"学生中心、产出导向、持续改进"的工程教育理念贯通教育全过程,以推进新工科贯通智能化背景下专业升级改造,以打造一流课程贯通一流专业建设,通过持续改进和推动内涵式发展提高学科建设水平和学生成果产出。

5.2.1 以工程教育理念贯通教育全过程

进入 21 世纪,党和国家作出扩大高等学校本科招生规模的重大决策,从精英教育进入大众化阶段。经过 20 年的发展,我国高等院校的本、专科招生人数大幅增加,我国培养的工程科技人才的总量已经位居世界前列,但我国是一个工程教育大国而非工程教育强国,我国的工程教育还存在诸多问题。究其原因,根源在于"面向工程实际"的工程技术教育的欠缺。

《华盛顿协议》是一个有关工程学士学位专业鉴定国际相互承认的协议,在世界范围内得到认可,吸引了覆盖 27 国的欧洲国家工程协会联合会(FEANI)前来谈判入盟问题。《华盛顿协议》被普遍认为是最具权威性、国际化程度最高、体系较为完整的工程教育专业互认协议。我国于 2016 年正式成为《华盛顿协议》第 18 个成员。我国工程教育的理念是"学生中心、产出导向、持续改进",加入《华盛顿协议》体系是解决我国工程教育专业国际互认问题的最佳切入点,是解决工程师技术资格国际互认问题的基础和前提。

专业认证促进我国工程教育的改革,加强工程实践教育,进一步提高工程教育的质量;建立与注册工程师制度相衔接的工程教育专业认证体系;吸引工业界的广泛参与,进一步密切工程教育与工业界和社会的联系,提高工程教育人才培养对工业产业的适应性;促进我国工程教育参与国际交流,实现国际互认。专业认证标准分为通用标准和专业补充标准两部分。通用标准是各工程教育专业应该达到的基本要求,专业补充标准是在通用标准基础之上根据各专业特点提出的特有的具体要求。

(1)"以学生为中心"教育模式改革

从以教师为中心向以学生为中心的转变是时代发展的要求。在这瞬息万变的信息时代,学生最重要的是学会如何学习,通过自己的探索,去掌握新的科学技术。"以学生为中心"教学改革的核心是以学生成长为中心,以促进学生发展为目标,关注学生的学习效果,把学生学习效果改善作为检验教师教学有效性的标准。"卓越计划"对学生工程师能力等软硬技能的关注,体现了以学生发展为中心、以学生学习为中心、以学习效果为中心,即"新三中心"的本科教学模式特点。

① "以学生为中心"就是将学生作为教学环节的中心,在教学中将学生作为主要的参与者和研究学习的对象,将学生人格的培养、综合素质的提高、分析问题和解决问题能力及学生学习质量的提高作为教学的目的。

"以学生为中心"不仅仅是教学方法和教学模式的转变,还是教学理念的根本转变。对教师而言,与学生交流时必须真诚,不做任何修饰和遮掩;教师要尊重、接受学生的个性,相信学生的创造潜力和解决问题的能力;教师要能够设身处地研究和思考问题,真正地了解和理解学生。在这种相互信任的学习环境中,更容易激发学生学习的主动性。

② "以学生为中心"的教学模式将学生获取知识的方式从被动接受转变为主动探索。教师成为站在旁边的指导者,帮助学生寻找、组织和利用信息去解决教师提出的问题或解决自己感兴趣的实际问题。学生通过独立思考,不仅对课堂所学内容有了较为深刻的了解,同时也学到了学习的方法。

矿业工程学科在工程教育专业认证和教学工作中积极思考,在第 31 届全国高校采矿工程专业学术年会上分享和交流《基于 OBE 理念的工程教育人才培养思考》报告(图 5-3),其研究成果引起了行业院校老师们的关注。

图 5-3 在第 31 届全国高校采矿工程专业学术年会上进行交流

(2)"以学生为中心"的课程改革——以"采矿学"为例

"采矿学"是采矿工程专业核心主干课程,在培养体系和专业教育中占有举足轻重的地位。"采矿学"课程秉承"学生中心、产出导向,持续改进"的教学理念,按照中国工程教育专业认证协会通用标准和专业要求进行课程评价和课程建设,取得积极成效。

① 将"以学生为中心"理念贯穿教学全过程

根据专业培养方案的毕业要求,反向设计"采矿学"课程教学目标和学生学习目标,在教学理念、课程目标、教学内容和考核方式方面进行了全面升级,更加注重学生素质和能力的综合培养,将"以学生为中心"的思想贯穿课程教学全过程,对照专业认证的 12 条毕业要求,按照"产出导向"理念重新进行课程设计、教学安排,对照毕业生核心能力和要求评价学生学习成果的有效性。

② 深化"翻转课堂"教学改革

采矿工程专业为学校的传统优势专业,师资力量雄厚,具备小班授课的前提条件。近年来,实施"翻转课堂"教学改革和"探究式-小班化"课堂教学,每班 25 人左右。教师从"讲授者"变为"引导者",推行启发式讲授、探究式讨论和过程化考核,引导学生主动学习,促进教学相长。

③ 培养学生解决复杂工程问题的能力

培养学生解决复杂工程问题的能力,既是工程教育认证的重要标准,也是高校培养高素质工程人才的关键内容。根据工程教育认证理念,在保留"采矿学"专业核心课程定位、学分、教学和实验的主要内容之外,以工程教育专业认证理念为牵引,以学生为中心,制定课程学习目标,设计更多教学活动,进行混合式教学改革,丰富智能化背景下的课程教学内容升级改造,采用过程化考核,培养学生解决复杂工程问题的能力,提高采矿工程专业毕业生的培养质量。

④ 设计"采矿学"课程的过程化考核

采矿工程专业所有核心课程全部采用小班授课模式,过程管理严格,学生课堂回答问题情况、参与研讨积极性、作业、实验等均记入最终课程成绩,师生交流机会明显增加,效果很好。以"采矿学"课程为例,提升课程考核的挑战度,各教学环节实行过程化考核,平时考核次数原则上不低于 6 次,具体包括知识点的随堂测验、课外作业、课堂研讨、模型展示/虚拟仿真实训课专题及课堂表现等,都有相应的计分标准,保证学生们全程参与新教学方法的主动性。期终闭卷考试成绩占课程总成绩的 50%,过程化考核中课程项目/设计占 10%、作业占 20%、课堂测试和讨论占 20%。

"采矿学"教学方法改革实践采用导师制,充分发挥教师的学术引领作用和学生的学习主体作用,混合式教学改革融入现场观摩、虚拟仿真等实验项目,加深学生对学习目标和知识点的理解掌握,采用小组研讨方式进行课程设计,充分增强学生的团队协作意识,提高学生解决复杂工程问题的能力,引导学生全过程、全身心投入学习,有效提高学习产出和教学质量,学生满意度较高。

(3)"以产出为导向"的课程改革——以"开采损害与环境保护"为例

"开采损害与环境保护"是采矿工程专业核心课程,是国家级精品课程、国家级一流本科课程(线上线下混合式)。开采损害与环境保护是"开拓、掘进、回采、保护"的重要一环。教学团队遵循教育教学规律,探索案例教学和翻转课堂改革,科学设计线下授课和线上学习环节,先后使用 Sakai(赛课)和雨课堂开展混合式教学,基于中国大学慕课在线课程、SPOC(小规模在线课程)开展线上线下混合式教学,课程发展历程如图 5-4 所示。

该课程在传授专业知识的同时,以立德树人为根本,融入"绿水青山就是金山银山"等思政元素,树立学生的绿色科学采矿、环境保护意识,提高学生解决煤矿开采复杂问题能力。课程改革中,通过教师指导、协助、示范,推动学生积极主动学习,帮助学生从"记住、理解"的低阶学习迈向"应用、分析、评价、创造"的高阶学习,以实现预期的学习目标。

该课程践行 OBE 教育理念进行教学改革,着力改善和解决学生学习过程中在"能力提

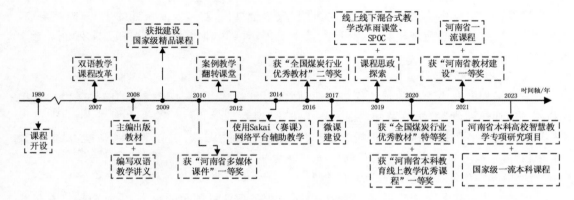

图 5-4 "开采损害与环境保护"课程发展历程

升、学习效果反馈、考核评价方式、学生参与度"四个方面的问题;课程坚持"重基础、重能力、重实践、高素质"的教学特色,学生学习内容突出高阶性、创新性、挑战度。

根据最新《工程教育认证标准》,"开采损害与环境保护"课程学习目标对采矿工程专业毕业要求的支撑关系见表 5-12。

表 5-12 "开采损害与环境保护"学习目标对采矿工程专业毕业要求的支撑关系

毕业要求	指标点分解	学习目标	支撑强度
设计/开发解决方案:能够针对采矿工程领域的生产与管理问题提出解决方案,并能够在实践环节中体现创新意识,考虑社会、健康、安全、法律、文化以及环境等因素	掌握用于解决复杂采矿工程问题所需的专业知识	学习目标1:应用覆岩和地表移动变形规律,正确设计建筑物下开采的保护煤柱和地表变形观测站;创造性地提出建筑物下、水体下采煤的开采方案,撰写研究报告和设计文件	强
工程与社会:能够基于工程要求,考虑社会道德与伦理,合理分析、评价矿产资源开发行为和社会影响,并理解应承担的责任	基于采矿工程相关背景知识,分析评价矿山建设、资源开发方案对健康与安全的影响,并理解应承担的责任	学习目标2:正确预计建(构)筑物下开采的地表变形,正确分析和评价采动损害程度,提高矿井资源回收率和经济效益,缓解采掘接替困难和工农关系紧张等问题	中等
环境和可持续发展:在矿产资源开发与利用过程中,树立环境和谐与可持续发展理念,并运用于工程实践当中	能够理解和评价针对复杂采矿工程问题的工程实践对社会可持续发展的影响	学习目标3:正确进行采空区稳定性评价,分析开采对矿区环境和生态影响,保证矿区可持续发展	中等

该课程精心设计学习活动,将学习目标和学习要求传递给学生,激发学生有效参与的积极性,提高学生学习广度、深度与频率,实现基础理论扎实、工程实践能力强的学习目标,教学设计如图 5-5 所示。

该课程强调以产出为导向的 OBE 教育理念,创新性提出"理论教学＋工程案例式教学＋现场实践教学"的教学模式,采用线上线下混合式、互动式教学方法,突出课前(线上)、课中(线下)、课后(线上)的有机融合,培养学生系统逻辑思维方法。翻转课堂教学改革见图 5-6。

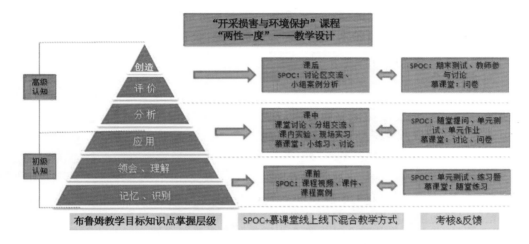

图 5-5 "开采损害与环境保护"课程"两性一度"教学设计

图 5-6 翻转课堂教学改革

该课程质量评价和考核设计强调挑战度,同时考虑过程考核、线上多元考核(形成性测试、总结性测试等),课程考核方案如表 5-13 所示。

表 5-13 课程考核方案及权重

学习目标	知识单元——支撑章节	考核环节权重						合计
		结课考试	过程考核		SPOC 及平时考核			
		权重	课程设计	课后作业	课堂测试	讨论区	SPOC 学习	
学习目标 1:应用覆岩和地表移动变形规律,正确设计建筑物下开采的保护煤柱和地表变形观测站;创造性地提出建筑物下、水体下采煤的开采方案,撰写研究报告和设计文件	◎ 地表移动变形规律 ◎ 保护煤柱留设 ◎ 地表变形观测站设计	25%	5%	5%	5%	5%	5%	50%

表 5-13(续)

学习目标	知识单元——支撑章节	结课考试	过程考核		SPOC 及平时考核			合计
		权重	课程设计	课后作业	课堂测试	讨论区	SPOC学习	
学习目标 2:正确预计建(构)筑物下开采的地表变形,正确分析和评价采动损害程度,提高矿井资源回收率和经济效益,缓解采掘接替困难和工农关系紧张等问题	◎ 采动地表移动变形预计 ◎ 建筑物下采煤 ◎ 线性构筑物下采煤 ◎ 井筒与工业广场煤柱开采 ◎ 水体下采煤 ◎ 承压水上采煤	20%	5%		5%		10%	40%
学习目标 3:正确进行采空区稳定性评价,分析开采对矿区环境和生态影响,保证矿区可持续发展	◎ 开采对环境影响及保护	5%	5%					10%
权重		50%	15%	5%	10%	5%	15%	100%

该课程通过线上线下混合、融合式教学,在疫情期间有力保障了"停课不停教、停课不停学",学生在线教学满意率达到 95%,以产出为导向的课程改革取得优秀成果,课程获得"河南省本科教育线上教学优秀课程"一等奖。

(4)"监督—评价—反馈—改进"——以专业建设为例

2010 年和 2013 年,采矿工程专业两次通过教育部工程教育专业认证,有效期为 3 年。2017 年,采矿工程专业第三次通过中国工程教育专业认证,有效期为 6 年。全体师生对"学生中心、产出导向、持续改进"教育理念已有深刻认识。教育本位转向面向需求,知识本位转向学生能力培养,强化教师主体责任,高级职称教师 100% 给本科生上课并指导学生从事科研活动。

① 教学过程质量监控机制

采矿工程专业始终坚持把本科教学作为专业建设的中心工作,坚持将人才培养目标与国家的教育方针及人才培养战略相结合,坚持为煤炭行业和河南地方经济的快速发展,培养高素质的应用型人才。为了提高教学质量,促进学生毕业要求的达成,采矿工程专业建立了三级教学质量监控机制,部门和人员构成清晰,职责明确,对专业定位、培养目标、课程体系、毕业生出口要求进行质量监控和定期评价,对课程教学大纲制定、课堂教学、实践教学、毕业设计、考试考核等所有教学环节都有明确的质量要求和监控制度。各类质量监控结果及时反馈到相关部门和人员,促进管理机制和教学培养的持续改进,从体制上保证了该专业的人才培养质量。

② 毕业生跟踪反馈机制与社会评价机制的建立与运行

毕业生工作情况和用人单位的满意程度是专业办学质量的重要评判指标之一。由学院分管领导、党政办、学工办、专业教研室负责,建立了由毕业生访谈、同学聚会和联谊座谈会、本科生教育质量网络调查平台、微信群和 QQ 群信息反馈等组成的毕业生跟踪反馈机制;建立了由分管教学工作的副院长、教务办公室、专业教研室负责的,由企业、用人单位管理人员、用人单位招聘人员和第三方机构共同参与的社会评价机制。通过上述评价机制全面了解采矿工程专业毕业生质量,掌握社会、用人单位对毕业生人才培养目标达成的评价,全面掌握社会的人才需求导向,从而有针对性地调整、改善专业培养目标和课程体系,定期评价和提高专业培养质量。学科带头人与校友企业代表、煤矿负责人就学生培养问题进行座谈,了解用人单位意见,如图5-7所示。采矿工程系负责人与毕业生代表座谈,掌握毕业生对专业人才培养目标达成的评价情况,如图5-8所示。

图 5-7　院领导与校友企业代表座谈　　　图 5-8　专业负责人与毕业生代表座谈

③ 调整改进——将评价结果用于专业的持续改进

根据社会评价和毕业生跟踪反馈的结果,结合专业技术的发展趋势,采矿工程专业对培养目标和教学计划进行调整改进。专业重视听取同行专家意见,重视从用人单位、毕业学生、评价机构、教育管理部门等各种渠道收集意见和建议,认真消化吸收,制定并落实持续改进措施,构建了"评价—反馈—持续改进"的闭环质量持续改进机制,取得了显著效果。

(5)"评价—反馈—持续改进"——以采矿毕业设计为例

毕业设计是采矿工程专业本科生培养的最重要的一门课程,也是大学本科期间的最后一个教学环节。

以 2015 届和 2016 届毕业设计为例,针对 2014 届毕业设计存在的问题,采矿工程专业在 2015 届和 2016 届毕业设计时提前谋划和布置,分别从选题、过程管理与毕业答辩等环节采取措施,提高学生分析和解决矿井初步设计问题的能力和水平。

① 在选题方面,针对设计内容偏多、设计任务偏重的问题,学院教学委员会组织专业教师进行研讨,决定将原毕业设计大纲中井底车场设计部分作为选作内容,减少学生设计工作量,保证开拓方式、准备方式和采煤工艺等核心部分的设计时间与设计质量。

② 在过程管理方面,针对设计说明书中有部分雷同内容的现象,学院要求对全部申请学士学位的本科生毕业设计的重复率进行检测,重复率不超过 35% 的学生才具有资格答辩。

③ 总结矿井初步设计中容易出现的开拓方式技术经济比较不充分、图表格式欠规范等共性问题,并反馈给各位毕业设计指导教师,加强设计规范性。

④ 鉴于毕业设计过程中学生容易出现"前松后紧"的情况,采矿工程专业制定了毕业设计指导书,严格对毕业设计涉及的选题、开题报告、中期检查、答辩、二次答辩等 5 个环节进行进度和质量检查;校、院教学督导专家组随时抽检学生的毕业设计进度完成情况,确保毕业设计质量。

通过采取以上措施,2015届毕业设计严格过程控制,学生毕业设计质量明显提升。2016届毕业设计重点加强了指导教师对学生的指导与检查,对毕业设计进行学术不端检测和重复率检测,有效保证了毕业设计质量。

⑤ 李东印教授为学院全体采矿工程专业教师和研究生做了题为《煤矿井下主要巷道和硐室设计方法》的报告,进一步提高青年教师的业务水平和毕业设计质量。2016年7月,学院下发《本科毕业设计(论文)与毕业答辩管理办法》,从制度上规范了本科毕业设计管理。

采矿工程专业严格落实"评价—反馈—持续改进"的理念,坚持每年根据毕业生、指导教师的反馈,召开专业剖析(建设经验交流)会,严格规范毕业设计的过程管理,组织好毕业实习动员、开题报告、教学辅导、中期检查和答辩等重要环节,着重检查学生学风、工作进度、教师指导情况及毕业设计工作中存在的困难和问题,并采取有效措施解决存在的问题。针对设计前期工作基本没有开展,或开展工作量极少的毕业生,检查小组需要掌握真实情况并通知学生和指导教师,最终由指导教师认定该生能否继续下一阶段的设计并严格过程管理。对考核成绩各项占比做了严格要求:中期检查20%,指导教师评价30%,毕业答辩50%。学院安排老师进行毕业生实习动员,毕业设计教学辅导,见图5-9和图5-10。

图 5-9　毕业生毕业实习动员会　　　　　图 5-10　毕业设计教学辅导

通过近五年的持续跟踪,在采矿毕业设计的教学过程中,采矿工程专业充分践行"学生中心、产出导向、持续改进"的教学理念,学生专心完成设计任务,毕业设计质量始终保持在较高水平。

5.2.2　推进新工科进行专业升级改造

为主动应对新一轮科技革命与产业变革,支撑服务创新驱动发展、"中国制造2025"等一系列国家战略,教育部组织召开了一系列研讨会。

2017年2月18日,教育部在复旦大学召开高等工程教育发展战略研讨会,与会高校对新时期工程人才培养进行了热烈讨论,共同探讨了新工科的内涵特征、新工科建设与发展的路径选择,并达成了许多共识。对地方工科优势高校有两点启发:工科优势高校要对工程科技创新和产业创新发挥主体作用;地方高校要对区域经济发展和产业转型升级发挥支撑作用。

2017年4月8日,教育部在天津大学召开工科优势高校新工科建设研讨会,60余所高校共商新工科建设的愿景与行动。与会代表一致认为,培养造就一大批多样化、创新型卓越工程科技人才,为我国产业发展和国际竞争提供智力和人才支撑,既是当务之急,也是长远之策。对地方高校而言,新工科建设和矿业工程教学改革需要做到:问技术发展改内容,更新工程人才知识体系;问学生志趣变方法,创新工程教育方式与手段。

2017 年 6 月 9 日,教育部在北京召开新工科研究与实践专家组成立暨第一次工作会议,全面启动、系统部署新工科建设。30 余位来自高校、企业和研究机构的专家深入研讨新工业革命带来的时代新机遇、聚焦国家新需求、谋划工程教育新发展,审议通过《新工科研究与实践项目指南》,提出新工科建设指导意见。

教育部积极推进新工科建设先后形成的"复旦共识""天大行动"和"北京指南",构成了新工科建设的"三部曲",发布的《关于开展新工科研究与实践的通知》《关于推荐新工科研究与实践项目的通知》,有助于全力探索形成领跑全球工程教育的中国模式、中国经验,助力高等教育强国建设,为矿业工程学科的学生培养指明了方向。

(1) 传统采矿工程专业转型面临的困难

煤矿智能化是煤炭工业高质量发展的核心技术支撑,也是一流专业和新工科建设需要突破的难点。采矿工程专业为教育部批准的一流专业和卓越工程师计划试点专业。随着煤炭开采技术与装备快速向智能化方向发展(图 5-11),一流专业和新工科卓越人才培养过程需要解决存在的三个主要问题:

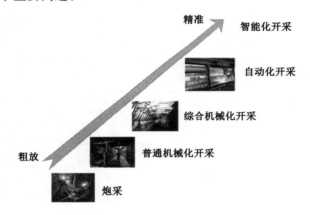

图 5-11　煤炭开采技术演进

① 解决课程体系与煤炭行业需求脱节问题。煤炭是我国的主要能源,煤炭行业自动化、信息化水平不断提升,对智能化开采技术与装备、无人工作面技术的迫切需求要求采矿卓越班人才培养质量与时俱进,而当前培养方案之课程体系仍以传统采矿知识为主,缺少与人工智能、工业物联网、云计算、大数据、机器人和智能装备等学科交叉,难以满足煤炭行业未来发展需要。

② 解决专业核心课程智能化知识升级问题。在 OBE 教育理念下,以学生为中心,产出为导向,将学时控制在合理范围已成为共识。培养掌握智能开采技术的采矿人才,不仅要研究优化传统专业核心课程,还需要大量增加人工智能和大数据等交叉学科前沿课程,既科学继承采矿工程传统专业基础知识,又要淘汰落后或即将落后的知识内容,补充智能控制与智能装备理论与技术。

③ 解决开采场景无法再现的实习困难问题。煤炭作为不可再生的一次化石能源,其开采活动和开采安全状况受到客观环境的制约,岩体运移与开采活动存在一定的不确定性、不可重复性、不可见性,学生实习困难,实习活动难以深入,效果不理想。当前,三维可视化技

术、虚拟现实技术等为煤矿开采场景的再现提供了有力支撑,采矿工程专业在虚拟仿真技术方面基础实力雄厚,开发一系列煤矿开采虚拟现实场景,同时建设煤矿智能开采与装备实训平台,作为学生煤矿实习和实操的重要部分。

新工科需要从抓理论、建专业、改课程、变结构、促融合五个方面进行建设。新工科最重要的是面向工业界实行产教融合发展,不仅要发生物理反应,还要发生化学反应。矿业工程新工科建设就是将智能制造、云计算、人工智能、机器人等新技术用于传统工科专业的升级改造,培养智能开采和新经济需要的实践能力强、创新能力强、具备国际竞争力的高素质复合型新工科人才。

(2)推进新工科转型升级的工作要求

新工科转型升级要求从专业人才培养方案改革入手,调整课程体系,优化专业核心课程教学内容,增加智能开采所必需的人工智能、大数据和传感技术等交叉学科基础课程,在校内建设智能开采与装备综合实训平台;同时,依托国家级虚拟仿真实验中心,开发煤矿智能开采一系列虚拟场景,虚实结合,供学生实践、实训,培养新工科背景下的采矿工程卓越人才。

通过改革新工科课程体系,补齐煤炭行业智能开采知识短板,开发智能开采虚拟实训系统,建设煤矿智能开采与装备实训平台,安排学生到大型智能化矿井实习,使学生扎实掌握采矿工程专业基础知识,熟悉智能开采涉及的交叉学科技术,培养具有智能开采理念和基本知识结构的采矿工程卓越人才,为早日成长为智能采矿工程师打下坚实基础。研究路线如图 5-12 所示。

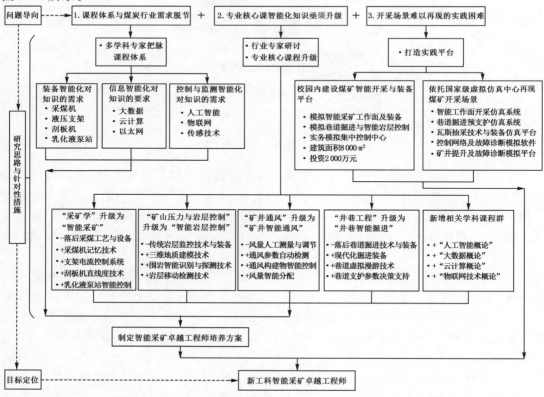

图 5-12 推进新工科卓越人才培养和建设的研究路线

（3）解决教学问题的方法

① 瞄准行业需求，校企融合互补，准确定位培养目标与毕业要求，完善新工科背景下国家级一流专业人才培养方案与课程体系。以煤炭行业技术需求为出发点，广泛征求企业、行业专家、毕业生代表等的意见，重新定位智能采矿工程专业培养目标和毕业要求，优化专业人才培养课程体系，科学制定智能采矿工程人才培养方案。深入走访国家能源投资集团有限责任公司、晋能控股集团有限公司、河南能源集团有限公司、中国平煤神马控股集团有限公司、郑州煤矿机械集团股份有限公司等大型煤炭企业，了解行业需求与技术发展状况，组织专业教师到中国矿业大学、东北大学、重庆大学等高校交流，结合本校本专业定位，优化调整了智能采矿工程（卓越工程师）人才培养方案，获批"智能采矿工程（081507T）"新专业。

② 建设"河南省教学名师工作室"和"河南省智能采矿虚拟教研室"，将国家（省）级一流课程建设成果及经验，在省内外煤炭高校之间立体开放共享。以联合建设的"河南省高等学校教学名师工作室""智能开采河南省虚拟教研室"为平台，课题研究团队建设的国家级一流课程（"采煤概论"）、国家级虚拟仿真实验项目、省级一流课程、线上虚拟仿真实验项目及其建设经验，在山东、陕西、安徽、河南等省的高校推广应用，特别是疫情期间，为线上教学提供了良好的教学资源与平台。

③ 科研反哺教学，依托国家重点研发计划项目和国家级虚拟仿真实验中心，新建、改造、规划三个智能开采实验实训平台。团队成员担任煤矿安全开采国家级虚拟仿真中心主任，具有丰富的虚拟实验教学项目研发经验；依托国家重点研发计划项目自主研发的智能开采仿真平台，可以作为很好的教学平台；在国家级虚拟仿真中心与国家项目支持下，线上虚拟实验教学项目与线下新建（改建）的智能开采实训平台提供了线上线下相结合的人才培养实践平台，见图5-13和图5-14。

图 5-13　综合实践平台效果图（部分）

④ 发挥"名师""名课"协同育人及传帮带作用，注重师德师风建设，帮助青年教师站稳讲台，在实践中快速成长，引领教育教学水平明显提升。课题负责人作为河南省教学名师，成立了"教学名师工作室"，与青年教师签订"发展规划任务书"，从师德师风、备课授课、课程思政、教学方法、教学技巧、教学能力等方面对青年教师进行指导，参与备课、试讲、督导等教学活动，使青年教师快速成长，稳定发展。

图 5-14　虚拟仿真实验系统

5.2.3　以打造一流课程贯通一流专业建设

《教育部关于一流本科课程建设的实施意见》(教高〔2019〕8 号)明确指出,课程是人才培养的核心要素,课程质量直接决定人才培养质量。采矿工程国家级一流本科专业建设必须深化教育教学改革,必须把教学改革成果落实到课程建设中,提高人才培养能力和实现教育教学的内涵式发展。

(1) 一流课程建设要求

课程是教育思想、教育目标和教育内容的主要载体,集中体现国家意志和社会主义核心价值观,是学校教育教学活动的基本依据,直接影响人才培养质量。

全面开展一流本科课程建设,树立课程建设新理念,推进课程改革创新,实施科学课程评价,严格课程管理,立起教授上课、消灭"水课"、取消"清考"等硬规矩,夯实基层教学组织,提高教师教学能力,完善以质量为导向的课程建设激励机制,形成多类型、多样化的教学内容与课程体系。

① 坚持课程改革的数字化革命。高等教育数字化是实现高等教育学习革命、质量革命、高质量发展的重要突破口和创新性路径,也是实现中国高等教育变轨超车的战略一招、关键一招。在线教育已经一定程度上改变了教师的教、学生的学、学校的管、教育的形态。

② 课程建设突出"两性一度"。

a. 提升高阶性。课程目标坚持知识、能力、素质有机融合,培养学生解决复杂问题的综合能力和高级思维。课程内容强调广度和深度,突破习惯性认知模式,培养学生深度分析、大胆质疑、勇于创新的精神和能力。

b. 突出创新性。教学内容体现前沿性与时代性,及时将学术研究、科技发展前沿成果引入课程。教学方法体现先进性与互动性,大力推进现代信息技术与教学深度融合,积极引导学生进行探究式与个性化学习。

c. 增加挑战度。课程设计增加研究性、创新性、综合性内容,加大学生学习投入,科学"增负",让学生体验"跳一跳才能够得着"的学习挑战。严格考核考试评价,增强学生经过刻苦学习收获能力和提高素质的成就感。

（2）一流课程建设做法

① 提升教师教学能力。矿业工程学科课程改革以学生为中心、为全面育人服务，以培养培训为关键点提升教师教学能力。学科教师定期组织教学研究，主要内容是课程组集体备课和组织研讨课程改革；加强教学梯队建设，新入职教师必须经过助课、试讲、考核合格后才能上讲台，充分发挥好老教师的传帮带作用。学校教师发展中心推动教师培训常态化，通过组织教师职业培训实现终身学习全覆盖。

② 改革课堂教学方法。在一流专业和一流课程建设中，矿业工程学科组织老师创新教学方法，提升教学效果。a. 以产出导向来设计课程教学/学习大纲，研究强化课堂设计，解决怎么讲好课的问题，杜绝单纯知识传递、忽视能力素质培养的现象。b. 强化现代信息技术与教育教学深度融合，解决好教与学模式创新的问题，杜绝信息技术应用简单化、形式化的现象。c. 强化师生互动、生生互动，解决好创新性、批判性思维培养的问题，杜绝教师满堂灌、学生被动听的现象。

③ 超前布局、精心组织课程改革。采矿工程专业是学校特色优势专业，在学校教育教学改革中一贯发挥引领示范作用，课程建设始终与信息技术发展紧密结合，制定《能源学院微课建设资助与管理办法》《能源学院在线课程建设资助与管理办法》，分阶段、高强度对"采煤概论""采矿学""矿井通风""矿山压力与岩层控制""岩体力学与工程""开采损害与环境保护"和"井下瓦斯抽采"等特色核心课程进行微课、在线课程、教材建设和一流课程建设，鼓励核心课程开发"虚仿实验"并开展实践教学，师生广泛使用"雨课堂""中国大学慕课"等教学工具开展教学活动，"虚拟教研室"使教师教研交流越来越深入。

④ 科学评价、学生忙起来。学科以产出为导向，以激发学生的学习动力和专业志趣为着力点完善过程评价制度，加强对学生课堂内外、线上线下学习的评价，提升课程学习的广度。加强研究型、项目式学习，丰富探究式、论文式、报告答辩式等作业评价方式，提升学生课程学习的深度。通过过程化考核，加强非标准化、综合性等评价，提升课程学习的高阶性、创新性和挑战度。

通过持续教学改革，一流课程建设成效显著，建设成果见图5-15。

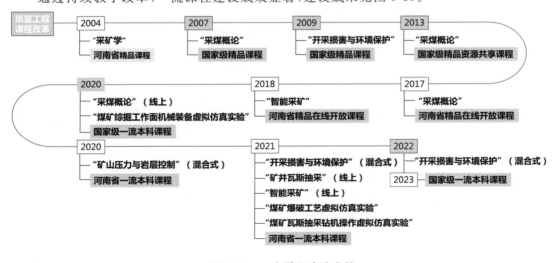

图 5-15　一流课程建设成果

（3）一流教材建设成果

矿业工程学科根据学校和学科特色,统筹教材建设与人才培养结合,同时与专业建设、课程建设、科研工作、教学方式方法改革和教学辅助资源建设形成良性互动。

① 加强教材编写队伍建设。矿业工程学科高度重视高水平的教材编写队伍建设,鼓励教学名师、高水平专家主编或参加教材编写工作;根据不同类型、不同科类教材建设需求,吸引校外和工业界人士参与规划教材申报和建设,如郭文兵主编的《煤矿开采损害与保护》（第3版）、李东印等主编的《采煤概论》（第3版）和南华主编的《矿业工程英语》被列为煤炭高等教育"十三五"规划教材,郭文兵主编的《矿井特殊开采技术》,景国勋、杨玉中主编的《安全管理学》和南华主编的《矿业工程英语》被列为河南省"十四五"普通高等教育规划教材。

② 保证教材编写和出版质量。学科在遴选教材编写者时坚持政治原则第一,编写者必须在教学和科研方面有所成就,或在行业中具有较高技能水平并有一定的教学经验。通过改革创新,鼓励对优秀教材不断修订完善,将学科、行业的新知识、新技术、新成果写入教材,鼓励编写及时反映人才培养模式和教学改革最新趋势的教材,注重教材内容在传授知识的同时传授获取知识和创造知识的方法。教材建设取得多项奖励,郭文兵教授荣获首届"全国教材建设先进个人"荣誉称号,学科教材建设成果丰硕,见图5-16。

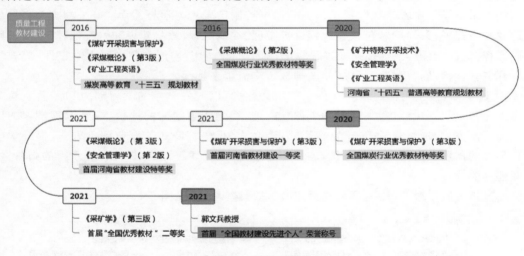

图 5-16　教材建设成果

（4）一流课程建设成果——以"智能采矿"为例

高等教育改革"改到实处是专业,改到深处是课程,改到痛处是教师"。课程是人才培养的核心要素,课程质量直接决定人才培养质量。教师是课程变革的积极参与者和主动创造者。教师是教学变革的力量,也是被变革的要素。教师的课程建设能力是撬动学校内涵式发展、实现教学变革、提升人才培养质量的决定性力量。

① 智能开采方向团队科研实力强、教学经验丰富

"智能采矿"课程为国家级一流专业——采矿工程专业的核心课程,以传授我国最新的智能化开采技术、装备与工艺为目标,是达成采矿工程专业培养目标的最主要课程之一。该课程获国家级虚拟仿真教学平台、国家地方联合工程实验室、河南省重点实验室、国家级教学团队等高水平教学和科研平台支持,课程团队长期从事智能开采方向的科研和教学工作,

团队科研实力强、教学经验丰富、结构合理,为课程建设提供了扎实的软硬件基础。

②　综合运用信息技术、持续革新教学方法

以新工科建设理念为引领,采用现代教育教学手段,关注煤炭智能开采与利用的前沿理念与技术。为配合"智能采矿"及相关课程的教学,帮助学生理解地下井巷空间关系,掌握矿井主要生产系统,团队教师自主设计、研发、制造了现代化矿井模型、综采(综放)开采生产系统及安全演示模型等各类教学模型;自主开发虚拟仿真实验教学平台,能够开设矿井虚拟实习、大型设备虚拟仿真实训、采矿三维实验教学、矿井瓦斯治理三维实验教学、煤矿机电三维实验教学、矿井安全事故三维仿真教学等教学项目,逼真再现井下场景,具备较强的临场感,将复杂的巷道系统、矿井设备等以三维形式直观展现;充分利用国家级虚拟仿真实验教学中心的技术与成果,以及矿井各类实物教学模型,重视用真实视频、自制动画等教学手段呈现教学内容;充分利用新媒体技术进行发布、互动、交流、答疑、推送等,师生参与度高;在校内尝试采用线上线下翻转课堂,深受学生喜爱。

③　追踪煤矿前沿技术,持续更新教学体系和教学内容

智能采矿是现代科技和工业快速发展,物联网、云计算、大数据、人工智能等高新科技成果应用于煤矿开采领域而萌生的新的知识体系,其必然会随着现代信息技术的高速发展而持续快速更新。课程团队积极参加智能采矿相关的科研项目,定期赴大同、神东、榆林等先进矿区现场调研和学习,定期参加智能采矿相关的会议和培训,坚持学习智能采矿相关的最新文献,编制智能采矿系列规划教材;同时,持续更新线上教学内容,结合虚拟仿真平台更新实验教学内容,为学生讲授矿业领域最前沿的知识。

5.3　产学研协同育人模式和机制

采矿工程专业培养方案中,培养目标确定为按照"厚基础、宽口径、强能力、高素质"的人才培养思路,培养具有社会责任感、健全人格、扎实基础、宽阔视野、创新精神和实践能力的德智体美劳全面发展的高素质复合型人才。毕业生能够掌握煤和非煤固体矿床开发建设的基本理论与方法、智能开采原理和技术,具备采矿工程师的基本能力,能在矿产资源开发和智能开采领域从事工程设计与施工、生产运行与技术管理等方面工作。

在培养高素质复合型人才的总目标下,教学改革要解决好创新创业和实践能力培养的问题,这需要建立"双创"背景下"产学研"协同育人的模式和机制,提高采矿专门人才的培养质量。

5.3.1　"双创"背景下矿业工程协同育人模式

(1)"双创"背景下矿业工程协同育人存在问题

"协同创新"是通过国家意志的引导和机制的安排,促进企业、高校、科研机构发挥各自的能力优势,整合资源,实现各方优势互补,加速技术推广和产业应用,合作开展产业技术创新和科技成果转化的活动,是当今科技创新的新范式。高校综合改革就是协同创新,即通过树立协同意识、探索协同方法、构建协同机制来营造良好的协同环境,使协同贯穿高校改革发展全过程。

"协同育人"是协同创新的一种形式,"科教结合协同育人"侧重研究科研院所和高等学

校以"结合"为手段、以"协同"为过程、最终达到"育人"的目的。

① 育人模式的选择缺乏科学性和持续性

地方矿业高等学校在"双创"人才的培养过程中,以往过度注重从传统教学标准的角度对人才培养结果进行考核,忽视了行业对人才的具体需求,育人模式的选择缺乏对各个育人主体的综合考虑。以往多数高校的"双创"育人模式较为单一,仅是以高校的培养目标作为出发点制定育人模式,缺乏与工业界各个主体间的协同。同时,工业界的主动参与性不强,也是育人模式缺乏科学性的一大原因。

从参与合作育人的行业企业性质来看,与部分高校合作的企业实力并非很突出,部分学生在企业实践学习过程中常出现学习深度不足的情况,而面对竞争日益激烈的市场,高等学校缺乏或忽视制定具有针对性的培养模式,与企业的合作局限于表面的、短期的程度,并将培养的希望过多寄托于高校的基础培养过程。这种简单的企业与高校的合作模式,缺乏对学生在高新技术层面的教育,已经不能满足当前社会对"双创"人才的需求。

② 缺乏清晰的育人思路

部分地方矿业高校在"双创"人才培养的过程中育人思路不清晰,主要表现在:学校和企业的交流不密切,教育资源的结合不紧密以及考评标准差异大。

首先,在校企间的交流层面,部分矿业高校与企业相比缺乏硬件资源和资金的优势,而"双创"人才的培养是一个长期持续的过程,离不开大量的人力、物力和财力的支持。企业虽然会提供一定的资源支持,但是在人才培养的过程中参与度有限,参与积极性不高,企业与高校之间未能形成有效的交流平台。当人才培养标准变更或技术更迭时,企业因缺少与矿业高校的及时交流,常导致资源的浪费和"产、学、研"三者之间的脱节。

其次,教育资源的结合方面,矿业类高校在"双创"人才的培养过程中,有时过分注重理论教育资源,有的高校虽然采用校企结合模式,但是在实践过程中,在实践应用层面的教学课时或实践机会安排不足,学生难以获得有效的学习时间,实践能力得不到充分提高。同时受校企间交流不密切的影响,高校常出现培养"过时人才"的现象,高校的理论资源与工业界的资金、硬件资源没有做到紧密结合。

最后,在评价标准方面,高校对校企合作育人的评价标准不够具体,没有形成规范化的评价体系,对校企合作育人过程中的短板识别力不足。缺乏具体、有效的考评标准,使得各项教育资源难以实现调整、优化,校企双方难以建立明确的主要目标,最终让"合作育人"变得"敷衍了事"。

（2）"双创"背景下矿业工程协同育人的基本内容

① 根据工程教育的理念,邀请工业界和企业参与矿业工程（采矿工程）学科培养方案的制定并分析其合理性,形成递进式、面向企业需求的人才培养目标,制定富有针对性的人才培养方案。

② 在课程设置层面上,加强对课程体系、课程内容、教学方法的研究,提升学生综合能力;在教学模式上,探索项目驱动、竞赛驱动、课题驱动的教学模式,以"互联网＋"大学生创新创业大赛、"挑战杯"大学生科技竞赛、中国创新创业大赛等为载体,通过构思、设计、实现、运行等环节打好"双创"基础,注重培养复合型人才的"双创"基础知识储备,全面夯实理论基础,提高解决复杂工程问题的能力。

③ 站在"两个一百年"的历史交汇点上,矿业工程学科迫切需要深化工程教育改革,开

展"产学研"协同育人资源整合,探索"理实融合、产教融合、科教融合、创教融合"的产学研协同育人模式,培育"产学研"大学生"双创"实训实践基地,进行校内"双创"综合能力培养,承担起矿业工程学科"双创"人才培养的光荣使命。

(3)"理实融合、产教融合、科教融合、创教融合"的主要特征

积极服务国家创新驱动发展战略,培养智能化背景下的矿业工程高素质创新型工程人才,探索形成了以"四个融合"为特色的新工程教育体系,其主要特征是:

① 以"理实融合"为基础,突出专业课程教学的育人导向,遵循教育教学的基本规律,有效促进理论教学与实践教学的结合,夯实学生的理论基础和实践能力,提升学生分析、解决复杂工程问题的能力。

② 以"产教融合"为导向,加强学校、工业界和矿山企业、政府等多主体协同,促进创新要素的深度融合,优化资源配置,服务智能化背景下新工科领域人才需求,形成人才培养的资源共享优势。

③ 以"科教融合"为驱动,进一步促进学科之间、专业之间、科研之间、技术之间的交叉融合,提升煤炭企业作为能源压舱石和服务国家重大战略需求的能力,实现人才培养的高质量内涵式发展。

④ 以"创教融合"为抓手,把创新创业教育融入专业教育各环节和人才培养全过程,发挥创新创业教育"破壁效应",推动人才培养模式和人才培养机制的转变。

理实融合是教育教学的基本规律,可以有效促进理论教学与实践教学的结合,有利于夯实学生的理论基础,提升学生分析问题、解决问题的能力;产教融合可以有效促进工业界与教育的深度合作,有利于提高学生的综合素质和适应能力,同时推动经济社会发展和一流本科建设结合;科教融合已经成为全世界大学办学的核心理念,可以有效促进高水平科技创新成果与人才培养的结合,有利于培养学生的创新思维和创新能力。"双创"背景下的"四个融合"协同育人模式见图5-17。

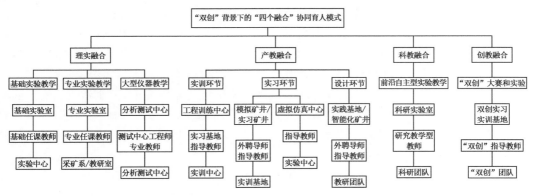

图 5-17　"双创"背景下的"四个融合"协同育人模式

5.3.2　以"理实融合"夯实学生实践能力

实验教学已经成为一流本科专业建设和"新工科"建设过程中本科教学的重要组成部分。"大实验教学"就是除了传统的基础实验教学外,再加上实习实训、科研项目训练和创新创业训

练等实验教学板块而组成的。矿业工程学科积极探索"大实验教学"模式,通过基础实验教学、专业实验教学、大型仪器实验、"双创"实习实训基地等促进理实融合,通过实习实训教学促进产教融合,通过前沿领域自主型实验教学促进科教融合。"大实验教学"模式可以有效促进学生对理论知识的掌握,对工业界和煤矿企业生产一线的认知,对科学前沿研究方向的了解,有利于培养学生的新工科素养和实践能力,也有利于激励学生成为创新型卓越工程人才。

5.3.3 以"产教融合"汇聚资源优势

2011 年 1 月 8 日,教育部发布《教育部关于实施卓越工程师教育培养计划的若干意见》(教高〔2011〕1 号),标志着卓越工程师教育培养计划(以下简称卓越计划)正式启动。这一计划的目标主要有两个,即"培养造就一大批创新能力强、适应经济社会发展需要的高质量各类型工程技术人才",以及"促进工程教育改革和创新,全面提高我国工程教育人才培养质量"。在具体内容方面,"卓越计划"要求进行全方位的工程人才培养模式改革,其最大特点就是鼓励校企深度合作培养。2018 年 9 月 17 日,为应对中国工程教育内外部环境的变化,教育部、工业和信息化部和中国工程院发布《教育部 工业和信息化部 中国工程院 关于加快建设发展新工科实施卓越工程师教育培养计划 2.0 的意见》(教高〔2018〕3 号),标志着"卓越计划 2.0"的开展。"卓越计划 2.0"的目标是"经过 5 年的努力,建设一批新型高水平理工科大学、多主体共建的产业学院和未来技术学院、产业急需的新兴工科专业、体现产业和技术最新发展的新课程等,培养一批工程实践能力强的高水平专业教师",并使"20% 以上的工科专业点通过国际实质等效的专业认证"。

(1)矿业工程学科有"产教融合"的天然优势

"卓越计划"的出现标志着我国工程教育人才培养模式改革开始向着"以学生为中心"的方向转变。"以学生为中心"的教育理念强调教育要从学生的发展出发,使学生获得全面、主动、有个性的可持续发展。国际上,"以学生为中心"的教学改革主要包括三大方面:一是基于科学研究的教学改革;二是以真实学习为基础的教学模式,包括真实教学法、结果导向教育等;三是由经验总结而产生的教学模式,包括学习金字塔、高影响力教学活动等。

我国的煤矿类矿业高等院校以工科类为主,因煤而生、因煤而兴,依托和服务煤炭行业,相较其他类型高校有通过校企合作、产教融合开展工程实践活动的天然优势。

矿业工程学科是河南理工大学优势特色学科,地矿特色非常突出,工业界的校友企业非常多,为校企合作和"产教融合"提供了非常大的助力,企业积极参与采矿人才培养,高校教师通过现场挂职锻炼提高工程实践能力和理论水平,支持企业健康发展。图 5-18 所示为矿业工程学科教师在校友企业考察情况。

(2)矿业工程学科具备"产教融合"的区位优势

河南理工大学地处中原,省内外有大型煤炭基地、科研院所和智能化煤矿机械研发基地,该校矿业工程学科有得天独厚的区位优势。郑州煤矿机械集团股份有限公司(以下简称郑煤机)总部位于我国重要的交通枢纽城市、八大古都之一的郑州,是中国第一台液压支架的诞生地,承担着郑煤机上市公司的煤矿机械业务,在"成套化、智能化、国际化、社会化"方面有核心优势,其智能工作面仿真模型见图 5-19。矿业工程学科煤矿智能开采创新团队与郑煤机有深入合作,践行"中国制造 2025"和智能制造双方发展战略,推动双方在智能开采技术和智能装备研发方面紧密合作,产教融合迈上新高度。

图 5-18　矿业工程学科教师在校友企业交流考察

图 5-19　郑煤机智能工作面仿真模型

在"卓越计划"重点关注下,矿业工程学科通过"产教融合"在校友企业进行师资培养,工业界和校友企业克服接待学生实习能力限制,取消对学生赴企业实习的限制,为学生认识实习、生产实习、毕业实习及相关实训科目的有效性和安全性提供保障。

5.3.4　以"科教融合"促进前沿领域研究

20 世纪末,随着我国"科学技术是第一生产力"和"科教兴国"战略的相继提出,科教结合逐渐受到了广泛关注。2015 年 10 月,国务院颁布的《统筹推进世界一流大学和一流学科建设总体方案》强调,加快推进人才培养模式改革,推进科教协同育人,完善高水平科研支撑拔尖创新人才培养机制。2017年9月,中共中央办公厅、国务院办公厅颁布的《关于深化教育体制机制改革的意见》再次强调,深入推进协同育人,促进协同培养人才制度化。要深化科研体制改革,坚持以高水平的科研支撑高质量的人才培养。

(1)深刻认识"科教融合"的内涵

科教活动之间的结合称为"科教融合","科"即科学研究活动,如科学实验、学术研讨,"教"指教学育人活动,如课堂教学、实验室教学。通过对科教融合的理论进行系统研究,认为科教融合在中国是一种新的高等教育哲学,是高等教育理论研究的顶层设计,科教融合包括两个方面:一是强调教师要把科研与教学结合起来,要把最新的科研成果引入课堂教学;二是强调学生参与科研,要把科学研究作为与课堂教学同等重要的教学方式。

① 在高等教育思想的顶层,教育仍被视为以传授知识为主的活动,在主流思想中,"高等教育质量=人才培养质量=教学质量"的理念仍然起着主导作用,科学研究更多地定位在提高教师的科研能力和学术水平上,对人才培养的直接作用并不明显,科教分离的现状已经成为困扰我国高等学校创新人才培养的主要障碍。科教融合协同育人的理念和实践在经历了过去几十年的缓慢发展后,不仅迅速上升到了国家战略的高度,而且还到了重要的战略机遇期。面对国家战略部署,高等学校和科研院所作为人才培养和科学研究的主力军,应该责无旁贷地发挥各自优势、突破体制机制壁垒、实现科教融合协同育人的最终目的。

② 高等学校和科研院所之间的合作,称之为"科教结合"。科研院所与高等学校之间科研和教育资源共享、优势互补的协同育人模式是当代科教融合理念实践的重要途径,以中国科学院大学为例,厘清了科研和教育进行实质性结合的体制机制与系统关系,为我国科研院所和高等学校科教融合育人的创新与实践提供了有益借鉴。

③ 从微观层面看,科研和教学是人才培养的两种方式,只有将二者有机结合并适当平衡,才能充分发挥各自的作用,进而相互促进共同提高人才培养质量。一方面,科学研究能够促进教学,即教师可以直接将科研过程中获得的新观点、新思想、新方法转化为教学内容在课堂上传授给学生;教师从事科学研究活动能够使自己的知识、能力、素养等各方面得到提高,从而对学生产生间接的积极影响;学生在参与科学研究活动的过程中,其创新能力和创新精神能够得到培养。另一方面,教学能够促进科学研究实践,即知识的更新促使教师通过科学研究获取学科前沿理论和新的教学方法;教师通过教授课程,与学生交流互动而产生的思想和观念的碰撞,能够给科学研究带来灵感,激发科研思维和动力。

(2)"科教融合"的核心和关键

中国科学院大学丁仲礼院士提出"让创造知识的人传授知识",是希望让从事科学研究的人员承担起高等学校里人才培养的职责,这也是科教融合协同育人的核心所在。科研院所参与人才培养的科研队伍与高等学校的教师队伍共同构成了科教融合协同育人的师资队伍。这支师资队伍是科研院所和高等学校的关键连接点,不仅是发挥协同育人合力最重要的保障,还是协同育人模式是否有效、能否持续发展的关键所在。

① 发挥"科教融合"的集约优势。我国高等学校和科研院所相互结合,能够避免"各自为战、重复建设、资源浪费",形成集约优势,不仅有利于拓宽高等院校与科研院所的合作领域,还有利于搭建高等学校与科研院所深度合作的战略平台和沟通桥梁,培育跨学科、跨领域、跨系统的教学科研团队,实现强强联合、资源共享、推动人才培养水平和创新能力的提升。

② 科教融合已经成为"双一流"建设高校办学的核心理念,高水平科技创新平台和高层次人才培养相结合的科教并重是发展的必然选择,是科研与教学相辅相成的必然结果。

矿业工程学科大部分教师都以科学研究团队开展教学科研,也通过与科研院所合作取得高质量成果。通过合理地设计、开设研究型课题等获得高质量的研究成果,把优质的科研资源转化为教学资源,将前沿领域实验融入本科毕业论文设计、大学生研究训练计划项目、自主实验、各种创新型实验大赛等过程,有效激发学生的学习兴趣和热情,培养学生的创新思维和创新能力,树立终身学习的理念,为社会的发展提供创新型人才。

(3)"科教融合"的代表性案例

案例一:2018 年,与天地科技股份有限公司等研究机构合作,李化敏教授、李东印教授团队承担国家重点研发计划"深地资源勘查开采"重点专项"千万吨级特厚煤层智能化综放开采关键技术及示范"(2018YFC0604500)子课题"特厚煤层采放协调智能放煤工艺模型及方法"(2018YFC0604502),该子课题是整个项目实现智能化放煤成败的关键环节,其研究成果突破了特厚煤层采放协调智能放煤的瓶颈,课题研发的智能放煤决策软件在示范矿井的成功应用,推动了我国特厚煤层智能综放开采向少人、无人、安全、高效迈进了一大步。课题提出了特厚煤层智能化采放协调控制理论,研制了特厚煤层群组放煤物理模拟平台,研发了特厚煤层群组协同智能放煤工艺决策技术,构建了特厚煤层综放开采多源信息数据库,开发了特厚煤层采放协调智能放煤决策软件,研究成果成功应用于全球首个特厚煤层智能化综放工作面,年生产能力达到了 1 500 万 t。该科研成果在智能采矿的教学中作为课堂案例,特厚煤层采放协调智能放煤工艺模型及方法等关键技术,提升了学生科研素养和解决复杂问题能力。该项目研发的智能放煤工艺综合实践平台在教学中得到应用,见图 5-20。

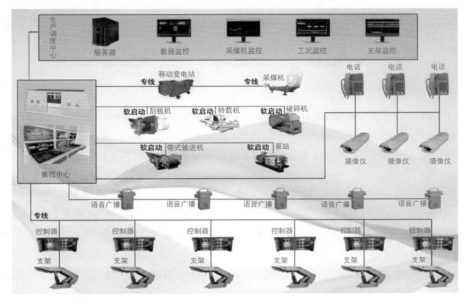

图 5-20 智能放煤工艺综合实践平台控制系统

案例二:学科教授承担的国家自然科学基金重点项目"中原矿粮复合区采煤沉陷规律及耕地损毁驱动机制"(Z22001)针对采煤引起耕地损毁机理与控制修复进行协同和系统性研

究。河南作为中原地区产煤和产粮大省,煤炭安全高效开采与耕地保护、粮食增产的矛盾较为突出。该项目研究如何修复因煤炭开采而损毁的耕地、保护矿区未损毁的耕地,同时稳定煤炭产能,并对采动覆岩结构失稳与含(隔)水层破坏传导机理、采动地表沉陷规律及土地损毁作用机理、矿区耕地损毁及农作物长势时空演变规律与源头减沉控损与耕地损毁高效协同修复技术等进行深入研究。该项目研究成果揭示了"覆岩破坏—地表沉陷—耕地损毁—作物响应"传导驱动机制,形成中原矿粮复合区源头减沉控损与耕地损毁高效协同修复的综合技术体系,作为"开采损害与环境保护"课程的典型案例,有利于学生掌握煤矿绿色开采知识,锻炼他们毕业后利用专业知识保障粮食安全工作的能力素质。项目对遥感深度随机决策森林模型构建与优化技术流程的现状研究,见图 5-21。

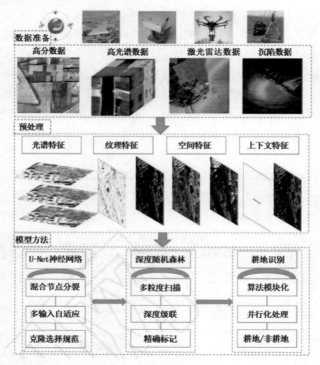

图 5-21　遥感深度随机决策森林模型构建与优化技术流程

案例三:学科老师通过采矿工程实践作品大赛引导学生进入科研团队,参与科研活动和科研课题,特别是创新训练项目中,以项目为驱动促进"学"与"习"。学生通过参与科研项目了解科学研究的前沿成果和动态,有助于拓展思路和自我学习,提高用科学方法发现问题、分析问题和解决问题的能力。

通过前沿领域实验活动的科教融合,老师真正实现研究型教学,学生实现探索式学习,师生共同提高。在此过程中,学生参与科研工作,不仅可以加深对知识点的综合理解,也培养了基础科研能力,同时,实现了创新能力的提升,为学生的全面发展提供了保障。近 11 届的全国高等学校采矿工程专业学生实践作品大赛中,河南理工大学学生与全国包括中国矿业大学、东北大学、中南大学、北京科技大学、重庆大学等 52 所矿业类高等院校的学生同台竞技,共获得一等奖 24 项,二等奖 46 项,三等奖 100 项,成绩喜人,获奖数量统计见图 5-22。

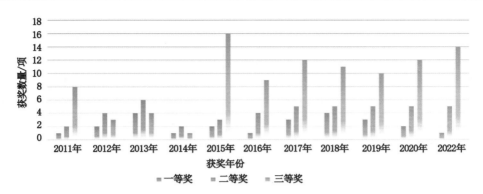

图 5-22　全国高等学校采矿工程专业学生实践作品大赛获奖数量统计

学科众多师生参加全国高等学校采矿工程专业学术年会部分学术活动,见图 5-23。

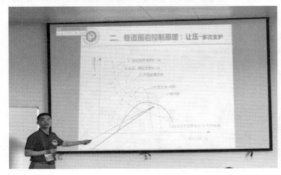

图 5-23　学科众多师生参加全国高等学校采矿工程专业学术年会部分学术活动

5.3.5　以"创教融合"驱动人才培养新机制

2019 年国务院发布了《国务院关于推动创新创业高质量发展打造"双创"升级版的意见》,体现了国家对"双创"工作的重视程度。"双创"教育的目的是通过高校的专业教育和系统培训,培养大学生的创新精神和创业意识,提高创新能力和创业能力,促进学生学以致用。随着中国创新创业大赛、"互联网+"大学生创新创业大赛等国家级、省级"双创"大赛的开展及赛事地位的提升,"双创"人才的培养更是受到政府、社会、各高校的充分重视。

（1）将创新创业教育融入新工程教育人才培养全过程

在创新驱动的新产业正在成为全球经济增长主要动力的今天,创新创业能力已经成为新工程教育人才最重要的能力之一。矿业工程相关专业通过设置2～4学分的创新创业学分,实现创新创业教育改革与人才培养的深度融合和与专业教育的有机结合。学校整合建立了创新创业学院,组建实验班并开设了创新创业辅修专业,通过跨院系联合导师制和跨学科培养,搭建了跨行业、跨领域、跨学科的创业孵化基地、创业实习基地、创客空间等创新创业平台,创新创业人才培养新机制建设不断深化。

（2）毕业设计真题真做,提升学生创新能力

学科老师指导学生毕业设计（论文）的研究方案,提升毕业设计（论文）质量。毕业设计（论文）是学生完成的一项创新型活动,是对学生综合能力的考察。通过科学研究团队指导学生解决科研中存在的问题,更好地培养学生解决实际问题的能力,同时激发学生的责任感、使命感,通过交流、合作和探讨,利用主观能动性解决问题。通过不断地分析和优化,提高学生的毕业设计（论文）质量和创新能力,树立终身学习的理念。

（3）加强第二课堂建设,设立"学生创新基金"

实施"大学生创新创业训练计划",推动全校科研资源和大型设备仪器向学生开放共享。设立"学生创新基金",制定适应学生创业需要的学籍管理制度以及激励优秀学生创业的激励政策,形成在学习中创新创业、在创新创业中学习的文化氛围。

（4）鼓励学生参加各类实验大赛、创新创业大赛,以赛促学、以赛促教

近年来,采矿工程专业学生积极参与科研团队的前沿领域实验,并借此参加各类相关的比赛,例如"创青春"中国青年创新创业大赛、国际"互联网＋"大学生创新创业大赛等。学生在参加比赛的过程中,充分调动了积极性和主动性,其创新能力和团队协作能力得到极大提高,有利于提高后期的毕业设计（论文）的质量。"互联网＋"大学生创新创业大赛活动现场见图5-24。

图5-24 "互联网＋"大学生创新创业大赛活动现场

能源科学与工程学院多次获得大学生科技创新工作先进单位称号,见图5-25。

以2020年为例,学校公布"互联网＋"大学生创新创业大赛成绩,其中全校共设一等奖10项,二等奖50项,三等奖100项。矿业工程学科推荐的17项参赛作品全部获奖,其中二等奖11项,三等奖6项,成绩喜人。

图 5-25　学院获得大学生科技创新工作先进单位称号

特别值得一提的是,2019 年 7 月 25 日,河南省教育厅公布了 2019 年河南省"互联网 ＋"大学生创新创业大赛暨第五届中国"互联网＋"大学生创新创业大赛河南赛区选拔赛(主赛道、"青年红色筑梦之旅"赛道)获奖名单,矿业工程学科老师获得主赛道一等奖 1 项,三等奖 3 项,贾后省和辛亚军老师获得优秀创新创业指导老师奖,见图 5-26。

图 5-26　学生在"互联网＋"大学生创新创业大赛中取得好成绩

5.3.6　以省部共建协同创新中心推动协同育人

"煤炭安全生产与清洁高效利用省部共建协同创新中心"(以下简称中心)在首批河南省协同创新中心"煤炭安全生产协同创新中心"的基础上,历经"项目协作—战略合作—协同创新"多年培育建设,于 2019 年 9 月经教育部认定为省部共建协同创新中心,由河南理工大学牵头,河南能源集团有限公司、中国平煤神马能源化工集团有限责任公司、郑州煤炭工业(集团)有限责任公司、郑州煤矿机械集团股份有限公司等单位共同建设。

(1)中心依托矿业工程、安全科学与工程等河南省重点学科进行建设

中心优化整合了矿业工程学科"深井瓦斯抽采与围岩控制技术国家地方联合工程实验

室"和"瓦斯地质与瓦斯治理省部共建国家重点实验室培育基地""炼焦煤资源开发及综合利用国家重点实验室"等 13 个国家、省部级科研平台,现有科研用房(场所)面积 36 320 ㎡,大型仪器设备 237 台(套),设备总值 3.44 亿元。

(2) 中心以创新体制机制,汇聚优秀创新人才,协同育人为目标

中心组织协同单位共同开展煤炭安全生产与清洁高效利用重大基础理论研究、技术与装备协同攻关。近年来,累计承担国家重大专项、国家重点研发计划、国家科技支撑计划、国家自然科学基金重点项目等国家级科研项目/课题 212 项,协同单位委托项目等 1 454 项,科研总经费达 8.27 亿元。中心取得了一系列标志性科研成果,累计获得国家科技进步二等奖 5 项,中国专利优秀奖 2 项,省部级科技进步一等奖 20 余项;授权发明专利 464 项;发表学术论文 600 余篇,其中 SCI、EI 收录 231 篇;出版学术专著 67 部,产学研成果均已渗透到教学和学生培养中。

产学研案例一:亿吨级双系老矿区科学开采关键技术研究及应用

① "亿吨级双系老矿区科学开采关键技术研究及应用"项目获 2021 年度中国煤炭工业协会科学技术奖特等奖。

② 背景和意义:大同矿区是全国著名的老矿区,是国家资源型经济转型综改试验区的"排头兵"。大同矿区双系(侏罗系、石炭系)可采煤层多达 26 层,经百余年开采形成了坚硬顶板多重采空区与煤柱叠加的复杂条件。在老矿区建设千万吨级矿井集群的亿吨级现代化矿区国内外尚无先例,需要攻克老矿区集约高效、高回收率、安全与绿色经济开采等一系列重大理论与关键技术难题。在国家系列项目的支持下,经过 10 余年的攻关和实践,形成了老矿区科学开采理论与技术体系(图 5-27),建成了大同亿吨级现代化矿区。

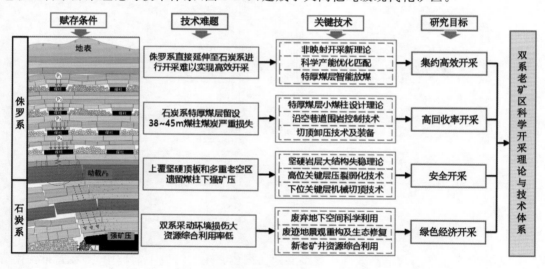

图 5-27　双系老矿区科学开采理论与技术体系

③ 主要创新成果:

a. 创新了老矿区集约化开采新模式,建成了千万吨级矿井集群高效开采的亿吨级现代化矿区。创新了双系煤层非映射集约高效开采新模式,开创了老矿区建设千万吨级矿井集群的新路径;创新了新老矿井双系煤炭资源统筹规划及科学产能优化匹配方法,实现了新老

矿井协同共生;提出了特厚煤层多放煤口群组协同放煤控制理论与技术,实现了特厚煤层的智能化高效开采。

b. 研发了 15～25 m 特厚煤层综放大空间开采小煤柱沿空掘巷成套技术,实现了千万吨级矿井特厚煤层高回收率开采。首次揭示了综放面端头滑移弱结构力学机制及应力分布时空演化规律,创新了沿空全煤塑性区巷道的双层连续稳定承载结构围岩控制技术,研发了沿空掘巷水力切顶卸压技术及装备。煤柱宽度由 38～45 m 减小到 3～6 m,回收率提高 18%,延长矿井服务年限 8～10 年。

产学研案例二:采动围岩压力拱与拱内铰接岩梁承载机制及控制技术

① "采动围岩压力拱与拱内铰接岩梁承载机制及控制技术"项目获 2020 年河南省科技进步一等奖。

② 背景和意义:薄基岩煤层开采,矿压强烈,地表塌陷严重,对安全开采和生态环境构成严重威胁。项目通过系统研究,提出了采场覆岩远场及近场压力拱理论,揭示了浅埋煤层开采强烈来压机理,发明了保水安全开采技术,应用效益显著。

③ 主要创新成果:

a. 创立了采场覆岩远场及近场压力拱理论,揭示了压力拱结构演化机制,为采场和巷道支护提供了理论基础;建立了浅埋煤层顶板结构理论,揭示了强烈来压机理,提出了支护阻力确定方法,解决了薄基岩顶板支护理论难题。

b. 建立了浅埋煤层保水开采岩层控制理论,发明了柔性条带充填保水开采方法,发展了浅埋煤层绿色开采技术。

c. 建立了软岩巷道极限平衡圈支护理论,揭示了巷道围岩压力拱演变机制,提出了偏态围压计算新方法,丰富了巷(隧)道支护理论与技术。

研究成果在多家煤矿应用,取得了良好的技术经济效益,产学研成果均已渗透到教学和学生培养中。

煤炭安全生产与清洁高效利用省部共建协同创新中心已成为煤炭领域科学研究的新高地和河南省煤炭行业沟通交流的重要平台,也是矿业工程学科进行产学研协同育人的聚宝盆,为服务河南经济社会发展和国家能源产业可持续发展提供了有力的人才与技术支撑。

5.4　小　　结

新时代,矿业工程学科深刻领会党中央"推动和实现高等教育内涵式发展"的要求,深入学习教育部新时代全国高等学校本科教育工作会议"以本为本"和"四个回归"精神,以国家级一流专业和一流课程建设为牵引,持续进行专业和课程建设,以"立德树人"为中心、"思政＋学科"两个引领、"工程教育专业认证＋新工科＋国家级一流专业"三个贯通、"理实、产教、科教、创教"四个融合进行教学改革和创新人才培养,构建"1234"双创人才产学研协同育人模式,努力实现"学生忙起来、教师强起来、制度硬起来、质量高起来"的教学改革目标,为服务河南经济社会发展和全国矿业和能源工业高质量发展作出了贡献。

6　教学质量保障体系建设

教学质量保障体系是矿业工程学科不断提升教学质量和内涵式建设的关键因素。本章紧紧围绕矿业工程学科教学质量保障体系建设核心问题,从教学质量监控与评价、教学保障条件与图书资料、领导联系师生与教学质量反馈、专业认证等方面阐述矿业工程学科教学质量保障体系建设。教学质量保障体系为矿业工程学科发展、双一流学科建设、低碳新能源智能化开采、创新型人才培养保驾护航。

6.1　教学质量监控与评价

教学质量是指教学水平的高低和教学效果的优劣,或者说是在一定时间内和一定的条件下,学生发展变化达到某一标准的程度。衡量标准是教学目标和各级各类学校教育目的的实现程度。本节紧紧围绕采矿工程专业教学质量内容,从目标定位、教学质量监控、教学质量评价三个方面阐述采矿工程专业教学质量保障体系的建设过程,为矿业工程学科教学质量监控与评价提供方法支持。

6.1.1　人才培养目标定位

人才培养目标是学校人才培养的总纲,是学校一段时期人才培养着力达成的目标要求和质量标准,在学校人才培养工作中起统领作用。根据学校的办学定位、办学特色和服务面向,按照"厚基础、宽口径、强能力、高素质"的人才培养思路,学校人才培养总目标定位为"培养具有社会责任感、健全人格,扎实基础、宽阔视野,创新精神和实践能力的德智体美劳全面发展的高素质人才"。

采矿工程专业结合专业特点、建设水平和服务面向将专业培养目标具体化,专业培养目标与学校办学定位及人才培养总目标相符合,与国家、社会及学生的要求与期望相符合。为深化对学校人才培养总目标的理解认识,做好采矿工程专业人才培养方案的修订工作,将人才培养目标细化落实到教育教学各环节,现对人才培养目标诠释如下:

"社会责任感、健全人格,扎实基础、宽阔视野,创新精神和实践能力"是"高素质人才"的细化和具体化。其中,"社会责任感、健全人格"主要体现在对学生的德育、体育、美育、劳育的培养要求,强调提升学生的思想政治素养和学生人格的正常和谐发展;"扎实基础、宽阔视野"主要体现在对学生智育和知识拓展的培养要求,强调培养学生扎实的专业知识和知识广度的拓展;"创新精神、实践能力"主要体现在对学生思维和解决复杂问题能力的培养要求,强调激发学生的创造潜能,培养学生的综合实践能力。这三个层次六个方面共同构成了"德智体美劳"一体化的培养目标系统,体现了素质、知识、能力培养的有机统一,是学校本科人才培养各项工作的着力点和落脚点,是"高素质人才"的基本要求。

(1) 社会责任感与健全人格

① 社会责任感主要基于"立德树人"的根本任务而提出,要引导学生培育和践行社会主

义核心价值观,坚定理想信念,陶冶道德情操,诚实守信,艰苦奋斗,敢于担当,自觉服务社会、奉献社会。一是要以社会主义核心价值观来统领学生社会责任感的培养与教育,引导学生形成符合中国特色社会主义伟大事业发展要求的社会责任感,树立对人类、生态、社会、国家、家庭、他人以及自己负责任的理念,形成正确的世界观、人生观和价值观;二是要培养学生树立正确的国家意识、公民意识、法治思维,使学生形成正确的权利义务观念,坚定为社会服务的信念,并在社会实践中履行相应的社会责任;三是要加强学生的学校核心价值理念和校史、校情教育,培养学生良好的道德情操和思想品质,增强学生爱校荣校的荣誉感和责任感,实现责任意识、责任情感、责任品格和责任实践的辩证统一。

② 健全人格主要基于学生"综合素质"培养要求而提出,要引导学生不仅锻造强健的体魄,还应当在心理和社会适应能力等方面保持健全与良好状态。一是要加强学生心理健康教育和体质健康锻炼以及审美能力培养,使他们正确认识和评价自己的行为是否符合社会道德准则,是否具有较强的社会环境适应能力、心理与行为协调管控的能力,从而保持健康身心与人格魅力;二是要培养学生具有客观理性的自我认知能力,引导学生科学、合理地做好学业和人生规划,促进学生全面、持续发展;三是要培养锻炼学生能够正确处理人际关系,具有良好的人际交往能力,积极参与和谐竞争与开展团队合作。

(2)扎实基础与宽阔视野

① 扎实基础主要基于学生"综合知识结构及专业能力"培养要求而提出,要引导学生培养专业兴趣,增强专业认知,掌握科学学习和研究方法,把握本专业知识的特殊规律和内在联系,打牢专业知识储备,同时聚焦专业素质和综合能力提升,积极开展专业拓展教育,构建合理的知识结构,提升学生胜任相关专业领域工作的能力。扎实基础包含通识教育和专业教育两方面的基本要求。通识教育是对大学生进行关于人的生活的各个领域的基本知识和基本技能的教育,奠定大学生深厚的人文底蕴和较宽的学科基础,培养学生的理性思维和批判性思维;专业教育要使学生获得与未来职业发展相关的专门的、系统的科学理论知识和较熟练的工程实践应用能力,并合理拓宽专业口径,培养大学生厚实的专业技能。

② 宽阔视野主要基于对人才"知识、能力、素质"协调发展培养要求而提出,要引导学生顺应时代和社会发展的需要,不仅学习本专业的知识,还能受到其他专业的熏陶;不仅要立足本国实际,还要能吸收一切世界文明的优秀成果。一是要培养学生跨学科、跨领域开展学习的能力,使学生具有厚重人文精神与科学意识、宽阔的知识结构,培养学生多视角、多角度思考和解决问题的能力,促进学生科学基础、实践能力、人文素质协调发展。二是要培养学生具有一定的国际视野以及国际交流的能力。

(3)创新精神与实践能力

① 创新精神主要基于学生"创新创业能力"培养要求而提出,要引导学生培养创新的意识和精神,善于提出新理念、新观点和新方法,凝塑创新基因;要引导学生学会独立思考、养成批判性思维,不墨守成规,敢破除壁垒;要将创新创业教育与学校学科特色和历史文化相结合,与社会创新体系和产业需求相接轨,为国家输送具有创新精神、创业意识和创造能力的优质人才。一方面,教师要及时更新教学观念和内容,改进教学方法和手段,将创新教育理念融入专业教育全过程,鼓励学生大胆质疑并勇于创新;同时学校要不断完善教学评价标准,加大学科竞赛支持力度,为学生提供利于创新创造的学习环境,着力培养学生的创新意识、创新思维和创新品质等。另一方面,要着重发挥学生学习的主体意识和独立能力,培养

学生学习的自觉性、好奇心、怀疑精神和创新欲望,积极满足学生个性化学习和发展需求,鼓励创新人才脱颖而出。

② 实践能力主要基于学生"综合应用能力"培养要求而提出,要引导学生培养把思想和理论转化为具体行动的能力,要不断优化实践教学体系,为学生投身实践创造条件、搭建平台,引导学生在社会实践中学真知、悟真谛,经受锻炼,增长才干,实现知识和行动的有机统一,真正做到学以致用、知行合一。一是要培养学生掌握学习方法和应用所学知识的能力,通过实践环节培养将所学知识转化为在实践中发现问题和解决复杂问题的能力;二是要培养学生实际操作技能和动手能力,能在实践中提出解决问题的方案并予以实施;三是要培养学生在实践过程中的创新能力,能够应用创新思维提出创新方法并予以应用。

采矿工程专业培养目标内容既包括知识目标,也包括育人目标、能力达成和素质养成目标,表述应明确、具体、可测,有效对接相应专业类教学质量国家标准、专业认证(评估)的相关要求以及学校人才培养总体目标定位,并能体现本专业的传统、优势和特色。同时,积极改革教学模式、教学内容、教学方法和手段,在课程体系结构优化、课程模块设置、实践教学环节等人才培养的各方面紧扣人才培养目标,确保课程体系设置以及人才培养的各环节对人才培养目标和人才培养规格的达成度。

6.1.2 教学质量监控

在专业建设中始终坚持把本科教学作为专业建设的中心工作,坚持将人才培养目标与国家的教育方针及人才培养战略相结合,坚持为煤炭行业和河南地方经济的快速发展,培养高素质的应用型人才。为了提高教学质量,促进学生毕业要求的达成,学科建立了三级教学质量监控机制,部门和人员构成清晰,职责明确,对专业定位、培养目标、课程体系、毕业生出口要求进行质量监控和定期评价,对课程教学大纲制定、课堂教学、实践教学、毕业设计、考试考核等所有教学环节都有明确的质量要求和监控制度。各类质量监控结果及时反馈到相关部门和人员,促进管理机制和教学培养的持续改进,从体制上保证了人才培养质量。

采矿工程专业教学管理是由学校、学院、系等有关部门和人员构成的从宏观到微观循环的三级管理机制。学校层面主要由校教学指导委员会、主管校长、教务处、校教学督导组构成,学院层面主要由院教学指导委员会、院长、教学副院长、院教学督导组、教科办、学工办、实验中心构成,系层面由系主任、教学课程组、教师组成。这种教学管理模式,以学生为主体,保证了校级教学管理工作的宏观调控职能,强化了学院的组织与管理职能,突出了采矿工程系在具体教学管理和执行中的主体职能,体现了学工办和采矿实验中心的辅助和保障作用,从而确保本专业各项教学管理规章制度的科学制定和高效执行。

(1)课堂教学检查督导制度

为贯彻落实《河南理工大学课堂教学规范》,进一步加强本科课堂教学管理与质量监控,保证优良教学秩序,提高课堂教学效果,决定在全校范围内开展课堂教学检查督导工作,为此,特制定课堂教学检查督导制度。

① 总体要求

a. 各学院认真组织学习、贯彻学校课堂教学规范,研究制定落实措施,实施课堂教学检查督导。

b. 实行学校、学院两级课堂教学检查督导,规范师生课堂教学行为,保证课堂教学秩序,营造优良教学氛围。

c. 每周对校、院两级课堂教学检查督导情况汇总整理,并对检查情况进行通报。

d. 对违反课堂教学规范的行为予以通报,督促改进;对学院检查督导工作中好的措施并有明显成效者,将给予通报表扬。

② 学校检查督导

a. 检查督导组及人员组成

由教务处全体工作人员和学生处、校团委部分工作人员组成检查督导组。

b. 检查督导任务

检查督导全校师生的课堂教学情况。重点是检查督导公共基础课教师的课堂教学、学生的上课秩序和课堂纪律等情况。

c. 检查督导次数

学校教学检查督导人员每周至少对 20 门次课程的课堂教学情况进行听课检查,其中 1/2 从学院检查过的课程中随机抽查。每周、每天的检查督导人员由教务处具体安排。

d. 检查督导方式

学校教学检查督导人员两人一组,在事先不通知任课教师和学生的情况下进课堂听课,每次听一小节(50 分钟),并及时填写检查督导情况记录表。对照课堂教学规范的相关要求,检查师生在授(听)课过程中遵守课堂教学规范情况。课后及时、主动与师生沟通交流,并提出改进的具体意见和建议。

e. 检查督导情况汇总

学校检查督导人员听课的当天将填写完整的检查督导记录表送交教务处质量科,由质量科负责汇总、统计和反馈。

③ 学院检查督导

a. 检查督导组及人员组成

由学院领导、院督导组成员、系(教研室)主任及教科办、学工办等工作人员组成检查督导组。

b. 检查督导任务

检查督导本学院教师所承担课程的课堂教学情况(包含职能部门教师、外聘教师承担的课程),重点检查本学院近几年新进教师和教学评价排名靠后教师的课堂教学、学生上课秩序和课堂纪律情况。

c. 检查督导次数

学院每周应至少对 10 门次课程的课堂教学情况进行听课检查。检查督导具体安排由学院自行制定。

d. 检查督导方式

检查督导人员在事先不通知任课教师和学生的情况下进课堂听课,每次听一小节(50 分钟),并及时填写检查督导情况记录表。对照课堂教学规范的相关要求,检查师生在授(听)课过程中遵守课堂教学规范情况。课后及时、主动与师生沟通交流,并提出改进的具体意见和建议。

e. 检查督导情况汇总和通报

学院教科办每周对本学院检查督导情况进行汇总和院内通报,并于每周五下午 6:00 前将本周学院检查督导情况汇总表的电子文档发送至教务处质量科邮箱。

④ 检查督导情况通报

学校采取"周情况通报＋月统计通报"的形式,通过办公自动化系统对课堂教学检查督导情况进行全校通报。

a. 教务处每周末对学校和各学院课堂教学检查督导情况进行汇总,并在每周一通过学校办公自动化系统对上周的检查督导情况进行周情况通报,每月初对上月检查督导情况进行月统计通报。

b. 学校鼓励各学院组织教师集体听课,相互观摩学习,采取切实有效的办法对学生的课堂纪律加强检查。凡有特色的办法、措施和效果,及时报教务处质量科,教务处将在"周情况通报"或"月统计通报"中对其进行宣传、表扬。

c. 各学院要重视课堂教学检查情况通报,针对存在的问题应及时分析、研究,采取措施,加强改进。

d. 学院领导班子成员参加课堂教学检查督导的听课次数,可计算到《河南理工大学校处级领导干部听课制度》所要求的听课次数中。

（2）校处级领导干部听课制度

① 听课领导

全体校级领导干部、学院及相关职能部门的处级干部。

② 听课要求

a. 听课范围为当学期开设的本科生课程,听课领导在事先不通知任课教师的情况下,采取随机听课方式深入课堂一线听课。

b. 领导干部每学期的听课次数原则上不少于 4 次,其中分管教学工作的副校长、教学副院长和教务处领导干部原则上不少于 8 次。

c. 听课领导每次听一小节（50 分钟）,并及时填写《河南理工大学校处级领导干部听课记录表》。

③ 听课记录表的收交与管理

a. 校领导听课记录表交由校办转交教务处,学院领导听课记录表交由学院教科办转交教务处,相关职能部门负责人听课记录表直接交教务处。

b. 教务处负责对记录表中反映的信息、意见和建议进行汇总整理、反馈落实和建档管理,并在每学期期中对没有听课的领导给予提醒。

④ 意见和建议的反馈落实

a. 涉及主讲教师的意见和建议,教务处负责反馈到教师本人,并促使其改进教学方法。

b. 涉及教学条件、环境和管理等方面的意见和建议,由教务处及相关部门改进落实。

c. 由教务处定期向听课领导回复收集到的意见建议改进落实情况。

各学院应进一步完善本学院系（室）负责人、教师相互听课制度,并认真落实;教务处对各学院听课情况进行监督检查。

（3）本科示范教学制度

示范教学是教师之间相互观摩教学过程和相互学习、取长补短、促进教学艺术与方法和质量不断提高的有效途径。为了充分发挥优秀教师的示范作用,带动和培养广大教师改进、提高教学方法、教学艺术,促进学校教学水平和人才培养质量的全面提高,在广泛征求意见的基础上,结合学科实际制定示范教学制度。

① 示范教学的形式

示范教学分为校、院(系)两级,其中校级示范教学活动由教务处组织,院(系)级示范教学活动由各院(系)组织。院(系)级示范教学是校级教学竞赛和校级示范教学的基础和前提。

② 示范教学的举办时间

示范教学活动每年春季举办。

③ 示范教学人员的遴选条件

校级示范教学的人选以院(系)为单位组织报名,教务处进行资格审查。校级示范教学的人选应同时具备以下条件。

a. 思想进步、师德高尚、教书育人、为人师表,近两年内未出现过教学事故和差错。

b. 近期校级"三大杯"教学竞赛一、二等奖获得者。

④ 示范教学的程序与规则

a. 被推荐参加校级示范教学人选的教师,向教务处提交示范教学所授课程的教案。

b. 教务处对示范教学人选进行资格审查,审查合格者在全校范围内公示。

c. 示范教学听课对象应以青年教师为主,各院(系)组织本单位近 5 年参加工作和 35 岁以下青年教师参加听课。

d. 示范教学结束后,由参加示范教学听课的青年教师填写评价表,经统计后得出定量评价结论。

e. 示范教学课一般按每人 50 分钟安排。

⑤ 示范教学的结果与使用

a. 根据示范教学定量评价表进行统计,计算每位示范教学教师的平均分。

b. 根据示范教学的评价结果,学校每年评出参加示范教学教师总人数的 1/3~1/2 为"示范教师",颁发证书和 5 000 元奖金,并可直接申请列入教研教改立项计划,资助项目经费 1 万元。

c. "示范教师"作为入选校级"特聘教授"、申报教学名师岗的重要条件。在一年内本科课堂教学工作量在原有基础上按 1.4 系数调整。

(4) 河南理工大学教学名师制度

实施教学名师制度,是河南理工大学建设高水平教师队伍的一项重要措施。为鼓励长期承担本、专科教学任务的高级职称教师在教育教学、科学研究、师德风范和人格魅力等方面不断加强自身修养,提高教育教学水平和人才培养质量,结合学校实际,特修订河南理工大学教学名师评选办法。

① 评选范围

承担本、专科教学任务的教授、副教授。

②评选基本条件

申报校级教学名师必须同时具备以下基本条件:

a. 模范遵守职业道德规范,为人师表,师德高尚;爱岗敬业,教书育人;严谨笃学,从严执教。

b. 一级教学名师必须具有教授专业技术职称,二级教学名师必须具有副教授及以上专业技术职称。

c. 至少有 5 年及以上从事教学工作的经历（在外学习、进修时间除外），且具有扎实的业务技能和良好的学术素养。

d. 近三年来每年至少承担 2 门次本、专科生课堂教学任务，且教学质量综合评价优良率在 50% 以上。

e. 近三年获得校级示范教师称号者或校级"三大杯"教学竞赛一、二等奖获得者。

③ 评选业绩条件

申报人员业绩的计算，限近三年（教学成果奖限近五年）以来的成果。业绩条件中必须是以河南理工大学名义发表的论文和完成的教研成果（对引进的高层次人才，若引进时符合业绩条件，首次申报可不受此限制），具体业绩计算按《河南理工大学校级教学名师评选指标体系》执行。其中，在《河南理工大学校级教学名师评选指标体系》中，"授课情况及教学水平"积分，一级教学名师应不少于 40 分，二级教学名师应不少于 30 分。

④ 评选名额

每年评选一次，且每次评选名额原则上不超过 6 人，其中一级教学名师原则上不超过 3 人。

⑤ 组织领导

为加强对教学名师评选工作的组织领导，学校成立教学名师工作领导小组，负责教学名师的评选及考核工作。领导小组下设办公室，办公室设在教务处，负责日常工作。

⑥ 评选方法和步骤

a. 符合条件的教师向所在院（系）提出申请，各院（系）按照评选条件进行初审，推荐上报人选。被推荐教师应填写《河南理工大学校级教学名师候选人推荐表》，并附有关成果、奖励证书等证明材料，报校教学名师工作领导小组办公室。

b. 教学名师工作领导小组办公室组织相关部门对推荐人选的基本情况和各种证明材料进行审核。

c. 本科"质量工程"项目推荐评审委员会进行评议，并提出初步人选。

d. 校党委会议研究确定最终人选并进行公示。

⑦ 待遇

根据学校人事分配制度，一级教学名师可申报教学科研系列八级岗，二级教学名师可申报教学科研系列七级岗。完成规定的岗位职责任务享受相应待遇。

⑧ 管理与考核

a. 教学名师岗任期为三年，在任期内不担任党政领导职务。

b. 教学名师由校教学名师工作领导小组进行考核。每年度将本人岗位职责完成情况总结材料报教学名师工作领导小组办公室。任期满后若考核合格，可继续申报教学名师岗。

6.1.3 教学质量评价

(1)《河南理工大学本科教学质量评价办法（试行）》

为了进一步完善本科教学质量评价方法，促进广大教师提升教育教学质量，根据《河南理工大学教师本科课堂教学质量评价办法（修订）》（校教〔2016〕4 号）精神，特制定本办法。

① 评价对象

当学期承担本科课堂教学任务的学院全体教师。

② 评价办法

教师评价成绩＝授课学生的网评成绩×40％＋教研室评价成绩×50％＋学院督导组及学院领导评价成绩×10％。

a. 授课学生的网评成绩：由学校统一组织学生评教，且学生评价成绩＝（学生评教得分总和－前5％得分之和－后5％得分之和）/（90％评教学生数）。

b. 教研室评价成绩：由教研室从师德师风、教学态度、督导（听课）评价、教学方式方法手段改革、考试考核方式改革、教学研究成果、质量工程建设、本科教学其他贡献等多方面制定评价办法。为保证各教研室之间成绩的可比性，依据各教研室平均成绩进行差异系数调整。

c. 学院督导组及学院领导评价成绩：以学院聘任的督导专家（老师）及学院领导的督导结果为准。

③ 突出贡献奖励

符合以下条件之一者，当学期教学质量可直接认定为优秀（占学院总指标）：

a. 学校"三大杯"教学竞赛获奖者或示范教师获得者。

b. 学院教学竞赛、说课比赛、微课比赛等一等奖获得者，或市厅级及以上教学技能比赛（教师亲自参加）获三等奖及以上者。

c. 获省级及以上质量工程项目（排名前三）者。

d. 获省级及以上教学成果奖（排名前三）者。

e. 学生评教成绩位居学院前三名者。

f. 指导的毕业设计全部通过，且至少2人获得校级优秀者。

g. 发表中文核心及以上高水平教研论文2篇及以上者。

h. 在本科教学和专业建设方面作出突出贡献者。

④ 要求及说明

a. 辅导员认真组织学生进行网上评教，严格执行《本科教学质量评价与"学生最喜爱的教师"评选管理办法》（院文〔2015〕22号）。

b. 各教研室务必及时制定本科教学质量评价办法，并认真落实。

c. 学院督导组专家及学院领导务必认真履行督导职责，客观、公正对教师教学效果给予评价。

d. 对于不愿参与评价的教研室，需写出书面说明，同时，该教研室所有教师的本科教学质量评价成绩＝授课学生的网评成绩×80％＋学院督导组及学院领导评价成绩×20％。辅导员授课参照本条执行。

e. 评价结果分"优秀、良好、中等、合格"四个等级，比例分别为20％、30％、40％、10％。其中，学生网上评价成绩在学院排名后5％的教师原则上不得评为或直接认定为"优秀"等级。

f. 根据《河南理工大学教学工作量计算办法》对获得优秀和良好评价等级的教师进行教学工作量奖励。

g. 学期内出现教学事故或教学差错者，按学校文件执行。

h. 本办法从2016—2017学年第1学期开始执行，学院教研办负责解释。

（2）本科课堂教学质量评价机制

课堂教学是人才培养的主渠道、主阵地和主战场，为了进一步完善本科课堂教学质量评价体系，促进广大教师深化课堂教学改革、提升教育教学质量，结合学校本科课堂教师教学评价的实施情况，制定本科课堂教学质量评价机制。

① 评价原则

a. 坚持"以评促教、以评促学、以评促改、教学相长"的原则，引导教师不断进行教学内容、教学方法和教学手段改革，提升教学能力。

b. 坚持"学生为中心"的原则，综合教师的教学态度、教学效果、育人成效、师生意见等方面进行综合评价，客观反映教师的教学水平。

c. 坚持"科学、合理、简便"的原则，建立符合教学规律和现代教学理念的评价体系，评价办法清晰明确、便于操作，并根据教学发展实际适时调整。

d. 坚持"学院为主、学校为辅"的原则，教务处负责全校本科课堂教学评价的统筹组织工作，各学院负责本科课堂教师教学质量的综合评价。

② 评价对象

当学期承担学校本科课堂教学任务的全体教师。

③ 评价方式

教师课堂教学质量综合评价采用学生评价和综合评价相结合、教务处统筹和学院具体负责相结合的方式。教务处负责学生评价总体安排、学生网上评价系统维护、计算终结性评价成绩、审核评价结果并发布；各学院负责组织本学院学生开展网上评价、综合评价的评定。

a. 学生评价。学生网上评价包括日常性评价和终结性评价，其中日常性评价是指学生可以在课程教学期间对任课教师不限时不限次进行评价，终结性评价是指在每学期的第 17 周左右组织全体学生参与对所有任课教师的教学效果进行定量和定性评价。

学生终结性评价成绩由教务处根据学生终结性定量评价结果进行计算。学生终结性评价成绩作为各学院教师课堂教学评价主要依据，其占比不得低于 60％。

学生终结性评价成绩＝（学生终结性评价得分之和－考试不及格或重修学生的评价分之和）/（参与评价的学生总人数－考试不及格或重修学生人数）。

b. 综合评价。由各学院负责实施，各学院应制定本学院本科课堂教师教学评价实施办法，办法中应明确教师综合评价成绩的计算办法及评价等级确定方法。主要从师德师风、院级督导评价、同行评价、教学事故与差错，以及教务处反馈给学院日常性评价结果、终结性评价结果、校级督导评价情况和学生信息员反馈情况等方面，对任课教师的教学情况进行综合评价。

c. 评价结果审核及发布。教务处负责审核学院提交的评价结果，并负责向全校发布，发布信息包含学生终结性评价成绩、学生评价成绩学院内排名、综合评价等级、学生评语等。

④ 评价结果

评价结果分为"优秀、良好、中等、合格"四个等级，确定原则如下：

a. 教学学院教师由所在学院根据本学院的本科课堂教师教学评价实施办法确定评价等级，其中"优秀、良好、中等、合格"的比例分别为 20％、30％、40％、10％。其中，学生终结性评价排名在本学院后 5％的教师原则上不得评为"优秀"或"良好"等级。

b. 职能部门（教学学院之外的其他各单位）教师由教务处根据学生终结性评价排名并

结合学生日常性评价、教学检查、教学督导情况等确定评价等级,其中"优秀、良好、中等、合格"的比例分别为 18%、28%、42% 和 12%。

c. 教师若连续三个学期均承担本科课堂教学任务,且教学评价等级均为优秀,同时学生终结性评价排名每次都在学院前 20%、职能部门前 18%,则第三次优秀不占本单位优秀名额;教师若连续四个学期均承担本科课堂教学任务,且教学评价等级均为良好,同时学生终结性评价排名每次都在学院 20%~50%、职能部门 18%~46% 之间,则第四次良好按优秀等级认定,不占本单位优秀名额。由本条款增加的优秀名额,从中等名额中扣减,即良好和合格名额不变。

⑤ 其他说明

a. 单独开设的重修班和中国大学慕课等网课原则上不参与评价,若任课教师自愿参与评价的,需在评价学期期末前向学院申请(职能部门教师直接向教务处申请),由学院汇总后报教务处备案。

b. 各教学学院根据本办法制(修)订本学院的本科课堂教师教学评价实施办法,报教务处备案,并负责解释。

（3）社会评价机制

毕业生的社会认可度和口碑是衡量学校专业办学水平的重要参考依据。而制定可持续的、科学的社会评价机制能够促进专业培养目标和毕业要求的达成,形成"评价—改进—再评价"的闭环持续改进模式。

采矿工程专业高度重视社会各界对毕业生的质量评价,形成了行之有效的社会评价机制,用于改进和提高办学层次和办学水平,促进课程体系和师资队伍建设以及教学目标和毕业要求的达成。专业办学质量评价在参考专业机构评估结果的基础上,采用专业机构评价、用人单位评价、高校和科研院所评价、企业兼职人员评价、教学指导委员会评价等方法形成了社会各界共同参与的综合评价机制。

① 专业机构评价

武汉大学中国科学评价研究中心（Research Center for Chinese Science Evaluation, RCCSE）、中国教育质量评价中心联合中国科教评价网（www.nseac.com）发布的《中国大学及学科专业评价报告》是显示各院校各专业办学水平的重要参考,国内广为认可。在历届评价报告中,河南理工大学采矿工程专业的综合实力均得到了较高的评价,且办学层次和办学水平稳步提升。

2016 年,由中国统计出版社发行、武书连教授编著的《挑大学选专业》一书中,河南理工大学综合实力排名第 151 位,其中人才培养排名第 146 位。在该书中,河南理工大学矿业类采矿工程专业排名取得突破,首次进入全国 A 类专业行列,在 51 个开设采矿工程专业的高校中排名第 4,成为我校第四个进入全国 A 类的专业。

② 用人单位评价

采矿工程专业重视毕业生用人单位的质量评价和信息反馈。每年由教学副院长或系主任带队到部分企业进行走访,对企业管理人员个别约访、集体座谈或采用问卷方式获取企业对学生的知识基础、就业能力、精神面貌、工作状态、创新思维、发展潜力等方面的评价信息,听取他们对进一步完善内容和改进教学质量的建议。

另外,充分利用每年用人单位到学校招聘毕业生的机会,加强与用人单位的接触和联系,通过召开座谈会,认真听取他们的意见和建议,了解企业对学生知识结构、实践能力、创新素质、思想品质等方面的需求以及企业对往年已招聘毕业生的评价。

从调查走访的结果来看,大多数企业认为,河南理工大学采矿工程专业总体培养质量较高,毕业生理论基础扎实,业务素质和政治素质高,具有敬业精神和较强的组织协调能力,有较强适应不同工作环境的能力和工程实践、管理能力,能够脚踏实地从事本职工作,职业发展潜力大、后劲足。从采矿工程专业近3年学生规模看,保持6～8个自然班,体现出考生、行业和社会对我校采矿工程专业的认可。

③ 高校和科研院所评价

培养宽口径、厚基础、专业基础扎实的优秀毕业生是河南理工大学采矿工程专业培养人才的一贯宗旨。近3年来,平均28%以上毕业生考入中国矿业大学、中国矿业大学(北京)、煤炭科学研究总院、中南大学、东北大学、重庆大学和北京科技大学等知名研究机构和高校攻读硕士学位。

学校不定期组织研究生院、教务处、学院等部门的有关负责人员或委派本校导师走访研究生培养单位,或邀请外单位知名专家教授来校访谈,采用调研或学术交流方式获取研究生培养单位对采矿工程专业毕业生的评价。

研究生培养单位对采矿工程专业学生的总体评价较高,认为河南理工大学采矿工程专业毕业生不仅理论基础扎实、知识面宽,而且有一定独立思考与创新研究能力,有较强的自我知识更新能力,有很强的实际动手和独立完成本专业工作的能力。

④ 企业兼职人员评价

企业兼职人员定期参与的社会评价机制能够促进培养目标的达成,对于优化在校学生的培养质量和课程体系的设置,持续改进毕业要求和毕业生职业发展规划具有重要的导向作用。采矿工程专业聘请了有丰富实践经验的企业技术人员和管理人员作为兼职教师,参与部分教学内容审定和教学质量的评价,同时邀请他们每年进行一次工程实践的专题讲座、毕业设计指导和完成部分实践教学任务。

⑤ 学校的专业综合评价

为了全面提高教学水平,使所培养的人才质量能够持续满足经济社会发展需求,学院成立了由院长、教学副院长、企业专家和学院专家组成的本科教学指导委员会,目的是科学合理地评价教学质量,及时掌握和本科教学相关的第一手资料。

多年来,上述各种评价手段互为补充,共同参与,形成了采矿工程专业多方参与、定期与不定期相结合的社会评价机制,使得采矿工程专业在培养方案制定、本科教学、学生管理、毕业要求等方面得到了持续的优化和提高。各方评价均表明采矿工程专业培养的毕业生理论基础扎实,专业知识系统,能够胜任与岗位相关的技术和管理工作,且富有创新精神,具有很强的团队协作意识和实践能力,已在各自的职业道路上取得了一定的成绩。

(4) 毕业要求达成度评价方法

经能源科学与工程学院教学指导委员会、专业教师、学院教科办和采矿工程专业负责人等对工程教育认证毕业要求部分的共同学习和讨论,制定了以课程考核成绩分析法为主、问卷调查法为辅的毕业要求达成度评价方法。

① 课程考核成绩分析法

学院教学指导委员会指定采矿工程系主任将各项毕业要求细分为若干指标点,确定支撑每个指标点的 4 门左右课程,根据支撑强度设置权重值(达成度评价目标值),根据毕业要求指标点在不同课程中的平均得分,统计得出各项毕业要求的达成度评价结果,最终根据标准判断每项毕业要求是否达成。

课程考核成绩分析法实施步骤如下。

a. 数据来源:课程考核总评成绩,以教务处系统为准。

b. 数据合理性确认:试卷与课程大纲和考试考核方法相匹配,保证考试试卷的信度和效度,保证成绩数据的合理性。

c. 评价过程:支撑指标点的课程赋权重值;确认评价依据的合理性;课程达成度评价;毕业要求达成度评价。

② 问卷调查法

问卷调查的主要内容是获取受访者对毕业要求达成情况的主观意见,一般包括两项:一是受访者对毕业要求各项能力重要性的认可度;二是毕业生在这些能力上的表现和达成情况。问卷调查的对象包括用人单位、毕业生,调查覆盖面广、代表性强,调查内容设计合理,数据真实可靠。最终以用人单位、往届毕业生和应届毕业生对毕业要求各项能力重要性的认可度、毕业生表现和毕业生自评的满意度来评价各项毕业要求的达成情况。

问卷调查法实施步骤如下。

a. 数据来源:问卷调查。

b. 数据合理性确认:回收问卷与调查内容匹配,所有数据都与调查主题相关,通过数据收集和分析能够反映用人单位、毕业生被调查对象的真实反馈。

c. 评价规则与过程:制定调查问卷;确定调查对象;发收调查问卷;毕业要求达成度评价。

(5)课堂教学质量奖实施办法

为贯彻落实《教育部关于加快建设高水平本科教育 全面提高人才培养能力的意见》(教高〔2018〕2 号),充分调动广大优秀教师在本科教学工作方面的积极性,潜心钻研教学,推进教学改革,发挥优秀教师的示范带动作用,促进本科教学水平和质量的持续提高,经学校研究,特制定本办法。

① 奖励条件

a. 对党的教育事业忠诚,道德情操高尚,坚持立德树人,把思想政治教育贯穿于教育教学全过程。

b. 治学严谨,教学规范并严格要求学生,引导学生树立正确的思想方法,培养学生勤奋进取、务实严谨的优良学风。

c. 重视课堂教学改革创新,积极改进课程教学内容,注重教学内容的基础性、研究性和前沿性,能及时把学科最新发展成果和教研教改成果引入教学。注重混合式学习、探究式学习、研究式学习等教学方式方法在课堂教学中的运用,加强学生思维能力和创新能力的培养。

d. 完成《河南理工大学人事管理及薪酬分配制度改革方案》(校党文〔2019〕7 号)中对应岗位的岗位职责规定的年度教学任务(含教学当量学时和人才培养任务)。

e. 年度本科课堂教学质量评价至少获一次"优秀"等级且没有"不合格"等级。

② 奖励标准

本科课堂教学质量奖每年奖励一次,根据当年本科课堂教学质量评价获得"优秀"和"良好"等级的次数确定。具体奖励标准如下:两次优秀奖励2 000元,一次优秀一次良好奖励1 500元,一次优秀奖励1 000元。其中,教学型教师岗位的奖励在此基础上上浮25%。

(6)人才培养质量国际化考评方法

采矿工程专业依托矿业工程学科下属多个国际化培养平台,确立了学生自评、导师审评、同行评议、实践检评的多元国际化考评模式。其中学生自评设立了其自身独立发现问题、独立建立模型、独立提出方案、独立解决问题的4项生存能力,导师审评确立了研究生参与科研项目、参与学术研讨、参与学术会议、主持学术成果的4项学术活动,同行评议涵盖了研究生学位论文质量、毕业答辩效果、学术成果水平、课程结课成绩的4项学研成果,实践检评容纳了研究生的暑期实践成绩、作品大赛成绩、社团活动成绩、生产实践成绩的4项成果转化,为矿业工程研究生国际化培养提供了考评方法。

在多元国际化考评模式的引领下,矿业工程学科研究生着眼于国际舞台,他们参与发表的SCI高水平学术论文逐年递增,目前年均发表SCI论文可达50余篇,自主创新成果先后以学术报告的形式在国际会议上呈现13人次,显著提升了研究生国际化培养进程,为研究生国际化交流提供了实践基地,研究生国际化培养质量受到业内专家的关注。

研究生成果奖励激励方法涉及精神食粮、物质食粮、思想引领等三个层级,有效提升了研究生追求卓越成果的信心和勇气,促使研究生从导师灌输式被动学习转变为独立思考式主动学习模式。精神食粮包括院级、校级、厅级、市级、省级、国家级的荣誉表彰以及独立解决科研问题、发表学术论文、授权发明专利、获批软件著作权、获得竞赛奖励的满足感和自豪感。物质食粮涉及院级、校级、企业、厅级、市级、省级、国家级的各类奖助学金以及参与导师科研的助研补贴等。思想引领涉及研究生入学条件的宣传、研究生毕业就业环境的介绍、研究生综合处理问题能力的展现以及成果国际化的重要性。

6.2 教学保障条件与图书资料

本节紧紧围绕教学保障条件与图书资料相关内容,从教学保障机制、教学保障环境、馆藏图书资料等三个方面阐述河南理工大学矿业工程学科的教学保障条件与图书资料,具体涉及理论教学管理机制、实验教学管理机制、实践教学管理机制、教学管理队伍支持、学校职能部门服务支持、学校硬件条件支持、图书馆丰富图书资料、Syd S. Peng院士赠书等内容。教学保障条件与图书资料为矿业工程学科教学质量提供了环境支撑。

6.2.1 教学保障机制

(1)理论教学管理机制

学校实行校、院、系三级教学管理体系,制定有多个教学管理文件以规范日常教学管理;学校各部门本着一切为了学生的服务宗旨,职能责任明确,通力合作,构建了完善的教学服务体系,有力支撑了采矿工程专业毕业要求的达成。

矿业工程学科成立了由校教务处、学院教学与科研办公室、采矿工程系和任课教师所组成的本科教学管理体系,相关本科教学管理制度健全,执行严格,教学质量监控体系科学、完善,运行有效,成效显著。各部门职责明确,制定了一系列规范教学管理的措施,涵盖人才培养、教学运行、教学改革与研究以及专业建设等各个方面。

① 人才培养方案制定与教学计划管理

以培养"知识、能力、素质"协调发展的人才为目标驱动,以社会发展需求为导向,通过定期修订采矿工程专业的人才培养方案不断提高人才培养质量。人才培养方案制定过程中,成立以院长、党委书记为组长的人才培养方案制(修)订工作领导小组,在任课教师充分讨论和广泛调研的基础上,形成采矿工程专业新的人才培养方案。人才培养方案中的相应课程设置涵盖数学、自然科学、工程基础和专业知识,其广度和深度能满足采矿工程专业学生解决复杂工程问题的需要。

学校教务处负责编制校历、教学执行计划、课程总表和公共基础课教学规程,负责教学运行中的检查、督导和教室调度工作,确保各类教学活动按照教学执行计划有序开展;同时指导学院专业课程、实践教学环节的教学检查和督导工作。

② 教学运行管理

教学运行管理是学校组织实施教学计划的重要管理手段,同时也是提高学生培养质量的重要保障。为此,学校制定了一系列教学运行管理制度,以加强课堂教学管理,规范课堂教学行为,确保优良教学秩序,提高课堂教学质量。

实施专业首席指导教师制度,充分发挥教师在学生成长、成才过程中的引路人作用,努力构建和谐互爱、相互促进的新型师生关系和教书育人平台,切实为学生提供专业发展、人生方向等方面的引导,努力把学生培养成为人生目标明确、适应社会需要的高级专门人才。

为确保采矿工程专业的本科教学质量,学校聘任有相应学识水平、有责任心、有教学经验的教师担任采矿工程专业主干课程的主讲教师,并组织任课教师认真研究教学大纲,组织编写或选用与大纲相适应的教材和教学参考资料。学校要求教师认真履行《教师岗位职责》,按要求认真备课,认真撰写教案,按照课堂教学规律讲好每一节课。同时,为保障教学秩序,严格教学纪律,提高教学质量,学校制定了《教学事故与差错认定处理办法》,以防止各类教学事故或差错发生,并在出现事故或差错时予以及时、严肃、妥善的处理。对于教学计划中的每门课程,严格按照学校制定的课程考试条例进行客观、公正的考核。

教务处每学期固定开展期中教学检查活动,对理论课教学、实验课教学以及各学院的教学管理归档情况进行检查,并将发现的问题及时反馈,以规范教学过程并提高教育教学质量。

学校积极组织采矿工程专业学生参加公共基础课学习竞赛、计算机应用技能公开赛以及课外学习竞赛等活动,进一步激发学生学习高等数学和计算机的兴趣和热情,使学生能够使用现代工具对复杂工程问题进行分析和模拟。同时,学校制定了《优秀应届本科毕业生免试攻读研究生工作管理办法》,增强本科生自主学习和终身学习的意识,鼓励学生通过进一步的深造学习来提高分析和解决复杂工程问题的能力。

③ 教学质量管理与评价

为了加强采矿工程专业本科课堂教学管理与质量监控,保证优良教学秩序,提高课堂教学效果,学校成立了教学督导组,对教师的日常教学行为进行督导。通过不定期随堂听课,发现任课教师在课堂教学中存在的问题,并提出改进建议。同时,开展学生网上评教,在"客观、公正、公开"的原则下,由学生根据教师上课情况对任课教师进行教学质量评价,并把教学评价作为提高教学质量的重要手段。

本着"以评促教、以评促学、以评促改、教学相长"的目的,学校制定了《河南理工大学教师教学质量评价办法》。该评价办法是引导教师更新教育观念、强化教书育人责任、改进教学方法、提高教学质量的重要途径,也是进一步营造尊师重教氛围、优劳优酬的重要依据。

为了进一步提高教师的教学质量,采矿工程系任课教师积极参加学校组织的"三大杯"教学竞赛,通过同行观摩和交流,切实提高教师的教学水平。在此基础上,学院选派教学竞赛中的优秀教师参加学校的示范教学活动,并在年终评优和职称晋升等方面给予优先考虑,以鼓励长期承担采矿工程专业本科教学任务的教师积极投入本科教学工作,并在教育教学、师德风范和人格魅力等方面不断加强自身修养,切实提高教育教学水平和人才培养质量。

④ 实践及创新能力培养的相关措施

为进一步提高采矿工程专业学生的实践和创新能力,学校积极推进校企联合的实践教学模式,为学生配备校内专业导师和校外专家导师共同进行指导,并在教学内容、形式和模式等方面进行改革,以期全面提高学生解决复杂工程问题的实际动手能力,培养具有社会责任感,且能够在工程实践中遵守工程职业道德和规范的实践型技术人才。

按照"兴趣驱动、自主实践、重在过程"的原则,学校鼓励学生参加大学生创新创业训练计划,并积极组织学生参加国际数学建模大赛、"挑战杯"中国大学生创业计划竞赛、大学生物联网创新创业大赛等重要赛事。通过多层次、全方位鼓励大学生开展创新和创业实践活动,培养大学生创新意识和创业精神,使其能够在多学科背景下的团队中承担个体、团队成员以及负责人等各种角色。

学校充分利用现有实验教学资源,鼓励学生参加开放实验,并为之提供充分的软硬件保障和教师支持,以激发广大学生的学习兴趣,提高学生综合素质和创新能力,使其能够通过设计实验、分析与解释数据以及信息综合得到合理有效的结论。

为进一步加强中外合作办学,充分调动学生出国留学的积极性和主动性,培养一批具有国际视野、通晓国际规则、能够在跨文化背景下进行沟通和交流的国际化人才,学校制定《资助中外合作办学项目学生出国交流暂行办法》,以鼓励学生出国留学,并对参加国际英语认证考试的学生给予相应资助。

⑤ 教学队伍管理

为切实提高青年教师的教学和科研水平,学校制定了《河南理工大学青年教师职业发展规划实施办法》,开展青年教师职业发展规划,为每一位进校不满三年或新进的中级及以下职称的青年教师配备一名有丰富教学经验的高级职称教师作为指导教师,帮助其快速提高教学质量。同时,在保证学校教学、科研工作正常开展的前提下,有计划、有步骤地安排中青年教师到国内或者国外高校进行培训学习。学校制定《河南理工大学青年骨干教师资助计划实施办法》,不断优化教师队伍结构,积极推进"人才强校"工程,加快中青年教师的培养步伐,切实提高教师队伍的整体素质。

⑥ 教学研究与教学改革管理

学校认真制定详细合理并切实可行的系(教研室)工作计划,通过开展教研活动,深入了解教学情况,合理安排教学任务,大力加强教学建设;积极进行教学改革与研讨,切实促进教师教育观念的转变、教学能力和专业素质的提高,不断提升教研水平和育人质量。教研活动采取业务学习、专题研讨、座谈交流、集体备课、专项检查、试讲听课、教学观摩、调研考察等多种方式进行,以切实增强教研活动实效。

学校在构建和完善本科教学体系的基础上,不断强化质量意识,积极组织采矿工程系任课教师进行教学和教研改革项目申报;制定《河南理工大学教育教学改革研究项目管理办法》,鼓励教师开展教学和教改研究,不断提高教学质量。目前,已经建设完成或者在建有多项质量工程项目,有力保证了教学质量的稳步提升。

在不断加强师资队伍建设、优化教学资源、夯实学生基本能力的基础上,学科逐步扩展采矿工程专业双语教学课程范围,持续增强学生专业知识学习和外语交流能力。

⑦ 专业建设管理

学校制定了《河南理工大学本科专业建设管理办法》,以保证各专业的持续发展。学校负责审议专业设置、人才培养方案及专业建设相关标准、制度、政策体系;专业年度考核;国家、省级特色专业和专业综合改革试点项目的推荐评审;等等。

学校每年依据专业建设任务完成情况进行年度考核,考核结果作为学院年度目标与绩效考核本科教学中"教学建设与改革"的考核依据。

(2)实验教学管理机制

采矿工程实验室采用专、兼职教师混合编制和"集中教学与开放教学相结合"模式,管理规范。实验课程教学实行主讲教师负责制,实验设备实行主带教师负责制。

各专业实验室设备管理由专人负责,仪器出库时,由负责该仪器准备的实验教师进行检校,合格后方可进入仪器准备室。仪器设备领用须登记,并填写"仪器设备使用记录"。仪器使用前,教师应讲解仪器操作方法,注意事项。实验时要严格遵守仪器设备操作规程,服从指导教师和实验技术人员的指导,发现问题及时报告。实验结束后,仪器设备回收时,教师和学生应认真检查,出现问题明确责任,填写《实验记录表》。

为提高管理水平,学校出台了一系列管理制度,引导实验室人员树立正确的业绩观。依据《实验室管理员岗位职责》,学院以工作量、实践教学质量、仪器设备管理和安全卫生等为主要内容,对实验室人员进行考核。

为保证实验教学质量,学院为采矿工程专业课内实验课程编制了详细的实验教学大纲和实验指导书等规范材料。

为保证实验仪器设备的正常使用,实验室采用定期和日常维护制度。实验教师熟悉实验室有关仪器设备的基本性能、结构和工作原理,做好经常性的维修、保养工作,保证实验仪器设备的正常使用,实验过程中出现问题及时解决,不能解决的送仪器设备维修公司维修。

加强学生实验安全教育和实践,确保实验工作正常开展,课堂实验前教师带领学生学习安全制度,并在集中实习动员会上安排专门安全教育环节。安全学习包括安全工作实践、实验室规范、个人安全和防护设备、仪器设备安全和紧急情况疏散等内容。

(3)实践教学管理机制

实习一般依托具有良好校企关系的实习基地进行,采矿工程专业已在河南省平顶山、鹤壁、永城、郑州、焦作以及山西晋城和运城等地建设了多个实习基地,实习基地的建设为提高学生综合素质、培养学生创新精神与实践能力搭建了广阔的平台。

为保证学生在校外实习的效果和质量,学院十分注重实习过程管理,具体措施包括:施行双导师制,即企业和学院分别指定一名导师进行实习指导,要求校内导师经常与企业导师沟通,了解学生实习情况;指导教师与学生定期召开座谈会,要求学生及时汇报实习过程中遇到的问题;学院派教师到企业实地考察学生的实习情况。

校外实践基地需要满足《采矿工程专业补充标准》对实践基地的要求：实践基地以校外矿山企业为主，能够满足全体学生进行认识实习、生产实习及毕业实习等实践环节的教学要求。

6.2.2 教学保障环境

学校教务处、人事处、科技处、国有资产管理处、发展规划与学科建设处、财务处、现代教育中心、后勤处、图书馆、学生处、基建处、校医院等相关职能部门组成本科教学服务体系，各部门分工明确，各司其职，各尽其责，通力合作，加强协调，确保采矿工程专业教学的顺利进行，并通过教学过程管理和服务以及毕业生跟踪，为采矿工程专业毕业要求的达成提供了有力支撑。

（1）教学管理队伍支持

采矿工程系设主任 1 名，副主任 3 名，负责教学过程的具体组织和实施，主要职责包括：组织本专业的规划、课程设置、教学大纲制定、课程建设及教学改革。教师负责制订教学计划、授课、组织课程考核及相关教学材料的填写与上报。

采矿工程实验中心进行采矿工程专业各类实验教学的管理和实施，设主任 1 名，实验管理教师 4 名，其主要职责为根据每学期教学计划的安排，制订实验教学计划，并负责实验课程的准备与落实以及实验设备的维护与验收。

（2）学校职能部门服务支持

学校人事处对采矿工程专业的教学从多方面予以支持和政策倾斜：采矿工程专业急需教师优先引进；采矿工程专业教师出国进修优先考虑；每年暑假请全国知名专家对新进教师进行岗前培训。

科学技术处对采矿工程专业的项目申报、结项、专利申请等方面给予一定的指导和重视，每学期到能源科学与工程学院进行专题讲座，使能源科学与工程学院的教学和科研水平得到提升。

国有资产管理处对采矿工程专业实验室建设十分重视，在采矿工程专业实验室建设过程中，从项目申报、组织论证、招标采购、安装调试、验收等环节都积极参与配合，保证了实验室建设工期和质量。

发展规划与学科建设处对采矿工程专业教学和重点学科的发展起到重要的支撑和导向作用，并尽力为提高教学质量创造条件。

财务处根据学校和学院的发展规划，在进行科研项目的经费管理和预算时，优先满足采矿工程专业教学需要。

后勤处为师生在餐饮、用车、购物等生活方面提供周到服务，为采矿工程专业教学工作正常运行提供坚强后盾。

学生处负责学生的教育管理和思想政治工作，组织开展学生思想政治状况调查和理论与实践研究，指导能源科学与工程学院开展学生思想政治教育工作。

基建处结合学校发展、整体规划、资金等方面的情况，为采矿工程专业的基础发展和实验室改造建设提供大力支持。

校医院普及宣传医学科普知识，传染病防治知识，定期举办健康教育讲座，确保师生的心理和身体健康。

校工会开展"送温暖"活动,为教职工办实事、办好事,组织群众性文化、体育活动,丰富教职工业余生活。

(3)学校硬件条件支持

矿业工程学科面向全国招生,与30多个国家和地区近80所高校和科研机构建立友好合作关系,与国外知名大学合作举办4个教育部中外合作办学本科教育项目,入选教育部"中外高水平大学学生交流计划";建有电工电子、工程训练中心等5个国家级实验教学示范中心和3个国家级虚拟仿真实验教学中心(含项目),教学科研仪器设备总值8.39亿元,固定资产总值达24.55亿元,纸质图书350万余册,实现教学科研条件现代化。学校建成省级大学科技园、"众创空间"、大学生创新创业实践示范基地和全国高校实践育人创新创业基地;拥有三座图书馆、两所附属医院;万兆校园网实现无线全覆盖,建成云平台、信息门户、一站式服务大厅、高性能计算平台等智慧校园基础设施,荣获教育部"高等教育信息化先进单位"称号,入选河南省首批"智慧校园建设试点高校";建有一座大型现代化体育馆,运动场馆总面积达14万 m²,多次承办CUBA、CUFA等大型体育赛事,是国家体育总局命名的"全国群众体育先进单位";学生公寓和食堂分别被评为河南省高校"示范性学生公寓"和"示范性学生食堂"。

6.2.3 馆藏图书资料

(1)图书馆丰富图书资料

河南理工大学图书馆与学校同期创办于1909年,历经焦作路矿学堂、福中矿务大学、私立焦作工学院、国立西北工学院、国立焦作工学院、焦作矿业学院、焦作工学院、河南理工大学等百余年的沧桑变迁,图书馆伴随着学校百年历程,发展成了一座馆藏文献资源丰富、管理理念先进、利用效果良好的现代化图书馆。

河南理工大学作为中央与地方共建、以地方管理为主的河南省特色骨干高校,河南省人民政府与原国家安全生产监督管理总局共建高校,入选国家"中西部高校基础能力建设工程"高校,在文献资源建设方面,河南理工大学图书馆已形成重点涵盖工、理、管、经、法、文、教、艺、医九大学科门类、传统图书馆与数字图书馆协调发展、特色鲜明的现代综合文献体系。图书馆现拥有中外文纸质图书350万余册,可在线利用电子图书450万余册;年购置中外文纸质期刊1 500余种,年可在线利用中外文期刊3万余种;拥有国内外著名数据库90余个。图书馆期刊、图书、学位论文、特色文献等数字资源类型丰富、学科覆盖全面、信息服务功能强大,为学校教学、科研及人才培养提供了有力的文献信息支撑保障,同时,也是学校精神文明建设和大学生第二课堂实践的重要阵地。

目前,河南理工大学图书馆拥有馆舍四座,总馆舍面积共计7万 m²。其中,南校区第一图书馆馆舍面积为1.8万 m²、南校区第二图书馆馆舍面积为4.1万余 m²(2020年10月投入使用)、北校区图书馆馆舍面积为近0.8万 m²、西校区图书管理室面积约0.3万 m²。河南理工大学南校区图书馆如图6-1所示。图书馆设有20余个书库或图书借阅区,全部实行藏、借、阅、咨、检于一体的开放服务模式;设有报刊阅览区、过刊阅览室、特色文献室、多媒体视听室及自主学习空间等,共5 000余席座位,供读者学习与利用;设有自助检索机,为读者提供书目检索、借阅查询、图书预约、图书推荐、读者留言等网络信息服务。其中,南校区第二图书馆采用全自助服务模式,设有座位预选机、查询机、图书自助借还机、24小时自助还书机等自助设备,为读者提供从刷卡出入馆到选座、借还书的全自助服务,实现图书馆从人工管理向智慧化管理的转变。

(a) 第一图书馆   (b) 第二图书馆

图 6-1 河南理工大学南校区图书馆

河南理工大学图书馆拥有一支由教授、副教授、研究馆员、副研究馆员、馆员及助理馆员组成的教职工队伍。职称结构较为合理,具有博士、硕士、本科及专科多种学历层次,具有图书馆学及其他多种学科背景。

河南理工大学图书馆本着"读者第一,服务育人"的服务理念,"修己惠人,笃行致远"的馆训,"奉献、挚诚、服务、创新"的馆风,"构建'人文、智慧、特色、开放'图书馆,铺就光明与梦想之路"的发展愿景,以及"打造'知识中心、交流中心、学研中心、文化传承与创新中心',为学校建设'国内一流特色高水平大学'提供强有力的支撑"的发展使命,竭诚为广大师生提供优质文明的服务,营造温馨优雅的学习和育人环境,为学校培养德、智、体、美、劳全面发展的高素质人才以及进行高品位的校园文化建设作出积极的贡献。

(2) Syd S. Peng 院士赠书

Syd S. Peng 院士为河南理工大学矿业工程学科累计捐赠了 75 册图书,涉及 Syd S. Peng 院士个人自传、岩层控制类学术专著 10 余册,历届国际采矿岩层控制会议论文集 37 册等,书籍被编号陈列在河南理工大学能源科学与工程学院图书馆内,供矿业工程学科师生借阅,为提升矿业工程学科师生国际化视野提供了便利之门,赠书清单如表 6-1 所示,代表性赠书如图 6-2 所示。

表 6-1 Syd S. Peng 院士赠书清单

赠书名称	赠书数量/册
Collection of Papers 1971—2006	14
1st to 37th Annual Conference on Ground Control in Mining	37
1st to 3rd Workshop on Surface Subsidence Due to Underground Mining	3
Longwall Mining	2
Rock Mechanics as A Guide for Efficient Utilization of Natural Resources	1
Rock Mechanics in Productivity and Protection	1
Coal Mine Ground Control	3
煤矿岩层控制理论与技术进展	2

表 6-1(续)

赠书名称	赠书数量/册
Advances in Coal Mine Ground Control	1
Mines Photos-(R&P)-Foreign	1
Mines Photos-A(Longwall)	1
Mines Photos-B(Longwall)	1
Mines Photos-C(Longwall)	1
Mines Photos-A(R&P)	1
岩层控制失效案例图集	2
煤矿地层控制	1
Ground Control Failures	1
图册	1
墨金人生	1
累计	75

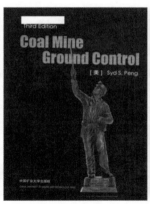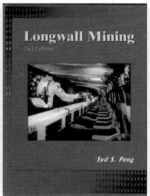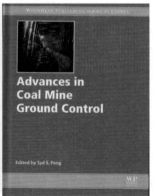

(a) 代表性学术专著

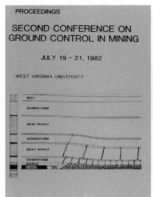

(b) 会议论文集

图 6-2　Syd S. Peng 院士部分赠书

(c) 个人自传

图 6-2(续)

6.3 领导联系师生与教学质量反馈

为进一步密切学校各级领导干部与师生员工的联系,持续加强和改进学校作风建设,根据上级有关规定和学校实际,制定领导联系师生办法。领导干部实施调查研究、联系基层、接待日、讲思政课、听课、座谈、谈心谈话、联系师生党支部、联系高层次人才、联系党外代表人士、联系离退休老同志等 11 项联系师生制度。为确保领导干部联系师生制度有效落实,根据职责分工,设立责任部门负责实施。调查研究、联系基层、接待日制度,由党办和校办负责实施;讲思政课制度由宣传部、教务处、马克思主义学院负责实施;听课制度由教务处负责实施;座谈制度由宣传部、学工部负责实施;谈心谈话制度由组织部、校纪委办负责实施;联系师生党支部、联系高层次人才制度由组织部负责实施;联系党外代表人士制度由统战部负责实施;联系离退休老同志制度由组织部、老干部工作处负责实施。领导干部联系师生情况,作为单位和领导干部个人年度考核的重要依据。

6.3.1 领导联系师生制度

(1) 调查研究制度

领导干部要带头深入基层一线开展调查研究。调研内容要围绕改革发展稳定的重大课题、师生反映强烈的突出问题或年度重点任务、分管或负责工作开展。校长、分管校领导每月至少到科研一线实地调研走访 1 次。领导班子成员要经常深入教学、财务、后勤、基建、保卫、信息化等管理部门以及教室、实验室、食堂、学生宿舍、教工宿舍、服务大厅等实地调研走访,每月不少于 1 次,必要时现场办公。校党委书记和校长每学年分别到思想政治理论课教研部门开现场办公会至少 1 次。

领导干部在调查研究中要注重了解情况、发现问题,帮助基层单位化解矛盾、改进工作。发现的问题和收集到的意见建议,要及时交由有关单位办理解决。撰写的调研报告,视情况可提交有关会议讨论研究,形成推动工作的具体举措。

校领导根据工作分工,每人明确1～3个学院作为联系点,每年深入联系学院1次以上,听取工作汇报并指导工作或参加班子民主生活会。领导班子成员每人固定"结对子"联系1个学生班级或1个学生宿舍或1个学生社团等。

学院处级领导干部根据工作分工,每人明确1～2个系(教研室)、学生班级作为联系点,每年深入联系点1次以上,听取情况汇报并予以指导或参加班级活动。

领导干部联系点一般不重复交叉,每个联系点的联系时间不少于1年。

(2)接待日制度

校领导要按照统一安排,轮流在每周三全天接待学校师生员工来访,听取来访师生对学校工作的意见建议,以及个人在工作、学习、生活中需要学校给予协调帮助的事项反映。

当值校领导要认真听取来访师生的意见建议,对反映的问题能答复的当面予以答复,不能当即答复的要说明情况,做好解释和思想工作;属其他校领导分管的工作,要及时交党办或校办协调解决。党办、校办要在5个工作日内向值班校领导和来访人反馈落实情况。

(3)讲思政课制度

校领导要带头讲思想政治理论课。校党委书记、校长每学期至少给学生讲授4个课时,其他成员每学期至少讲授2个课时。校领导班子成员每学期至少给教职工做1场思想政治理论或形势政策辅导报告,党委书记、校长,分管副书记、副校长每学年至少参与思政课教师集体备课1次。学院党委(党总支)书记、院长每学期至少为学生讲授2个课时。

领导干部要认真准备讲课内容,以习近平新时代中国特色社会主义思想和党的二十大精神为重点,通过授课着重加强理想信念教育、社会主义核心价值观教育、中华优秀传统文化教育和社会主义先进文化教育,引导学生正确认识世界和中国发展大势、中国特色和国际比较、时代责任和历史使命、远大抱负和脚踏实地。

(4)听课制度

校领导,各学院和教务处、学生处、科技处、社科处、研究生院、校团委全体处级领导干部,以及党办、校办、组织部、宣传部、校工会、人事处、发展规划与学科建设处、国教院、招生就业处、后勤处(集团)、信管中心正处级领导干部,要采取随机听课方式深入课堂一线听课。

领导干部每学年听课4次以上,其中分管教学工作的副校长、学院院长、教学副院长和教务处正副处长每学期听课不少于8次。校党委书记、校长和分管科研工作的校领导,每学期至少到思政课堂随机听课1次;分管马克思主义学院和思政课教学的校领导,每学期到思政课堂听课2次以上。听课结束后,要及时向教务部门反馈听课情况、存在问题和意见建议。

教务处要定期对听课意见建议进行整理分析,提出改进措施并推进落实。

(5)座谈制度

与教师座谈制度。校领导每学年要与分管(联系)单位的教师座谈1次以上,校党委书记、校长和分管副书记、副校长每学年至少与辅导员、班主任、就业指导教师、群团干部代表等集体座谈1次,了解教师思想、工作和生活状况,并施之以针对性的引导、关心和帮助,引导教师精心育人、潜心科研,做"有理想信念、有道德情操、有扎实知识、有仁爱之心"的好老师。

与学生座谈制度。校领导和组织部、宣传部、教务处、社科处、研工部、招生就业处、校团委、后勤处(集团)的正职每学期与学生座谈1次以上,分管学生工作的校领导、学生处和学院处级领导干部每学期与学生座谈 2 次,引导学生坚定政治信念,树立远大理想,明确成才目标,锤炼意志品质,养成健全人格、高尚品德和良好习惯,帮助学生解决思想和实际问题,如图 6-3 所示。

(a) 入学教育

(b) 讲授思政课

(c) 宿舍关怀

(d) 师生座谈

图 6-3 学生联系制度

参与座谈的领导干部要认真听取师生的意见建议,对反映的问题能答复的当面予以答复,属其他校领导分管或其他部门负责的工作,及时交宣传部或学工部协调解决。宣传部或学工部要在 10 个工作日内以一定方式向座谈领导干部和参会师生反馈落实情况。

(6) 谈心谈话制度

校党委书记、校长与校级领导班子成员每年谈心谈话 1 次以上,定期与分管(联系)单位主要负责人谈心谈话;校级领导班子成员与所分管(联系)单位班子成员每年谈心谈话 1 次以上;处级领导班子正职与班子成员及科级干部每年谈心谈话 1 次以上。发现违反党规党纪的现象和苗头要及时约谈。领导干部要带头谈,也要接受党员、干部约谈。

谈心谈话的内容主要有:听取对班子、个人及工作的看法、意见,交流思想,交换意见,提醒落实“一岗双责”和遵守党风廉政建设各项规定等。

(7) 联系师生党支部制度

结合工作分工和联系学院情况,校领导班子成员是中共党员的,除本人所在基层党支部外,要固定联系 1 个基层学生党支部或 1 个基层教工党支部,每学期至少参加 1 次所联系党支部的组织生活或主题党日活动,听取联系党支部工作汇报,指导联系党支部深入推进标准化规范化建设。

处级领导结合分工联系本单位师生党支部,确保每个党支部都有人经常联系、及时指导。

校、院两级领导班子成员要重视发展优秀中青年教师和学术骨干的入党工作,加强思想引领,及时沟通指导,成熟一个发展一个。

（8）联系高层次人才制度

校领导和学院领导干部每人联系 1～2 名高层次人才。联系的对象主要是院士、享受国务院特殊津贴专家以及国家、省部级高层次人才计划专家、省特聘教授、省级重点学科学术带头人、省级以上教学名师、学校太行学者和太行名师、教授、博导等。

校领导每年要走访联系高层次人才 1 次以上,学院领导干部要与所联系的高层次人才建立经常性的交流沟通机制,帮助解决困难、化解矛盾、理顺情绪,调动他们工作的积极性。

（9）联系党外代表人士制度

校领导每人与 1～2 名党外代表人士建立相对固定的长期联系。联系的对象主要是党外全国、省市人大代表、政协委员,各民主党派负责人,无党派代表人士和学校统战团体负责人中的党外人士。

校党委每年至少召开 1 次党外人士座谈会,校领导每人每年要与联系的党外代表人士交流谈心 1 次以上,加强政治引领,通报学校工作,倾听意见建议,增进思想共识。

（10）联系离退休老同志制度

校领导每人联系 1 名离退休校级领导干部,处级领导干部每人联系 1～2 名本单位离退休老同志,每年走访老同志 1 次以上。

主要领导或者分管领导干部每年至少向离退休老同志通报 1 次本单位工作,注重听取意见建议,帮助解决实际问题。

（11）执行与考核

领导干部要将联系工作中师生反映的问题及时反馈给相关部门。相关部门要如实登记并及时组织落实,并将落实情况向有关领导和师生反馈,填写《领导干部联系师生工作记录表》备案。

领导干部联系师生各项制度的实施,由各责任部门负责制订计划、建立台账,做好督促落实、考核总结工作,考核结果纳入单位、领导干部个人年度考核。

6.3.2　毕业生反馈促进教学改革

能源科学与工程学院通过毕业生座谈、毕业生调查问卷等方式了解毕业生对专业建设和人才培养质量的反馈意见,并进行改进。毕业生反馈信息的评价结果:学生的创新意识和实践动手能力不强,学生对采矿与环保、安全、可持续发展等社会问题之间的关系理解不深。因此,应根据以上结果进行专业教学工作的持续改进。

（1）加强创新意识与能力培养

学生创新意识不强的原因主要有两方面:一是教学模式与方法、教学手段的先进性不足;二是学生参加创新性实践活动(实验)相对较少、缺乏系统的训练。对此,专业除在课程设置中调整学分和增加实训环节外,还采取了如下教学工作改进措施。

① 创新教学模式与方法

教师通过参加教学培训、教改立项研究,掌握先进的教学理念、方法,立足专业与讲授课程的特点,开展有针对性的教学改革,提出能够提高学生创新性意识、能力的课程改革方案,教学中采用微课辅助教学和翻转课堂等教学模式,进行"基于问题的探究式教学""基于案例的讨论式教学"与"基于项目的参与式教学"等研究性教学方式改革,培养学生提出问题、分析问题和解决问题的能力,实现学生创新意识与能力的提升。

采矿工程系在"采矿学""矿井通风与安全""井巷工程""矿山压力与岩层控制"等课程的教学过程中实行教学改革,在学生的创新意识与能力提高方面取得了较好的效果。

② 采用先进的教学手段强化实践教学环节

由于煤矿生产的复杂性和对安全要求的特殊性,为保障人员安全,煤炭企业根据《煤矿安全规程》的规定,对学生井下实习的地点、时间和人数都有严格要求,从而导致采矿工程专业学生井下实习难度大、时间短,影响学生实践教学的质量。

采矿工程专业 2009 年开始"虚拟仿真实验中心"建设,2013 年和 2014 年分别获批省级和国家级"煤矿开采虚拟仿真实验教学中心"(图 6-4),通过虚拟仿真模拟煤矿地质、生产等条件,为学生构建了逼真的实习实践环境,增强学生认知能力、工程意识和实操能力。

图 6-4　煤矿开采国家级虚拟仿真实验教学中心

③ 核心课程教学中采用"综合训练项目"

针对学生参加创新性实践活动(实验)相对较少、缺乏训练的问题,增加"综合训练项目"并明确其具体内容与要求。基于科研项目或工程项目中的关键技术问题,在"矿井通风"等课程中采用"综合训练项目",在已有资料或前期成果资料库中抽题,在指导教师的辅导下由学生分组讨论和实施,在课堂汇报和讨论。这极大地激发了学生学习的积极性和主动性,提高了学生的创新意识与能力,增强了学生综合运用所学工程技术知识解决实际问题的能力。

④ 强化实验教学环节

加大实验室建设投入力度,近 3 年投入大量资金用于扩大实验室面积和购置先进大型仪器与设备;增加示范性教学内容,增强学生的认知能力;增加实验教学内容,尤其是创新性实验内容,锻炼和提高学生的实际操作能力与创新能力。

⑤ 鼓励学生参加采矿实践作品大赛等实训项目

2015 年以来,采矿工程系每年举办一次河南理工大学采矿实践作品大赛等活动,由系副主任全程负责活动组织,系教师们积极参与指导,采矿实验中心提供场地和耗材。这个活动可以让更多的学生获得实践实训的机会,从而提高学生自主创新能力。

(2)加强学生对采矿与环保、安全、可持续发展等社会问题的关系的理解和能力培养学生对采矿与环保、安全、可持续发展等社会问题之间关系理解能力不足的主要原因是教学手段相对不完善、学生认识不充分。对此,专业除对课程设置进行优化设计外,还采用了如下教学工作改进措施。

① 采用虚拟仿真教学手段,形象演示矿井开采过程中的顶板垮落、瓦斯涌出与突出、冲击地压、水灾等灾害性事故发生的场景及原因,在讲授灾害发生机理的同时,重点提高学生的安全意识。

② 通过举办节能环保创意设计大赛、"挑战杯"竞赛、"绿色矿山开采实践团"等社会实践活动,提高学生的安全与环保意识。

6.4 采矿工程专业认证

本节紧紧围绕河南理工大学矿业工程学科下属采矿工程专业认证主题,从采矿工程专业认证情况、采矿工程专业认证内容、采矿工程专业认证结果以及改进措施等方面阐述采矿工程专业认证的方法和思路,为矿业工程学科创新型人才培养提供了可靠的专业支撑。

6.4.1 采矿工程专业认证情况

河南理工大学采矿工程专业是在 1909 年焦作路矿学堂矿冶组的基础上发展起来的,1986 年获得工学硕士学位授予权,2003 年获工学博士学位授予权,2007 年被批准设立博士后流动站。该专业先后入选省级特聘教授设岗学科、河南省一类重点学科、河南省名牌专业、国家级特色专业建设点、"卓越工程师教育培养计划"的试点专业。采矿工程教学团队为国家级教学团队,建设有"开采损害与保护"和"采煤概论"等国家级精品课程,"采矿学"等省级精品课程。

河南理工大学采矿工程专业于 2010 年、2013 年、2017 年先后三次接受中国工程教育认证协会专家组现场考察。不同时间的专业认证专家现场考察如图 6-5 所示。

图 6-5　专业认证专家现场考察

6.4.2 采矿工程专业认证内容

(1) 学生

① 具有吸引优秀生源的制度和措施。

② 具有完善的学生学习指导、职业规划、就业指导、心理辅导等方面的措施并能够很好

地执行落实。

③ 对学生在整个学习过程中的表现进行跟踪与评估,并通过形成性评价保证学生毕业时达到毕业要求。

④ 有明确的规定和相应认定过程,认可转专业、转学学生的原有学分。

(2) 培养目标

① 有公开的、符合学校定位的、适应社会经济发展需要的培养目标。

② 培养目标能反映学生毕业后 5 年左右在社会与专业领域预期能够取得的成就。

③ 定期评价培养目标的合理性并根据评价结果对培养目标进行修订,评价与修订过程有行业或企业专家参与。

(3) 毕业要求

专业必须有明确、公开的毕业要求,毕业要求应能支撑培养目标的达成。专业应通过评价证明毕业要求的达成。专业制定的毕业要求应完全覆盖以下内容:

① 工程知识:能够将数学、自然科学、工程基础和专业知识用于解决复杂工程问题。

② 问题分析:能够应用数学、自然科学和工程科学的基本原理,识别、表达并通过文献研究分析复杂工程问题,以获得有效结论。

③ 设计/开发解决方案:能够设计针对复杂工程问题的解决方案,设计满足特定需求的系统、单元(部件)或工艺流程,并能够在设计环节体现创新意识,考虑社会、健康、安全、法律、文化以及环境等因素。

④ 研究:能够基于科学原理并采用科学方法对复杂工程问题进行研究,包括设计实验、分析与解释数据、通过信息综合得到合理有效的结论。

⑤ 使用现代工具:能够针对复杂工程问题,开发、选择与使用恰当的技术、资源、现代工程工具和信息技术工具,包括对复杂工程问题的预测与模拟,并能够理解其局限性。

⑥ 工程与社会:能够基于工程相关背景知识进行合理分析,评价专业工程实践和复杂工程问题解决方案对社会、健康、安全、法律以及文化的影响,并理解应承担的责任。

⑦ 环境和可持续发展:能够理解和评价针对复杂工程问题的工程实践对环境、社会可持续发展的影响。

⑧ 职业规范:具有人文社会科学素养、社会责任感,能够在工程实践中理解并遵守工程职业道德和规范,履行责任。

⑨ 个人和团队:能够在多学科背景下的团队中承担个体、团队成员以及负责人的角色。

⑩ 沟通:能够就复杂工程问题与业界同行及社会公众进行有效沟通和交流,包括撰写报告和设计文稿、陈述发言、清晰表达或回应指令,并具备一定的国际视野,能够在跨文化背景下进行沟通和交流。

⑪ 项目管理:理解并掌握工程管理原理与经济决策方法,并能在多学科环境中应用。

⑫ 终身学习:具有自主学习和终身学习的意识,有不断学习和适应发展的能力。

(4) 持续改进

① 建立教学过程质量监控机制。各主要教学环节有明确的质量要求,通过教学环节、过程监控和质量评价促进毕业要求的达成;定期进行课程体系设置和教学质量评价。

② 建立毕业生跟踪反馈机制以及有高等教育系统以外有关各方参与的社会评价机制,对培养目标是否达成进行定期评价。

③ 能证明评价的结果被用于专业的持续改进。

（5）课程体系

课程设置能支持毕业要求的达成，课程体系设计有企业或行业专家参与。课程体系必须包括：

① 与本专业毕业要求相适应的数学与自然科学类课程（至少占总学分的 15％）。

② 符合本专业毕业要求的工程基础类课程、专业基础类课程与专业类课程（至少占总学分的 30％）。工程基础类课程和专业基础类课程能体现数学和自然科学在本专业应用能力方面的培养，专业类课程能体现系统设计和实现能力的培养。

③ 工程实践与毕业设计（论文）（至少占总学分的 20％）。设置完善的实践教学体系，并与企业合作，开展实习、实训，培养学生的实践能力和创新能力。毕业设计（论文）选题要结合本专业的工程实际问题，培养学生的工程意识、协作精神以及综合应用所学知识解决实际问题的能力。对毕业设计（论文）的指导和考核有企业或行业专家参与。

④ 人文社会科学类通识教育课程（至少占总学分的 15％），使学生在从事工程设计时能够考虑经济、环境、法律、伦理等各种制约因素。

（6）师资队伍

① 教师数量能满足教学需要，结构合理，并有企业或行业专家作为兼职教师。

② 教师具有足够的教学能力、专业水平、工程经验、沟通能力、职业发展能力，并且能够开展工程实践问题研究，参与学术交流。教师的工程背景应能满足专业教学的需要。

③ 教师有足够时间和精力投入本科教学和学生指导中，并积极参与教学研究与改革。

④ 教师为学生提供指导、咨询、服务，并对学生职业生涯规划、职业从业教育有足够的指导。

⑤ 教师明确在教学质量提升过程中的责任，不断改进工作。

（7）支持条件

① 教室、实验室及设备在数量和功能上满足教学需要。有良好的管理、维护和更新机制，使得学生能够方便地使用。与企业合作共建实习和实训基地，在教学过程中为学生提供参与工程实践的平台。

② 计算机、网络以及图书资料资源能够满足学生的学习以及教师的日常教学和科研所需。资源管理规范、共享程度高。

③ 教学经费有保证，总量能满足教学需要。

④ 学校能够有效地支持教师队伍建设，吸引与稳定合格的教师，并支持教师本身的专业发展，包括对青年教师的指导和培养。

⑤ 学校能够提供达成毕业要求所必需的基础设施，包括为学生的实践活动、创新活动提供有效支持。

⑥ 学校的教学管理与服务规范，能有效地支持专业毕业要求的达成。

6.4.3　采矿工程专业认证结果与改进

河南理工大学采矿工程专业于 2010 年、2013 年、2017 年先后三次接受中国工程教育认证协会专家组现场考察，有效期分别为 3 年、3 年和 6 年。专家组对学校采矿工程专业给予了充分肯定，对专业认证准备及专业支撑学校发展建设等方面作出的努力和取得的成绩给予充分肯定。专家组认为学校采矿工程专业办学历史悠久、积淀深厚,对专业认证基本理念把握深刻、贯彻到位,专业在教学、科研和工程实践相互结合方面有特色,同时也提出了建设性意见。专业认证证书如图 6-6 所示。

图 6-6　专业认证证书

河南理工大学采矿工程专业在多次专业认证的基础上,近几年按照《工程教育认证通用标准》和《采矿工程专业补充标准》的要求,对学生、培养目标、毕业要求、持续改进、课程体系、师资队伍和支撑条件等方面进行了深入细致的自评,寻找差距,加强建设和提高改进,在专业本科教学和人才培养质量的持续改进方面成效显著。

根据工程教育专业认证工作要求,河南理工大学在政策、投入、师资上都对采矿工程专业进行了倾斜,针对认证中专家提出的主要问题进行了细致的整改,加大专业实验室建设经费投入力度,建成国家级仿真实验示范中心,同时专业在生源地建设、教学资源建设、师资队伍建设方面也取得了显著的成效。采矿工程专业确定了能在该领域从事煤矿设计、生产、管理、监察和科研工作的复合型人才的人才培养目标,符合学校本科人才基本定位和工程教育专业认证要求。专业制定相关的措施评价培养目标,并根据发展定期进行修订;有明确公开的毕业要求,能够支撑基本培养目标的实现;建立了毕业要求达成评价机制,提出和采用相应的方法进行达成度的评价,评价合格表明毕业要求达成;通过引导和动员全体教师参与,在一定程度上推进了以学生为中心和 OBE 理念的落实;建有包括质量监控、毕业生跟踪反馈、社会评价在内的持续改进机制。学校、学院层面的教学管理制度逐步完善,形成校、院、系三级管理模式,为人才培养质量的不断提高提供了支持。学院基于认证标准,结合在校生和毕业生问卷调查、用人单位意见,制定课程目标和课程标准,找准课程目标和毕业要求指标点的对应关系,明确教学内容和教学方法,确定课程考核方式,建成了一支学缘、学历、专业背景、年龄分布合理的师资队伍。

现场考察专家组以《工程教育认证通用标准》和《采矿工程专业补充标准》为依据,对《自评报告》进行了认真的审阅,认为采矿工程专业《自评报告》结构规范,叙述清楚。进校前,现场考察专家组提出了需进一步核实的内容和现场考察重点。进校现场考察期间,专家组在听取校方关于认证工作有关情况汇报后,考察了专业基础和专业教学实验室、图书资料等硬件设施;考察了电工电子实验中心和工程训练中心,查阅了课程教学、课程设计、毕业设计、实习报告、实验报告、试卷等档案资料,进行了课堂教学听课考察,召开了教师与管理人员、在校生、毕业生及用人单位代表等座谈会。

按照两个标准的要求,现场考察专家组依据分委员会对采矿工程专业《自评报告》的审核意见,为核实采矿工程专业《自评报告》关于专业自评工作和改进提高情况的真实性与准确性,发现《自评报告》未能反映的相关问题,制定了专家组现场考察重要点。核实改进结果如下:

(1)学生

① 优秀生源的招收政策。

通过查阅资料和访谈,学校重视吸引优秀生源,建立校院系相协调的组织机构,对本专业生源情况有较好的了解,建立了困难学生资助体系,有队伍、有措施和办法,效果较好。学生第一志愿录取率有待提高。

② 弱势生(含学位证没有的、毕业不了的)的引导与支持政策和措施。

通过查阅资料和访谈,学校、学院在引导和帮助学习困难和有心理障碍学生方面有制度和措施,提前介入,帮助有困难的同学寻找解决方法和途径,重树学习信心,尽量避免出现退学的情况,学生转化情况好。

(2)培养目标

① 培养目标制定中邀请的行业专家,是否涵盖了不同区域和行业,是否能代表行业对本专业人才的需求。

通过查阅资料和访谈,采矿工程专业建立了稳定的"毕业生跟踪反馈机制与社会评价机制",在培养目标制定过程中邀请了省内外大中型煤炭企业等用人单位代表,走访了中国矿业大学、中南大学等煤炭高校和相关专家,征求的意见能够代表行业对本专业的人才需求情况。

② 师生对培养目标的认知度及认知培养目标的方式和途径。

通过查阅资料和访谈,采矿工程系定期组织教师学习相关文件,掌握采矿工程专业发展及社会需求,全体教师均积极参与培养目标制定,熟悉本专业人才培养目标和课程(实验)大纲等。学院和采矿工程系重视培养方案的宣传,实行专业首席指导教师制,新生入学教育安排专业介绍,向学生介绍采矿工程学科的发展和采矿工程专业的培养目标等内容。

(3)毕业要求

① 毕业达成度评价中的指标权重的确定方式。

河南理工大学采矿工程专业毕业达成度评价,采用以课程考核成绩分析法为主、问卷调查法为辅的方法。由评价小组、采矿工程系主任和课程组老师一道,利用专家打分法对各课程的支撑强度进行赋值,确定各课程指标的权重。采用课程考核成绩分析法,评价近三届毕业生的课程教学,确保每门课程至少有两次有效评价。采用用人单位问卷调查和毕业生问卷调查方法,支持毕业要求的达成度评价。

② 毕业生具有国际视野和跨文化的交流、竞争与合作能力的执行效果。

通过查阅资料和访谈,核实了毕业生国际视野的相关情况。学生形成以中国文化为底蕴、具备时代色彩的价值观、人生观、世界观,提高了国际视野和跨文化沟通及交流能力。在课堂教学和施行导师制的过程中,聘请美国国家工程院院士 Syd S. Peng 等具有国际化背景的专家、教师,邀请国内外知名学者、毕业生和用人单位代表,为采矿工程专业学生做学术讲座和报告,提高学生国际视野和跨文化沟通及交流能力。

(4) 持续改进

① 企业参与社会评价的方式,企业意见如何评价和采纳。

采矿工程专业建立了用人单位、高校和科研院所共同参与的综合评价机制,开发了专业专用的用人单位调查网站,设计了有针对性的问卷。近年有 85 家单位参与调研,对采矿工程专业培养目标达成度,对 12 项毕业要求重要性认同度进行了评价反馈。采矿工程专业将评价结果用于改进和提高办学层次和办学水平,对发现的问题及时改进,形成了"评价—改进—再评价"的闭环持续改进模式。

② 教学质量监控体系运行的有效性。

经查阅教学管理制度、督导记录、随堂听课记录和对教师、教学管理人员访谈,学校建立起了各教学环节的质量目标和质量标准,标准与毕业要求关联度较好,在课程、毕业要求和培养目标三个层面构建了有效的质量监控体系,形成了质量监控运行的常态化机制。课程评估、校内专业评估及毕业生跟踪反馈和用人单位评价结果被用于专业持续改进,形成"监控—评价—反馈—改进"的闭环模式。

③ 访谈用人单位、毕业生对毕业能力达成情况的评价。

在相关课程中有明确的环节要求学生针对复杂工程问题得到相关训练,通过实践、设计、考试等得到体现。课程体系能理论与实践相结合,学生具有自主和终身学习能力。学生毕业 5 年后全部具有工程师及以上职称。

(5) 课程体系

① 审阅课程体系优化方式,考察与毕业达成度的关系。

通过查阅资料和访谈,核实了该专业课程体系的优化及与毕业要求达成度的关系。第三次采矿工程专业认证,采用的是采矿工程本科培养方案(2010)和采矿工程本科培养方案(2012)。在 2016 级本科生中开始实施采矿工程本科培养方案(2016),培养方案总学分从 203 优化调整到 184,新课程体系中增加了学生自主学习及课外实践的时间,通过贯彻以学生为中心、全员育人、协同育人等理念,对毕业要求及课程目标达成有实质性支撑。

② 查阅学生毕业设计(论文)指导、考核情况及效果。

经核实,结合专业认证标准的要求、教师和学生评价反馈,近年采矿工程专业在毕业设计(论文)指导、考核等环节做了一些改革和尝试。通过对近 3 届毕业设计(论文)的统计分析,认为毕业设计(论文)指导、考核过程机制完善,能够充分调动学生学习主动性,充分锻炼学生工程设计能力、灵活使用现代工具能力、团队协作能力、沟通能力等。毕业设计(论文)格式和内容应进一步规范。

③ 查阅课程教学,抽检课程设计、毕业设计(论文),了解《自评报告》中关于学生毕业要求中相关解决采矿工程复杂问题的能力;毕业设计(论文)答辩过程中,企业或行业专家参与毕业设计指导和考核的情况。

工程实践与毕业设计(论文)环节设置有完善的实践教学体系,与企业合作,开展实习、实训。毕业设计(论文)选题与企业实际结合紧密,每个学生均有机会得到训练,其表现有评价与记录。企业或行业专家参与毕业设计(论文)指导和考核应常态化。

(6) 师资队伍

① 教师从事教学改革项目研究及论文发表情况的相关材料。

经核实,该专业教师能够积极参与教学研究与改革,近 3 年承担了 9 项教改项目,发表教改论文 16 篇,并依托教改成果,改进教学方式、方法,不断提高教学质量。近 3 年有 6 位教师到国外高校学习交流。专业通过增加课时业绩点等方式,鼓励教师结合研究领域的进展开设新课程,或者对原有课程进行更新,新开设了"国内外煤矿开采技术""生活中的力学"等公选课程。

② 访谈教师和在校生,教师是否有足够时间和精力投入本科教学和学生指导中,并积极参与教学研究和改革。

通过访谈教师和在校生,教师有充足的时间和精力对本科生进行教育和指导,积极培养学生的创新意识、表达能力和环保意识。基于培养目标,建立实习基地,增强实习实训,促进学生知识能力素质达成。学院在教学上实施导师制,积极帮助年轻教师和同学;吸取美国西弗吉尼亚大学专业认证经验,对教学体系和管理理念进行改革和提高,规范教学体系和课程体系。

(7) 支持条件

① 青年教师职业能力提升的措施与保障机制。

核实结果:通过资料查阅、管理人员访谈、教师访谈等,核实了青年教师的能力提升措施。学校通过与大型企业签订协议,支持教师以脱产形式在合作企业挂职锻炼。学校制定相关政策,鼓励优秀教师到国(境)外高水平大学和科研机构访问进修、合作研究、攻读学位。采矿工程专业有计划地选派科研能力较强、发展潜力较大的青年骨干教师进入博士后流动站或者工作站从事科研工作。

② 硬件条件持续投入情况。

采矿工程专业本认证期内投入建设经费 780 万余元,对教学仪器设备进行淘汰、升级和更新,为本科生的实习和实训提供了平台和保障。各类教学与学生学习场所较为充足、实验室及实验设备基本能满足教学需要,对学生使用可以预约或者全面开放,相关管理机制完善。

③ 考察电工电子实验中心和工程训练中心,查阅采矿工程专业学生的实习报告,观看学生实训作品。

查看电工实验室等 6 个技术基础实验室和矿山自动化实验室等 18 个综合设计、新技术和创新实验室,仪器设备利用良好,能够满足本科生的实验教学要求和科技创新需要;工程训练中心设施健全,满足学生金工实习要求,可有效锻炼学生实践和创新能力。不同阶段和层次的实习报告内容还需进一步规范。

④ 专业实验室设施配置情况。

采矿工程专业拥有力学实验中心等众多专业基础和专业教学实验室,可保障学生的创新能力培养;实验室每年均有新的投入,确实在不断持续改进,完全满足专业实验要求。

⑤ 学校图书馆的书籍更新和借阅情况。

查询采矿工程专业类图书数量,每年更新册数,随机调取 10 名采矿工程专业在校生图书借阅情况,采矿工程专业学生平均每年借阅图书 50 本左右。考察电子阅览室,询问电子资源购买情况。经核查,以上信息均能达到毕业要求达成的需要。

6.5 小　　结

教学质量保障体系是矿业工程学科不断提升教学质量和内涵式建设的关键因素。本章围绕矿业工程学科教学质量保障体系建设核心问题，从教学质量监控与评价、教学保障条件与图书资料、领导联系师生与教学质量反馈、采矿工程专业认证等方面阐述矿业工程学科教学质量保障体系，为矿业工程学科发展、双一流学科建设、低碳新能源智能化开采提供创新型人才保驾护航。

7 国际交流与人才培养

7.1 概　　述

在经济全球化的背景下,社会对于人才的要求也与以前不同,发生着变化。除了要求学生掌握良好的专业知识,还要求学生具有国际视野,具有较强的跨文化沟通能力,自主创新意识,批判性思维。2020 年 6 月,教育部正式印发了《教育部等八部门关于加快和扩大新时代教育对外开放的意见》,文件中着力阐述了"提升我国教育国际影响力"这一议题。教育部发言人就留学生关心的各类问题,很肯定地发言表示,疫情对出国留学的影响将是暂时的,中国将继续通过出国留学渠道培养人才。

对于国际化人才的定义,没有统一的标准。但是大多数的专家认为,国际化人才评定的标准应该从其所具备的能力和素质来评判。不同于大众的普遍认知,虽然留学是国际化人才培养的途径,但国际化人才并非完全等同于"留学生"。根据《国家中长期教育改革和发展规划纲要(2010—2020)》,国际化人才需要具有国际视野、通晓国际规则、能够参与国际事务和国际竞争。换句话说,国际化人才是指放到全球范围的统一竞争平台上,仍然具备绝对优势的中国人才。

随着近期《中国教育现代化 2035》加大应用型、复合型、技术技能型人才培养比例以及建设一批国际一流的国家科技创新基地等战略任务的提出,高校国际化人才培养面临着严峻的挑战和良好的发展新机遇。国际化人才引进虽能在短时间内为高校集聚一批高层次人才,促进学校的"双一流"建设,但国际化人才引进会受到政治等多方因素的制约。而且单靠国际化人才引进是远远不够的,只有从高校自身国际化人才培养抓起,才是提升学校综合实力和竞争力的关键。高校应紧随社会的发展,学习国际一流大学的人才培养模式,不断完善学校的教学方式和制度,改善目前国际化人才培养中出现的问题,为我国的建设培养一流的国际化人才。

在十一届三中全会之后,国家根据时代的发展和需要,不断地优化与国外高校合作办学的方向和政策。目前主要的合作办学方式是互相派学生、教师去对方的学校进行短期学习和交流,这样既可以提高教师的教学和个人水平,也可以促进学生学习的进程,提升学生国际化水平。我国高校与国外高校会在一些相近的专业进行合作,并在资源上进行共享,互相承认学历和学分。

河南理工大学一直坚持开放式办学理念,不断推进国际化教育和交流发展,旨在培养具有国际视野的国际型高级专业人才。能源科学与工程学院与美国西弗吉尼亚大学、肯塔基大学,澳大利亚莫纳什大学、伍伦贡大学,加拿大麦吉尔大学,巴西南大河州联邦大学等多所大学建立了良好的校际关系,邀请国内外知名学者来院讲学,派出 30 余名师生出国进行学术交流和学术访问,近年来主办 10 余场国际性和全国性学术会议。

河南理工大学能源科学与工程学院为强化矿业工程学科特色发展,在能源资源安全领域占据主导地位、全面提高学科国内外影响力,建立以矿业工程为主导的多学科全面发展的学科群,学院在国际化人才培养方面不仅积极与国外高校签订合作协议,同时还积极引进外籍院士、知名学者等海外人才,积极推动学院国际化人才培养的进程。

能源科学与工程学院为矿业工程学科师生提供多模式的国际交流与合作方式,吸收、借鉴外籍科学家所在高等学校优秀的办学理念、办学模式、文化传统、价值观念及行为方式,大力增加矿业工程学科青年教师的访学频次、外籍优秀科学家来校做学术报告的频次、国际会议的组织与协办频次、矿业工程学科学生的联合培养频次等。

7.2 国际化师资队伍建设

矿业工程学科作为河南理工大学能源科学与工程学院特色学科,应紧随社会的发展,借鉴国际一流大学的人才培养模式,不断完善教学方式和培养制度。近年来,能源科学与工程学院聘请了一批优秀的外籍科学家,并积极支持鼓励青年教师进行海外访学,不断提升教职工团队的专业素养与国际视野,不断壮大师资力量,为培养国际高素质人才奠定坚实基础。

7.2.1 引进优秀外籍专家

矿业工程学科先后聘请了优秀外籍科学家 6 人,其中包括美国籍 2 人,澳大利亚籍 2 人,加拿大籍 1 人,巴西籍 1 人,见表 7-1。其相关介绍如下:

表 7-1 聘请的外籍科学家信息

序号	姓名	性别	国籍	职称和称号	专业领域
1	Syd S. Peng	男	美国	教授、院士	采矿工程
2	Hani Mitri	男	加拿大	教授	采矿工程
3	Tingkan Lu	男	澳大利亚	教授	采矿工程
4	André F. P. Lucena	男	巴西	教授	岩体力学
5	Ranjith P. Gamage	男	澳大利亚	教授、院士	岩石力学
6	Mishra Brijes	男	美国	教授	采矿工程

(1) Syd S. Peng 院士(中文名:彭赐灯),祖籍中国台湾,美国国家工程院院士,曾就职于美国煤炭局双子城研究中心,曾任教于西弗吉尼亚大学采矿工程系。1998 年被任命为美国西弗吉尼亚州煤炭与能源研究署主任,亲自参与并指导了 100 多项政府与企业资助的科研项目,项目经费总计 1 200 万美元。出版(独著或合著)4 套采矿工程教科书、发表 330 篇论文,先后获得 11 项国家和国际奖章。

Syd S. Peng 院士创立了"长壁工作面开采与岩层控制"研究中心,由其发起的"国际采矿工程岩层控制会议(International Conference on Ground Control in Mining)"已连续举办40 届。2013 年,Syd S. Peng 院士受聘为中国矿业大学深部岩土力学与地下工程国家重点实验室教授,在采矿工程学科具有较大的国际影响力。

Syd S. Peng 院士 2005 年初访河南理工大学,并被聘为客座教授;2010 年与河南理工大签订合作协议,被聘为特聘教授;2013 年与河南理工大学再次签订续聘合作协议;2014 年带领河南理工大学申报并建立河南省院士工作站;现为河南理工大学特聘教授,并在河南理工大学能源科学与工程学院设有能源科学与工程学院院士奖学金。

(2) Hani Mitri 教授,麦吉尔大学(QS 世界大学排名第 35 位、矿业工程学科排名第 3 位)矿业工程学科带头人,"矿山空区灾害与塌陷地治理"学科创新引智基地(111 计划)海外学术大师,加拿大矿业、冶金与石油学会会士,加拿大岩土工程学会终身成就奖 John A Franklin Award 获得者,中国教育部"海外名师"特聘教授,国际岩石力学学会加拿大分会原主席,担任 *Canadian Geotechnical Journal* 等多个国际学术期刊编委,组织并担任 3rd International Symposium on Mine Safety Science and Engineering、2015 CIM Annual Convention 等国际会议大会主席。Hani Mitri 教授是岩石力学、采矿工程等领域国际知名专家,长期致力于矿山岩石力学、岩爆机理与防控、矿山岩层控制、井巷围岩控制等方面的研究,发表学术论文 230 多篇,近 5 年被引 1 495 次。

(3) Tingkan Lu 教授(陆庭侃),澳籍华人,河南理工大学特聘教授。Tingkan Lu 教授毕业于澳大利亚新南威尔士大学,获博士学位,在煤炭行业从事现场、科研、咨询和教学方面的工作。目前,Tingkan Lu 教授主要研究方向包括煤层致裂、瓦斯抽采及煤层快速钻进技术,发表 SCI 论文 10 余篇及其他论文 10 篇。

(4) André F. P. Lucena 副教授,里约热内卢联邦大学副教授,拥有能源规划博士学位,研究领域包括能源和环境经济学、综合评估模型和气候变化。Lucena 博士曾在加利福尼亚州劳伦斯伯克利国家实验室(LBNL)国际能源研究系担任访问学者,是 Nexus 计划的富布赖特学者,AR5 WG Ⅲ 的合作作者和政府间气候变化专门委员会(IPCC)AR6 WG Ⅲ 的主要作者,以及巴西科学院的成员。

(5) Ranjith P. Gamage 教授,2003 年加入莫纳什大学,2019 年当选为澳大利亚技术与工程院院士,主要研究方向为可持续发展、行业创新、能源和气候变化。他于 2020 年和 2021 年连续两年被《澳大利亚人报》评为采矿和矿产资源全球研究领导者,于 2021 年被《澳大利亚人报》评为环境和地质工程领域的现场负责人。他的突出贡献为提出新方法来攻克资源回收问题,以促进环境保护的技术创新和地球资源的安全回收,帮助解决当今社会及未来将要面临的问题。他指导了来自不同国家的博士生(36 名)和初、中级职业研究人员(20 名),这是他职业生涯中最有价值的方面之一。

(6) Mishra Brijes 教授,2009 年 8 月至 2021 年 12 月任美国西弗吉尼亚大学矿业工程系教授,2022 年 1 月至今任美国犹他大学矿业工程系教授,主要研究方向为岩石力学、地质学、煤矿岩层控制、煤系岩石的蠕变等,曾参与多项研究项目,包括深部煤柱回收、深层石油储量的高压和高温情况研究等,开发了与时间相关的松弛本构模型、研究得出了页岩的微观力学行为,并利用随机模型来预测煤矿中不稳定的顶板破坏。2021 年,Brijes Mishra 教授受聘河南理工大学聘任仪式见图 7-1。

矿业工程学科经常邀请外籍科学家来校开展学术讲座,见图 7-2。讲座内容涉及岩土微观力学、岩石钻进破裂机制、深层地热能、文物保护修缮、隧洞开挖、核废料储存、岩石边坡稳定及岩土工程支护系统设计等多个方面,来自多个国家的专家团队为师生介绍其科研经历及研究成果,并在会后与现场师生进行热烈的讨论,开阔师生的眼界,提高学术素养。外籍科学家来校开展学术讲座促进了相关专业教师与研究生学术及科研水平的提高,为青年教师、矿业工程学科研究生和本科生提供了良好的学术研讨氛围。

图 7-1　Mishra Briges 教授聘任仪式　　　　图 7-2　外籍专家来校开展学术讲座

　　同时，学院聘请优秀外籍科学家与教师开展学术讨论会（图 7-3），为矿业工程学科本科生、研究生讲授理论课程，提升教师、学生的国际视野。其中，Syd S. Peng 院士在培养研究生方面进行了大量认真细致的工作，坚持每年给研究生讲授 1 门 36 学时的课程"煤矿岩层控制（双语）"（coal mine ground control）。Syd S. Peng 院士在传授专业知识的同时，更注重培养学生们严谨、认真的科研态度，授课过程中彭院士和蔼可亲，与学生们相处融洽，部分授课图片如图 7-4 所示。

图 7-3　Syd S. Peng 院士与学院教师开展学术讨论

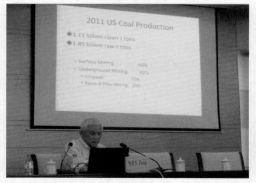

图 7-4　Syd S. Peng 院士给研究生授课

近年来,学院矿业工程学科建设发展在新时代迈上了新台阶,国外许多同行业学者前来访问交流,相关领导及教师进行了热情的接待,积极加强国际化的交流与合作,部分接待图片如图 7-5 所示。在交流学习和研究的过程中,不同国家学者之间不同的文化、语言、价值观的碰撞和多元的学习环境,可以促进采矿工程专业人才科研能力及国际视野的提升。

图 7-5 外宾来访学术交流(部分)

7.2.2 优秀教师出国深造

教师的国际化水平影响学生的国际化水平。在信息化技术发达的今天,人们可以通过网络平台学习国际先进知识,然而高校教师教学任务、科研任务较重,没有足够的时间和精力去了解其他国家高校的教学方法,提高自身国际化视野,学习先进的教育理念,并且受经费和自身等因素的限制,很多教师没有去国外学习和进修的机会,这导致大部分教师缺乏国际化意识。

外籍科学家为河南理工大学矿业工程学科青年教师以及学生等提供了长期的访学支持计划,帮助矿业工程学科青年教师联络国外优秀导师,并辅导青年教师以及优秀学生制订访学计划,为青年教师在海外访学期间科学研究提供平台支持等。除留学西弗吉尼亚大学的5 位教师外,另有 3 名教师经 Syd S. Peng 院士推荐,先后到美国肯塔基大学进行合作和交流,现已成为岩层控制方向的带头人或学术骨干。Syd S. Peng 院士还带领部分教师参观美国煤矿,如图 7-6 所示。

能源科学与工程学院围绕学科建设发展需要,着眼国家、行业需求,注重高层次创新人才和创新队伍构建,引进和培养出一批优秀的中青年学术骨干,致力于提高学科科技人才的创新能力及国际视野,为打造国际一流科研团队提供有力支撑。截至 2022 年 10 月,河南理工大学能源科学与工程学院教师到国外访学、交流有 26 名,详细名单见表 7-2,具体分布见图 7-7。

图 7-6　Syd S. Peng 院士带领部分教师参观美国煤矿

表 7-2　教师国外访学、交流名单

序号	教师姓名	访问单位	所在国家	时间
1	郭文兵	西弗吉尼亚大学	美国	2005—2006 年
2	翟新献	西弗吉尼亚大学	美国	2007—2008 年
3	宋常胜	西弗吉尼亚大学	美国	2007—2008 年
4	李德海	波兰采矿研究总院	波兰	2008 年
5	南华	西弗吉尼亚大学	美国	2008—2009 年
6	张小东	昆士兰大学	澳大利亚	2009—2010 年
7	苏发强	国立室兰工业大学	日本	2009—2017 年
8	郭保华	西弗吉尼亚大学	美国	2009—2010 年
9	尤明庆	宾夕法尼亚州立大学	美国	2009—2010 年
10	张盛	肯塔基大学	美国	2012—2013 年
11	郜进海	新南威尔士大学	澳大利亚	2013—2014 年
12	陈岩	国立室兰工业大学	日本	2013—2014 年
13	王兵建	宾夕法尼亚州立大学	美国	2013—2014 年
14	袁瑞甫	伍伦贡大学	澳大利亚	2014—2015 年
15	韦四江	肯塔基大学	美国	2014—2015 年
16	魏世明	西弗吉尼亚大学	美国	2016—2017 年
17	王浩	宾夕法尼亚州立大学	美国	2016—2017 年
18	韩颖	联邦科学院	澳大利亚	2016—2017 年
19	胡咤咤	亚琛工业大学	德国	2016—2021 年
20	李东印	莫纳什大学	澳大利亚	2017—2018 年
21	杜锋	西弗吉尼亚大学	美国	2017—2018 年
22	王文	莫纳什大学	澳大利亚	2017—2018 年
23	王伸	麦吉尔大学	加拿大	2017—2018 年
24	谭毅	西弗吉尼亚大学	美国	2018—2019 年
25	王志明	昆士兰大学	澳大利亚	2019—2020 年
26	张硕	昆士兰大学	澳大利亚	2019—2020 年

尤明庆（2009—2010）
王兵建（2013—2014）
王 浩（2016—2017）
美国宾夕法尼亚州立大学

张盛（2012—2013）
韦四江（2014—2015）
美国肯塔基大学

郭文兵（2005—2006）
翟新献（2007—2008）
宋常胜（2007—2008）
南 华（2008—2009）
郭保华（2009—2010）
魏世明（2016—2017）
杜 锋（2017—2018）
谭 毅（2018—2019）
美国西弗吉尼亚大学

胡咤咤（2016—2021）
德国亚琛工业大学

李德海（2008）
波兰采矿研究总院

苏发强（2009—2017）
陈 岩（2013—2014）
日本国立室兰工业大学

王伸（2017—2018）
加拿大麦吉尔大学

邬进海（2013—2014）
李东印（2017—2018）
王 文（2017—2018）
澳大利亚新南威尔士大学和莫纳什大学

张小东（2009—2010）
王志明（2019—2020）
张 硕（2019—2020）
澳大利亚昆士兰大学

袁瑞甫（2014—2015）
韩 颖（2016—2017）
澳大利亚卧龙岗大学
和联邦科学院

图 7-7 教师国外访学、交流分布

7.2.3 合作办学情况

加强高校的国际化,需要为学生和教师提供更多的国际交流的途径。能源科学与工程学院与国外高校相应研究机构建立合作关系,在人员互访、学术交流和项目研究等方面都有实质性的合作,以提升矿业工程学科的科研和教学水平,提高国际化人才的培养质量。

（1）加拿大合作院校

加拿大是一个资源丰富的国家,矿业是加拿大的主要产业,麦吉尔大学位于加拿大第二大城市蒙特利尔,是加拿大对学术成绩要求最高的大学,该校拥有加拿大最高的博士生比例,培育了加拿大最多的诺贝尔奖得主,其 QS 世界大学排名第 35 位、矿业工程学科排名第 3 位。能源科学与工程学院与麦吉尔大学矿业工程学科带头人 Hani Mitri 教授签署了院校合作协议。

（2）巴西合作院校

能源科学与工程学院与巴西南大河州联邦大学签署了院校合作协议。

南大河州联邦大学是位于巴西愉港市的一所公立综合性大学,也是巴西历史最悠久的高等学府之一。该校前身是成立于 1895 年的化学暨药理学校,之后改为工程学校。20 世纪初该校已初具规模,为南大河州高等教育的基地。1934 年,成立为愉港大学,1974 年正式升格为联邦大学。该校在校生和教授总数皆居南大河州之冠。

（3）美国合作院校

美国知名院校众多,能源科学与工程学院与西弗吉尼亚大学、肯塔基大学、内华达大学等院校均有过合作及交流,西弗吉尼亚大学采矿工程系讲座教授 Syd S. Peng 院士与能源科学与工程学院有长期合作关系。自 2006 年至今,能源科学与工程学院有数十名教师先后前往美国西弗吉尼亚大学、肯塔基大学、宾夕法尼亚州立大学进行过访问交流。

西弗吉尼亚大学是一所四年制公立大学,成立于 1867 年,它是西弗吉尼亚州最具规模的大学,现有学生 2.8 万人,其中本科生 2.1 万人,被卡耐基高级教育基金会评为一级研究类大学。《纽约时报大学指南》指出,它是全西弗吉尼亚州最具规模的大学,共设有 15 所学院,西弗吉尼亚大学工程学(特别是与能源有关的领域)和保健科学最好。

肯塔基大学创办于 1865 年,位于美国肯塔基州的莱克星顿市,是美国著名的公立研究型大学,诞生了 2 位诺贝尔奖获得者。肯塔基大学开设超过 100 个本科学位课程,其中超过 25 个学位课程或学院位列全美前 20 名。该校聘用全美及国际知名教师授课,师生比为 1∶18,33.8% 的班级人数不超过 20 人。校长 Eli Capilouto 指出,"只需步行 10 分钟的路程,学生们就可与世界一流的科学家、临床医生、诗人、内科医师、工程师、建筑师一起工作"。

内华达大学创建于 1874 年,位于美国内华达州,历史悠久。建校以来,在各学科领域成就卓著并拥有巨大影响力,被誉为"美国西海岸的公立常春藤"。作为美国影响力巨大的综合研究型大学之一,内华达大学每年可以从美国联邦政府和州政府获得高达 42 亿美元的研究经费,占内华达州所有大学研究经费总和的一半以上,堪称美国西海岸名校中的"巨无霸"。

2017 年 6 月 21 日下午,美国内华达大学采矿系主任 Manoj Mohanty 教授与能源科学与工程学院达成合作办学事宜,见图 7-8。双方交流了能源科学与工程学院的发展历史、办学规模、专业设置、科研平台、师资力量、主要科研方向等基本情况。Manoj Mohanty 教授就内华达大学采矿专业的办学特色、办学规模以及主要科研方向做了介绍,并表达了希望开展两个专业合作办学的意愿。同时,Manoj Mohanty 教授对美国采矿工程师协会年会也做了简单介绍,并向采矿工程专业教师发出会议邀请,希望今后能源科学与工程学院可以在该学术会议中发挥一定的作用,能够将最新的学术研究成果及时地在更广阔的范围内进行宣传。

图 7-8 美国内华达大学采矿系主任 Manoj Mohanty 教授来访

7.3 国际交流合作平台

近年来,能源科学与工程学院充分利用以美国国家工程院院士 Syd S. Peng 教授为核心的外聘优秀人才的国际影响力,陆续建设了院士工作站、国际合作联合实验室、杰出外国科学家工作室等国际交流合作平台,使其成为国内矿业领域科学研究、技术创新和人才孵化基地,同时成为对外开展学术交流的桥头堡。

7.3.1　煤矿现代化开采与岩层控制院士工作站

　　煤矿现代化开采与岩层控制院士工作站(图7-9)于2014年经河南省科技厅批准设立,依托河南理工大学能源科学与工程学院进行建设,实行企业化运作方式。

图 7-9　煤矿现代化与岩层控制院士工作站挂牌

　　煤矿现代化开采与岩层控制院士工作站依托河南理工大学采矿工程省级重点学科建设,紧密围绕岩层运动产生的动力灾害等问题,着力打造岩层移动与地面保护、矿山岩体力学、资源开采技术现代化等特色鲜明的研究方向。主要目标和任务有以下几个方面。

　　(1)科学研究方面

　　① 煤矿现代化开采与岩层控制基础理论研究

　　a. 现代化开采技术基础理论研究

　　该研究方向主要任务包含三个方面:煤层开采地质特征的定量科学描述;大开采空间岩层运动基础理论研究;巷道围岩控制基础理论研究。

　　b. 岩层控制与灾害预防基础理论研究

　　该研究方向主要任务包含两个方面:开采系统对围岩系统的工程动力响应机制、支护系统特征参量等的多参量耦合致灾机理;大开采空间顶板动力灾害预测及控制技术。

　　② 现代开采技术与装备研发

　　a. 岩层控制技术与装备研发

　　研究支架结构及各部件的承载特性,与郑煤机等煤机制造企业合作,开发适应不同开采条件的高端液压支架。

　　b. 深井围岩控制支护技术研发

　　研发高强度、高延性和具有抵抗高冲击动载功能的高端新型锚杆产品,以适应煤矿巷道围岩控制面临的新挑战和新问题。

　　(2)学科建设和教师培养方面

　　① 为河南理工大学的学科建设和发展提供支持,指导该学科的建设与发展。

　　② 组建煤矿现代化开采与围岩控制研究中心。

　　③ 组织并领导团队申报国家级及大型企业重点科技项目,协商联系河南理工大学采矿工程学科与国际相关科研机构建立科研关系,申报国际交流合作项目。

　　④ 负责对该学科教师的业务指导,接受河南理工大学选送的青年教师出国进修或学术访问,提高师资队伍学术水平。

⑤ 通过举办年度专业研讨会议、主办或协办国际学术会议和专题学术会议、邀请知名专家讲学或参加国际学术会议等,进行广泛的学术交流。

7.3.2 煤矿岩层控制与瓦斯抽采国际合作联合实验室

煤矿岩层控制与瓦斯抽采国际合作联合实验(图 7-10)于 2014 年获河南省科技厅批准建设,该实验室主要依托河南理工大学深井瓦斯抽采与围岩控制技术国家地方联合实验室,联合美国西弗吉尼亚大学采矿系共同组建。实验室中方负责人为能源科学与工程学院郭文兵教授,外方合作单位负责人为美国国家工程院院士 Syd S. Peng 教授。双方具有长期、稳定的合作基础,以该国际合作联合实验室平台为依托,更好地实现国际化合作和协同创新,有力推动实验室深井岩层控制领域重大难题攻关进程。

图 7-10 煤矿岩层控制与瓦斯抽采国际合作联合实验室挂牌

近年来,实验室积极开展国际学术交流,同美国西弗吉尼亚大学和肯塔基大学、加拿大麦吉尔大学、波兰西里西亚工业学院、澳大利亚昆士兰大学等多所大学建立合作关系,开展学术交流和科研合作。实验室主要围绕以下四个方向开展合作研究工作。

(1)煤矿岩石力学方向

主要合作单位:加拿大麦吉尔大学、美国肯塔基大学。

合作交流情况:实验室与加拿大麦吉尔大学 Mine Design 实验室开展了广泛的合作研究。双方合作开发了实验机加载装置,共同申请了包括河南省国际科技合作项目在内的多项课题。

(2)巷道围岩控制方向

主要合作单位:澳大利亚新南威尔士大学。

合作交流情况:新南威尔士大学是澳大利亚一所世界顶尖研究型学府。自 2011 年至今,实验室多人到新南威尔士大学采矿工程学院进行学术交流,建立了良好的科研合作关系,合作申请了国家自然科学基金国际合作项目等多项课题。

(3)煤与煤层气共采(抽采)方向

主要合作单位:美国宾夕法尼亚州立大学天然气研究所、澳大利亚昆士兰大学。

合作交流情况:美国宾夕法尼亚州立大学天然气研究所是北美从事非常规天然气开发的多学科综合性专业研究所。实验室同该研究所在煤层气勘探、开发技术和利用转化等领域建立良好合作关系,先后引进美国先进的第三代煤储层试井系统、美国氮气泡沫压裂技术。

(4)煤矿岩层移动与控制方向

主要合作单位:美国西弗吉尼亚大学采矿工程系。

合作交流情况:在 Syd S.Peng 院士积极推动下,实验室同西弗吉尼亚大学采矿工程系建立了良好的合作关系,实验室先后派出 20 多人次到西弗吉尼亚大学参加国际采矿岩层控制会议,开展学术交流活动。双方合作出版著作 5 部,并开展了包括国家自然科学基金重点项目在内的多项课题合作。

7.3.3　煤矿现代化开采与岩层控制杰出外籍科学家工作室

2018 年 5 月,能源科学与工程学院依托外聘的 6 名优秀外籍科学家,同时聘请河南能源集团有限公司、中国平煤神马控股集团有限公司、郑州煤炭工业(集团)有限责任公司等企业专家为兼职教授,在此基础上,成功申报了河南省煤矿现代化开采与岩层控制杰出外籍科学家工作室(图 7-11),成为最早一批获得河南省杰出外籍科学家工作室的单位之一。工作室使学科能够面向国家矿业工程发展需求,瞄准国际学科前沿,开展采矿工程领域的基础和应用基础研究,促进和推动学科发展,建设国内先进、业内一流的重点实验室,成为国内矿业领域科学研究、技术创新和人才培养基地,为国家和河南省矿业工程发展持续提供理论、技术支撑和人才储备。

图 7-11　河南省杰出外籍科学家工作室挂牌

煤矿现代化开采与岩层控制杰出外籍科学家工作室主要开展的科学研究范围包括如下几个方面。

(1) 现代化开采技术基础理论研究

① 煤层开采地质特征的定量科学描述

运用沉积学、地质力学等理论和方法研究煤层顶板岩层的沉积和地质力学特征,包括顶板岩性、矿物成分、结构及层理界面物理力学性质等地质特征参量,采用声-电综合测试方法测试煤岩宏观、中观及微观特性参量,定量描述煤岩组织结构等的动力源基本特征。

研究断层、褶曲、节理裂隙等构造特征和地表形态对开采空间结构稳定性的影响,提出可识别煤层采场的精细探测技术及方法,结合煤岩物理力学参量、几何结构参量、地质构造参量等多参量形成三维综合地质力学模型,在分析宏观及中观地质特征的基础上,建立三维地质力学基本特征模式,从而形成地质动力源特征的科学定量描述方法,为煤层顶板稳定性评价奠定理论基础。

② 大开采空间岩层运动基础理论研究

采用现场观测、实验室模拟等方法,研究高强度大开采空间条件下采场上覆岩层的失稳破坏特征,分析采空区上覆岩层破断形态、空间结构、稳定平衡方式、应力传递与转移等,建立大开采空间条件下覆岩平衡结构力学模式。

运用应力-位移监测、声发射监测、采场及地表变形监测等手段,将井下监测与地面监测相结合,研究大开采空间条件下覆岩空间结构形态、顶板运动特征、覆岩破断形式及参数,研究采动应力场与覆岩空间结构形态、采高、推采速度等开采空间参数变化的耦合作用关系,分析采动过程中应力场与能量场的变化过程、能量积聚与耗散的演化规律;采用系统灾变理论等,建立覆岩空间结构模式的时间、空间、强度演化与动力灾害孕育、发生发展的关系模型;研究覆岩空间结构—空间应力场分布—开采区域性损伤—煤岩切落失稳的多尺度大开采空间下覆岩动力灾害的孕育过程、触发机制及判别准则,建立大开采空间条件的覆岩空间结构变化—采动应力场转移—应力升高—能量剧增—煤岩切落的非线性动力学模型;揭示大开采空间条件下采动应力场时间、空间、强度分布的动力学规律。

③ 巷道围岩控制基础理论研究

采用数值模拟、室内测试等方法,研究深井巷道围岩体流变特性、锚固体流变特性以及锚固体稳定性,研究深井巷道围岩的应力场和位移场变化规律,提出深井巷道围岩控制的新方法。

(2)岩层控制与灾害预防基础理论研究

① 大开采空间采动支架围岩耦合系统的工程动力响应机制

分析大开采空间条件下采场支架与围岩相互作用关系,研究覆岩运动过程中支架结构特征、支架工作阻力等参与采场系统动平衡的力学模式,分析支架特征参量与采场顶板系统参量的相互作用关系。分析不同开采空间参数条件下支架围岩耦合系统工程力学响应特征,研究不同尺寸断续煤岩体的结构破坏失稳特征,研究允许覆岩破坏但限制其运移发展所需的支架结构、形式以及工作阻力,建立采场支架围岩系统耦合作用模型,为大开采空间下支架设计提供理论基础。

② 地质特征参量、开采空间参量、支护系统特征参量等的多参量耦合致灾机理

分析现代化开采技术条件下地质特征参量、开采空间参量、支护系统特征参量等的多参量耦合作用关系,建立强开采扰动条件下大开采空间顶板动力灾害多参量耦合的动力学模型,研究开采动力源、地质动力源与开采空间参量、支护系统特征参量等相互作用的致灾模式及致灾条件,揭示顶板动力灾害与开采空间、支护系统的耦合力学效应机制。

③ 大开采空间顶板动力灾害预测及控制技术

研究大开采空间顶板动力灾害发生的不同信息前兆特征、变化规律,探索采场顶板动力灾害全过程的可测信息采集技术及方法,提出大开采空间顶板动力灾害的多参量前兆信息识别理论,建立基于采场支架的电液伺服系统参数、覆岩结构及运动参数等多参量前兆信息的顶板动力灾害预测理论与技术体系。研究顶板动力灾害规模、强度与开采空间、开采速度及应力环境的关系,从大开采空间顶板切落冲击动力灾害发生的条件入手,研究覆岩运动平衡的开采空间参量、支护系统参量控制的技术和方法,利用合理的支护系统、开采空间参数优化以及水压致裂技术等防治顶板动力灾害,构建现代化开采技术体系下大开采空间顶板动力灾害控制技术体系。

(3)现代开采技术与装备研发

① 岩层控制技术与装备研发

在岩层运动基础理论研究的基础上,进一步分析不同开采条件下支架与围岩的作用关系,研究支架结构及各部件的承载特性,与郑煤机等煤机制造企业合作,开发适应不同开采

条件的高端液压支架,结合理论研究成果,开发支架选型、支架受力分析以及工作面矿山压力分析软件。

②　深井围岩控制支护技术研发

我国已有平顶山、淮南和峰峰等 43 个矿区的 300 多座矿井开采深度超过 600 m,煤炭开采逐步加深;全国近 200 处矿井开采深度超过 800 m,47 处矿井开采深度超过 1 000 m。深部开采巷道高应力及冲击地压等给巷道围岩控制带来极大困难,深部巷道围岩控制成为煤炭行业面临的重大技术难题。团队在已有技术积累的基础上,研发高强度、高延性和具有高冲击功的高端新型锚杆产品,以适应煤矿深部巷道围岩控制面临的新挑战和新问题。

2021 年 9 月 28 日,河南省科技厅组织验收组对依托河南理工大学能源科学与工程学院建设的河南省煤矿现代化开采与岩层控制杰出外籍科学家工作室进行了验收(图 7-12),经过质询和讨论,专家组对工作室建设取得的进展和标志性成果予以肯定。

图 7-12　河南省杰出外籍科学家工作室考核验收

三年来,河南省煤矿现代化开采与岩层控制杰出外籍科学家工作室聘请外国专家和团队在项目实施过程中围绕科学研究和学科建设等方面开展了大量的工作,为学科整体实力的提升作出了重大贡献,具体有以下几个方面。

①　承担的主要工作。外籍科学家为河南理工大学矿业工程学科建设和发展提供支持,指导学科的建设与发展;组织并领导团队申报国家级及大型企业重点科技项目,协商联系河南理工大学采矿工程学科与国际相关科研机构建立科研关系,为进一步国际交流合作项目打下基础;对学科教师的业务进行指导,指导河南理工大学青年教师出国进修或学术访问,提高师资队伍学术水平,目前学科有近 40% 教师具有海外访学经历;通过主办或协办国际学术会议、邀请知名专家讲学和参加国际学术会议等,进行广泛的学术交流。外国专家的参与和支持,极大促进了国际交流与合作,提升了学科的国际影响力。

②　有效提升了矿业工程学科国际影响力。2023 年矿业工程学科软科世界排名第 18位,首次进入前 20 名,国际影响力显著提升,矿业工程学科第四轮全国高校学科评估结果为 B,全国并列第六位。高水平的 SCI 学术论文数量呈逐年递增趋势,实现了中科院一区、行业内 TOP 期刊的突破,增加了学术论文的引用率。另外,在外籍科学家的带领下,知识产

权的国际化进程进一步加快,国际专利的申报与授权实现了零的突破,提升了国内先进技术、方法的国际影响力。

③ 取得的经济和社会效益。河南省煤矿现代化开采与岩层控制杰出外籍科学家工作室面向国家矿业工程发展需求,瞄准国际学科前沿,开展采矿工程领域的基础和应用基础研究,促进和推动学科发展。工作室积极承担国家、省部级课题,加强与企业合作,在煤矿现代化开采与岩层控制基础理论研究方面取得显著成果,包括现代化开采技术基础理论研究和岩层控制与灾害预防基础理论研究。团队成员承担国家级、省部级项目 30 项,其中国家自然科学基金项目 14 项,纵向课题总经费 1 481 万元,横向课题总经费 4 000 万元;取得发明专利 54 项;获得省部级以上科技成果奖 22 项,发表高水平论文 147 篇,出版学术专著 10 部。工作室成功协办"37 届、38 届国际采矿岩层控制会议"等重要学术会议。团队在已有技术积累的基础上,在矿山岩体力学理论与实验、矿产资源绿色高效开采、煤层气抽采与利用、采动损害与环境保护以及资源洁净加工与高效利用等方面都有了很大提高,为国家和河南省矿业工程发展持续提供理论、技术支撑和人才储备。

④ 对聘请专家工作的评价。外籍科学家工作室聘请的各位专家是充满哲学思想的智者,他们热衷于采矿工程专业的教学与科研工作,长期奉献于学术会议、学术讲座的一线,为河南理工大学的学术研究带来了新的思想和理念,为中国矿业工程学科的人才培养、学科建设和科学研究作出了杰出贡献。

7.4　国际会议与学术交流

7.4.1　主办国际会议

随着人类社会的不断发展,国际会议日益成为世界各国进行交往和联系的一种重要手段。国际采矿岩层控制会议(International Conference on Ground Control in Mining,ICGCM)由美国国家工程院院士 Syd S. Peng 教授组织创办,自 1981 年在美国举办以来,至今已成功举办 40 届。自 2014 年开始设立 ICGCM 中国会议,目前已经成功举办 9 届。ICGCM 中国会议的开设便于我国学者与国际采矿岩层控制领域的专家学者进行广泛交流,提升了我国在采矿岩层控制领域的研究水平和国际影响力。近年来,能源科学与工程学院共主办或协办了 9 次国际会议,具体如下:

(1) 第 33 届国际采矿岩层控制会议(中国)

2014 年 10 月 24—26 日,由中国矿业大学(北京)和美国西弗吉尼亚大学主办,中国矿业大学、河南理工大学、国家自然科学基金委员会、冀中能源集团有限责任公司、中国煤炭科工集团、国家能源充填采煤技术重点实验室、中国煤炭学会青年工作委员等单位协办的第 33 届国际采矿岩层控制会议(中国)在北京西郊宾馆召开,这是该国际性会议第一次在亚洲国家举办。会议现场如图 7-13 所示。

会议以"煤矿岩层控制理论与技术进展"为主题,来自国内高等学校、科研院所、矿山企业、技术咨询机构、新闻媒体等领域的 300 多位代表以及来自 10 个国家的 30 余位外国学者参加,共同就采矿岩层控制问题进行了广泛和深入的交流。会议共开展了 22 场特邀报告和 27 场大会一般性学术报告,报告内容涵盖煤与瓦斯共采、长壁开采地表沉陷预测、顶板支护

图 7-13　第 33 届国际采矿岩层控制会议（中国）

新技术、充填开采沉陷控制技术、保水开采理论及应用、特厚煤层综放开采矿压显现及控制技术、液压支架承载特性、深部开采岩石力学问题、井下岩层失稳灾害的案例研究等，为国内外代表提供了良好的学术交流机会，为解决我国采矿岩层控制中的重要问题出谋划策，以期共同推进国际采矿岩层控制理论和技术的发展和推广应用。

会议共收到来自中国、美国、加拿大、澳大利亚、德国、巴西、印度、埃及、英国等世界各地的论文 125 篇，通过大会学术委员会筛选，收录 80 篇论文，其中中文 62 篇，英文 18 篇。这次会议是采矿岩层控制领域的一次大型国际性行业盛会，为我国先进的采矿技术、先进的采矿岩层控制理论与技术走向世界提供了良好的平台。

（2）第 34 届国际采矿岩层控制会议（中国·2015）

2015 年 10 月 18 日上午，第 34 届国际采矿岩层控制会议（中国）在河南理工大学明德楼音乐厅隆重举行（图 7-14）。美国国家工程院院士 Syd S. Peng 教授等领导、专家出席会议。参加会议的还有来自国内外政府、高校、科研院所、技术咨询机构和大型煤炭企业集团的 220 余名专家、学者，总参会人员达 300 人，其中海外人员 30 人。

与会学者围绕矿山开采围岩与岩层控制、巷道支护、冲击地压及其检测和煤矿开采新技术等近 10 个主题的 22 场大会特邀报告和 29 场大会主题学术报告进行广泛和深入交流。

第 34 届国际采矿岩层控制会议（中国）由河南理工大学、美国西弗吉尼亚大学、中国煤炭学会主办，中国矿业大学、中国矿业大学（北京）、国家自然科学基金委员会、中国煤炭科工集团、大同煤矿集团有限责任公司、河南能源集团有限公司、煤炭科学研究总院编辑出版中心、辽宁工程技术大学、太原理工大学等单位协办。会议共收到来自中国、美国、英国、德国、日本、澳大利亚、印度、巴西和埃及等国专家、学者的论文 129 篇，经大会学术委员会遴选，共遴选收录论文 110 篇，分中英文两本论文集出版，其中英文论文 40 篇，中文论文 70 篇。经大会学术委员会推荐，13 篇优秀论文被《煤炭学报》《煤炭科学技术》等期刊收录。

（3）第 35 届国际采矿岩层控制会议（中国）

2016 年 9 月 17—19 日，第 35 届国际采矿岩层控制会议（中国）在辽宁工程技术大学召

图 7-14　第 34 届国际采矿岩层控制会议（中国·2015）

开，如图 7-15 所示。本次会议由辽宁工程技术大学、美国西弗吉尼亚大学、国家自然科学基金委员会、中国煤炭学会、中国矿业大学、中国矿业大学（北京）和河南理工大学共同主办。美国西弗吉尼亚大学教授、美国国家工程院院士 Syd S. Peng，中国煤炭科工集团、国家自然科学基金委员会信息科学部、神华神东煤炭集团有限责任公司、大同煤矿集团有限责任公司等单位专家参加会议。来自中国、美国、俄罗斯等 9 个国家和地区的 230 余名中外专家学者出席会议，其中海外人员 18 人。

图 7-15　第 35 届国际采矿岩层控制会议（中国）

会议以"煤矿岩层控制理论与技术进展"为主题，进行了 5 场特邀报告和 26 场主题报告。报告内容涵盖巷道围岩变形机理及防治、矿山岩石力学机理与应用、岩层移动机理及控制、开采沉陷控制理论与技术、矿区智能化与大数据模型构建及露天开采边坡稳定等领域，与会学者针对报告内容进行了深入研讨。

（4）第 36 届国际采矿岩层控制会议（2017'中国）

2017 年 10 月 12—14 日，由安徽理工大学、美国西弗尼吉亚大学、国家自然科学基金委员会、中国煤炭学会、中国矿业大学、中国矿业大学（北京）和河南理工大学共同主办的第 36 届国际采矿岩层控制会议（中国）在安徽理工大学举行，如图 7-16 所示。参会人员达 300 人，其中海外人员 30 人。

图 7-16　第 36 届国际采矿岩层控制会议（2017'中国）

会议以"煤矿岩层控制理论与技术进展"为主题，邀请了安徽理工大学袁亮院士、中国矿业大学（北京）王家臣教授、美国西弗吉尼亚大学 Brijes Mishra 教授、中南大学李夕兵教授、澳大利亚新南威尔士大学 Ismet Canbulat 教授等国内外知名学者进行了 5 场特邀报告和 53 场主题报告。报告内容涵盖千米深井安全高效开采、深部岩石力学与工程应用、采场岩层控制理论与技术、坚硬顶板岩层控制理论与技术、巷道围岩控制与防治技术、冲击地压及其防治理论与技术、煤与瓦斯共采理论与技术、大倾角煤层开采矿压控制理论与技术、煤层群协调开采矿压控制理论与技术、开采沉陷控制理论与技术、智能岩层控制及矿山灾害防治等领域。

（5）第 37 届国际采矿岩层控制会议（2018'中国）

2018 年 10 月 12—14 日，第 37 届国际采矿岩层控制会议（2018'中国）在江苏徐州举行，会议由中国矿业大学、中国矿业大学（北京）、美国西弗吉尼亚大学、中国煤炭学会、河南理工大学共同主办。来自美国西弗吉尼亚大学、四川大学、山东大学、中南大学、重庆大学、东北大学、中国矿业大学、中国矿业大学（北京）、中国煤炭科工集团、国家能源投资集团有限责任公司、中国煤炭学会等单位的近 500 名专家、学者、师生参加会议，如图 7-17 所示。

美国国家工程院院士 Syd S. Peng 教授简要介绍了国际采矿岩层控制会议的发展历程和自身学术研究生涯，希望此次会议在煤炭开采岩层控制方面能创建一个技术分享与讨论的平台，为世界采矿技术的发展起到重要的理论和实际指导作用。开幕式结束后，大会进行了 Syd S. Peng 院士自传《墨金人生》首发仪式和中国矿业大学侯朝炯教授《巷道围岩控制》

图 7-17　第 37 届国际采矿岩层控制会议（2018'中国）

捐书仪式。

　　来自国内外 4 所高校的 5 位专家、学者在会议上作了特邀报告。来自国内外 16 个单位的 52 位专家、学者围绕采矿方法及采场岩层控制、矿山灾害机理与防控、深部井巷构建与利用、充填开采理论与技术、岩石力学与工程应用、智能精准采矿方法与理论、煤及共伴生资源协调开采等作了主题学术报告，就采矿岩层控制领域新理论、新技术和新成果进行了学术交流，每一个主题报告既有专家的精准点评，又有与会学者的深度交流研讨。

　　（6）第 38 届国际采矿岩层控制会议（2019·中国）

　　2019 年 10 月 12—14 日，第 38 届国际采矿岩层控制会议（2019·中国）在太原理工大学举行，会议由太原理工大学、美国西弗吉尼亚大学、国家自然科学基金委员会、中国煤炭学会、中国矿业大学（北京）、中国矿业大学、河南理工大学共同主办，来自科罗拉多矿业大学、科廷大学、昆士兰大学、新南威尔士大学、中南大学、北京科技大学、重庆大学、东北大学等国内外 30 余家单位的 350 余名专家学者应邀参加会议，深入交流国内外采矿岩层控制领域的最新研究动态和进展。会议现场如图 7-18 所示。

图 7-18　第 38 届国际采矿岩层控制会议（2019·中国）

会议共开展了 71 场学术交流报告。会议期间,各位专家学者围绕科学采矿理论与技术、矿山灾害机理与防控、冲击地压及防治、采矿方法及矿压控制、岩石力学与工程应用、遗煤等难采煤层绿色开采、原位改性采矿等主题进行了深入广泛的讨论和交流。

(7) 2021 中美采矿岩层控制会议

2021 年 10 月 15—17 日,由山东科技大学、美国西弗吉尼亚大学、中国煤炭学会、中国矿业大学、中国矿业大学(北京)、河南理工大学联合主办,中南大学等国内外 36 家单位协办的 2021 中美采矿岩层控制会议在山东科技大学举行。会议现场如图 7-19 所示。

图 7-19　2021 中美采矿岩层控制会议

美国国家工程院院士 Syd S. Peng、中国科学院院士宋振骐、中国工程院院士蔡美峰、中国工程院院士王国法以及来自美国西弗吉尼亚大学、美国科罗拉多矿业大学、中南大学、北京科技大学、东北大学、重庆大学、中国煤炭科工集团、山东能源集团有限公司等国内外采矿岩层控制领域的上百位知名专家和行业精英以"线上＋线下"的方式参加了会议,大家互相交流学术成果,共同探讨岩层控制技术问题,为岩层控制研究与实践献计献策。

会议期间,知名专家、学者围绕采矿岩层控制、冲击地压、采空区治理等主题作特邀报告,为采矿岩层控制学术界和青年科研人员带来一场科研盛宴。此外,来自国内外高等院校、研究院所和煤炭生产一线的专家、学者围绕科学采矿理论与技术、冲击地压及其防治与技术、煤与瓦斯突出及其防治、深部开采突水动力灾害预警与防控等 15 个主题,开展了 78 场学术报告,就采矿岩层控制领域的新理论、新方法进行了广泛深入的交流,对采矿与岩层控制及相关领域的新工艺和新技术进行推介。

(8) 煤矿智能开采与岩层控制国际学术论坛(中国·2019)

2019 年 10 月 20—21 日,煤矿智能开采与岩层控制国际学术论坛(中国·2019)在河南理工大学举办。该论坛由河南理工大学、美国西弗吉尼亚大学、中国煤炭学会、河南省煤炭学会主办,国内外 30 多所高校、企业和科研单位的专家学者共 300 余人参加论坛,其中海外人员 20 人。论坛现场如图 7-20 所示。

图 7-20　煤矿智能开采与岩层控制国际学术论坛(中国·2019)

　　论坛开幕式在河南理工大学一号综合楼学术报告厅举行。美国国家工程院院士 Syd S. Peng 等领导、专家、学者和研究人员参加开幕式。该论坛共开展 6 个特邀报告和 8 个主题报告。特邀报告主题分别为美国长壁采煤法自动化工艺现状综述、特厚煤层智能开采与坚硬顶板岩层控制、测绘数字化透明矿山实现地下智能开采、煤矿智能开采技术现状与展望、对煤矿采场智能岩层控制的认识与思考和智能采矿人才培养与专业改造升级等。主题报告在能源科学与工程学院学术报告厅举行。中国矿业大学(北京)马念杰教授等 8 位专家、学者分别作了题为《大地震为例论岩体动力破坏》《煤矿瓦斯智慧抽采技术及展望》《西安科技大学采矿工程专业智能开采特色班建设探索》《瓦斯抽采关键技术及管道智能控制技术》《煤的冲击倾向性鉴定研究》《特厚煤层智能放顶煤系统研究进展》《智能工作面刮板机直线度感知关键技术研究》《煤矿智能通风技术与装备研究》等的主题报告。

　　论坛为从事煤矿智能开采与岩层控制的专家、学者、工程技术人员提供了一个共享科研成果和前沿技术、加强学术研究与讨论、促进学术成果产业化合作的平台,对于推动国内煤矿智能开采与岩层控制技术进步具有重要意义,同时进一步加强了高校与该领域国内外各专家、学者的联系,提升了学校的知名度和学术影响力,进一步加快了高校相关学科的特色发展和建设步伐。

　　(9) 2022 可持续能源发展国际会议——智能开采与岩层控制论坛

　　2022 年 8 月 17 日,由中国能源学会主办,河南理工大学能源科学与工程学院承办的 2022 可持续能源发展国际会议的 16 分论坛"智能开采与岩层控制论坛"在线上举行,共有 10 位来自中美两国的专家学者作专题报告,线上共 2 000 余名专家学者师生参会。部分会议图片如图 7-21 所示。

　　美国国家工程院院士 Syd S. Peng 教授等 10 位专家围绕煤炭资源开发中的绿色、智能、安全开采及装备研发等热点问题作了学术报告,阐述了智能开采与岩层控制的最新理论技术进展,为广大相关专业研究人员提供了一场内容丰富的线上学术盛宴。

（a）论坛主场

（b）论坛学术掠影

图 7-21 智能开采与岩层控制论坛

7.4.2 学术报告情况

学术报告是实现学术交流互动的有效形式,它可以使报告人在现场与同领域其他学者进行充分互动交流,更及时地获得反馈。在学术会议中,参会者一般为业界专家、高级学者、生产单位相关负责人以及相关领域的研究生,学生听取学术报告有助于其接触更全面、广阔的行业相关知识。自 2018 年以来,河南理工大学能源科学与工程学院邀请境外专家来校作学术报告总计 14 人次,详见表 7-3。

表 7-3　邀请境外科学家作学术报告列表

报告题目	报告时间	报告人	所在单位	所属国家
页岩油气开发的大数据分析讲座	2018 年 3 月 23 日	罗红雨	美国波士顿页岩大数据服务公司	美国
煤层气井压裂技术、页岩气开采技术、深部岩石力学	2018 年 4 月 19 日	Ranjith P. Gamage	莫纳什大学	澳大利亚
从检修案例谈山岳隧道营运过程结构演化及维护管理	2018 年 8 月 29 日	王泰典	台湾大学	中国
美国长壁综采技术——从一无所知到世界标准	2018 年 10 月 18 日	Syd S. Peng	西弗吉尼亚大学	美国
煤炭资源开采和清洁利用	2018 年 10 月 26 日	Zbigniew Lubosik	波兰矿山研究院	波兰
岩石裂隙粗糙度对渗流的影响	2018 年 11 月 6 日	井兰如	皇家理工学院	瑞典
怎样开展科研工作——以液体二氧化碳相变煤层致裂技术的研究为例	2018 年 10 月 10 日	陆庭侃	新南威尔士大学	澳大利亚
新型玄武岩纤维增强聚合物钢筋在混凝土梁和桥面板中的开发与试验	2018 年 12 月 12 日	卜拉欣·本莫克伦	皇家科学院	加拿大
胶凝材料加速碳化养护的微波预处理	2019 年 6 月 4 日	Yun Bai	伦敦大学学院	英国
Experimental and Numerical Rock Mechanics for Improving Mine Safety	2019 年 6 月 4 日	Mishra Brijes	西弗吉尼亚大学	美国
The Simulation of Coupled THM Processes in Underground Canister Retrieval Test	2019 年 9 月 19 日	井兰如	皇家理工学院	瑞典
人才培养方案、学生留学、教师互访、科研合作	2019 年 9 月 20 日	David Bassir	巴黎-萨克雷大学	法国
基于 LBM 的煤层气裂缝的数值模拟研究	2019 年 9 月 27 日	王国雄	昆士兰大学	澳大利亚
双边合作,获得学位的机会和补充	2021 年 3 月 30 日	David Bassir	巴黎-萨克雷大学	法国

同时,学术会议往往分为大会报告和分会报告,在分会报告中,研究生报告更是超过一半的数量,可见作好学术报告是当下研究生的必备技能之一。河南理工大学能源科学与工程学院鼓励学生积极在国际会议工作学术报告,自 2018 年以来已有 14 人次在国内外相关专业会议上作了学术报告,详见表 7-4。

表 7-4　学生作学术报告情况

序号	报告题目	会议名称	参会时间	报告学生
1	Application Research of 3D Laser Scanning Technology in Monitoring Subsidence Area of Coal Mining	SME Annual Conference and Expo 2018	2018 年 2 月 7 日	徐飞亚
2	Finite-discrete Element Modelling of Hydraulic Fracture Propagation and Interaction with Natural Fractures	The 31st International Conference on Industrial, Engineering & Other Applications of Applied Intelligent Systems	2018 年 5 月 5 日	王伸
3	Analysis of the Influence of Underground Coal Mining on the Environment	2018 International Workshop on Environmental Management, Science and Engineering	2018 年 6 月 16 日	王帅
4	A Stochastic Programming Model for Multi-commodity Redistribution Planning in Disaster Response	IFIP Advances in Information and Communication Technology 2018	2018 年 8 月 6 日	高学鸿
5	煤矿高强度开采覆岩裂缝带高度研究	第 37 届国际采矿岩层控制会议（2018'中国）	2018 年 10 月 13 日	赵高博
6	Critical Failure Criteria of the Overlying Rock Strata due to High-intensity Long Wall Mining	International Conference of Ground Control in Mining. 2019，Morgantown	2019 年 7 月 24 日	赵高博
7	A Stochastic Optimization Model for Commodity Rebalancing under Traffic Congestion in Disaster Response，Advances in Production Management Systems	IFIP Advances in Information and Communication Technology 2018	2019 年 9 月 6 日	高学鸿
8	煤巷顶板锚固钻进动力响应特征研究	第 38 届国际采矿岩层控制会议（2019·中国）	2019 年 10 月 13 日	付孟雄
9	Impacting Factors on Horizontal Coal Seam Gas Well Production and Proxy Model Comparison	2019 SPE/AAPG/SEG Asia Pacific Unconventional Resources Technology Conference	2019 年 11 月 19 日	王乾
10	Distribution Characteristics and Geochemistry Mechanisms of Carbon Isotope of Coalbed Methane in Central-Southern Qinshui Basin，China	2019 SPE/AAPG/SEG Asia Pacific Unconventional Resources Technology Conference	2019 年 11 月 19 日	张硕
11	Effect of Microstructure and Chemical Composition of Coal on Methane Adsorption	2019 SPE/AAPG/SEG Asia Pacific Unconventional Resources Technology Conference	2019 年 11 月 19 日	王志明
12	A Coupled Model of Air Leakage in Gas Drainage and An Active Support Sealing Method for Improving Drainage Performance	2019 China-Australia Unconventional Natural Gas Forum	2019 年 11 月 21 日	王志明
13	树脂锚固剂搅拌过程仿真及高效搅拌构件优化实验	2021 中美采矿岩层控制会议	2021 年 10 月 17 日	贺德印
14	采动覆岩裂隙内定向长钻孔瓦斯抽采参数及应用研究	2021 中美采矿岩层控制会议	2021 年 10 月 17 日	郭明杰

7.5 国际化人才培养

7.5.1 学生出国深造情况

河南理工大学能源科学与工程学院注重国际交流与合作,采取"走出去,请进来"的人才战略,鼓励师生走出国门、走向世界,到世界高水平大学访学,建立国际产学研合作基地。学院与美国西弗吉尼亚大学、巴西南大河州联邦大学等多所高校就研究生培养、教师访学等签订合作协议,进一步拓展了学院国际合作空间和创新科研领域。自 2012 年起,河南理工大学能源科学与工程学院与国外高校联合培养学生 10 名,详细名单见表 7-5。

表 7-5　出国留学学生名单

留学时间	姓名	攻读学位	周期	学校	国家
2012.10—2014.10	秦自兴	硕士	2 年	阿德莱德大学	澳大利亚
2012.10—2014.10	唐旭	硕士	2 年	西弗吉尼亚大学	美国
2016.08—2017.08	刘闯	博士	1 年	麦吉尔大学	加拿大
2016.11—2020.11	杨健	博士	4 年	西弗吉尼亚大学	美国
2017.11—2018.03	徐飞亚	博士	4 个月	西弗吉尼亚大学	美国
2017.10—2018.10	陈俊涛	博士	1 年	新加坡国立大学	新加坡
2017.10—2018.10	王伸	博士	1 年	麦吉尔大学	加拿大
2019.12—至今	乔洋	博士	4 年	奥卢大学	芬兰
2020.11—至今	李亚涛	博士	4 年	京都大学	日本
2021.08—至今	赵高博	博士	4 年	西弗吉尼亚大学	美国

自 2012 年起,河南理工大学能源科学与工程学院矿业工程学科在国家留学基金委资助下,先后有数十名研究生前往美国、澳大利亚、新加坡、加拿大、芬兰高校进行留学访问,其部分留学图片见图 7-22。其中,王伸博士于 2017 年 10 月至 2018 年 10 月,在加拿大麦吉尔大学留学,参与该校煤矿设计与数值模拟实验室(Mine Design and Numerical Modeling Laboratory)的科学研究,并达到预期研究成果,进一步促进了学院的国际交流。

7.5.2 招收留学生

河南理工大学能源科学与工程学院办学历史悠久、科研实力突出,其采矿工程专业为国家级一流本科专业、国家级特色专业、国家级专业综合改革试点专业、教育部卓越工程师教育培养计划试点专业,三次通过全国工程教育专业认证。近年来,学院吸引了多名外籍留学生,包括博士研究生、硕士研究生,如图 7-23 所示,为矿业工程学科中青年教师提供了国际生源,提升了教师教研水平,同时丰富了学生们的生活环境。目前,河南理工大学能源科学与工程学院培养、招收了 3 名外籍博士、4 名外籍硕士,详细名单见表 7-6。

图 7-22　部分博士研究生出国留学访问图片

图 7-23　学院领导与部分外籍留学生合影

表 7-6　矿业工程学科招收外籍留学生名单

入学时间	姓名	攻读学位	国籍
2018.03	Faizan Arshad	硕士研究生	巴基斯坦
2018.09	Syabilla R. Cardosh	硕士研究生	印度尼西亚
2020.09	Sylla Abdoulaye	硕士研究生	几内亚
2020.09	Cisse Diaka	硕士研究生	几内亚
2018.09	Heri I. Gombera	博士研究生	坦桑尼亚
2018.09	Dickson Charles	博士研究生	坦桑尼亚
2019.09	Muhammad Awais	博士研究生	巴基斯坦

7.6　小　　结

(1) 国际化师资队伍建设方面,矿业工程学科大力实施"引进来""走出去"师资队伍建设政策,与美国、澳大利亚、巴西等国家的多所高校建立了合作办学关系,先后聘请了包括2名国外工程院院士在内的外籍优秀科学家6人,送出国外开展访学和短期学术交流的教师26名,至今,采矿工程专业近二分之一的专业教师具有海外留学背景,对矿业工程学科的科学研究和人才培养起到了积极作用。

(2) 国际交流合作平台建设方面,矿业工程学科充分发挥外聘院士的国际影响力,陆续建成了河南省煤矿现代化与岩层控制院士工作站、煤矿岩层控制与瓦斯抽采国际合作联合实验室以及河南省煤矿现代化开采与岩层控制杰出外籍科学家工作室等国际交流合作平台,合作出版著作3部,开展了包括国家自然科学基金重点项目在内的多项课题合作。该类平台已成为国内矿业领域科学研究、技术创新和人才孵化基地,同时作为对外开展学术交流的桥头堡,为提升矿业工程学科国际影响力发挥了重要作用。

(3) 国际会议与学术交流方面,河南理工大学作为发起单位,与中国矿业大学、中国矿业大学(北京)两所行业顶级高校共同引进了矿业工程领域顶级盛会国际采矿岩层控制会议,至今已成功举办9届。同时,为了扩大煤矿智能化开采领域的影响力,能源科学与工程学院作为主办和承办单位,自2019年起,连续举行了2届煤矿智能开采与岩层控制国际学术论坛活动。自2018年起,能源科学与工程学院共邀请境外专家来华作学术报告14人次,研究生在国际会议上作学术报告14人次。通过主办国际会议以及学术报告等活动,矿业工程学科的软实力大大提升。

(4) 国际化人才培养方面,能源科学与工程学院与美国西弗吉尼亚大学、巴西南大河州联邦大学等多所高校就研究生培养签订了合作协议,拓宽了矿业工程学科学生提升学术研究水平的求学渠道,目前已有10名学生进入国外知名高校攻读矿业工程硕士、博士学位,同时,学院招收了外籍博士研究生3名、硕士研究生4名。

8 招生与就业

8.1 招生情况

河南理工大学矿业工程学科面向全国 20 个省(自治区、直辖市)招生,建立了校、院系两级招生组织领导机构负责招生工作,通过网络、报刊、现场咨询等方式开展招生宣传,通过学科专业办学质量提升和实施本科毕业生免试攻读硕士等措施吸引优质生源,建立奖、贷、勤、减、免等困难学生资助体系保障学生安心就学,通过国家奖学金、励志奖学金、孙越崎优秀学生奖学金及各类社会力量奖学金激励学生。近年来,学校招生质量保持较高水平并稳步提升,为实现人才培养质量的不断提升奠定了坚实基础。现分别从学校、学院两个层面及当前生源具体情况进行介绍。

8.1.1 学校制度与措施

(1) 建立完善的招生工作机构和制度:学校成立河南理工大学招生工作领导小组,由分管学生工作的校党委副书记担任组长,招生就业处处长为副组长,纪委、审计、教务处等各职能部门主要负责人为成员,招生就业处负责全校的本科生招生工作。设立河南理工大学招生工作委员会,制定《河南理工大学招生录取工作流程及注意事项》《河南理工大学远程网上录取工作流程》《河南理工大学录取工作人员守则》《河南理工大学录取场所管理规定》等各项招生制度,保证招生工作公开、公正、公平地开展。

(2) 开展多渠道与时俱进的招生宣传:通过教育部阳光高考、河南省阳光高考和部分省份的招生和学校招生网站等发布招生信息,在《中国青年报》《河南日报》以及各省的招生计划专刊(考生人手一本)等平面刊物宣传学校特色;在全国 300 余所高中建立优质生源基地,面向 3 000 所高中邮寄学校招生简章和宣传资料;在省内 200 余所高中建立招生宣传展板和 LED 显示屏,开展招生宣传吸引优秀生源;积极组织优质生源基地高中校长论坛,参加全国招生现场咨询活动,在高考结束后到全国部分生源基地和全省全部地市进行现场招生咨询和宣传。学校曾获教育部科技发展中心"2014 年高考招生咨询大型公益系列活动"优秀组织奖等招生宣传工作表彰。

(3) 构建完善的家庭经济困难学生资助体系:建立了由贷、助、勤、补构成的家庭经济困难学生资助体系。协助家庭经济困难学生申请国家助学贷款,利用生源地贷款或校园地贷款方式保障学生做到应贷尽贷;通过开设特困新生入学"绿色通道"、发放国家助学金及联系校外单位或机构出资等形式资助家庭经济困难学生。面向困难学生,设立勤工助学岗位,使其能够自食其力勤工俭学。对于特别困难学生和突发情况,学校设置专项资金进行专项补贴。近三年,协助学生办理助学贷款 343 人次共 168.78 万元。

(4) 实施多层次的学业奖励激励办法:学校制定了《河南理工大学优秀新生奖励办法(修订)》,对高考成绩优异的新生进行奖励;根据国家政策,在社会各界和校友的支持下,设立孙越崎优秀学生奖学金、朱训教育奖学金、龙软科技奖学金、九鼎科技奖学金、河南省关心下一代助学金、焦作中心血站助学金、河南理工大学后勤大爱奖学金和采矿英才奖学金等多种奖助学金。其中,学校制定了《河南理工大学国家奖学金管理暂行办法》《河南理工大学国家励志奖学金管理暂行办法》《河南理工大学学生奖励条例》等办法,对综合素质优秀的学生予以奖励。近三年,学校面向采矿工程专业学生,发放新生奖学金 21 人次共 6.16 万元;国家奖学金、国家励志奖学金 116 人次共 58.9 万元,孙越崎优秀学生奖学金、朱训优秀本科生奖学金、采矿英才奖学金、九鼎科技奖学金、宏大爆破奖学金等 57 人次共 4.45 万元。

(5) 完善学生学业交流与提升机制:学校每年选拔部分学生到中国矿业大学协同创新中心卓越工程师班进行联合培养;根据国家留学基金委优秀本科生留学计划,推荐优秀在校生到美国、韩国等国家相关院校做短期交换生;制定《河南理工大学推荐优秀应届本科毕业生免试攻读硕士研究生工作管理办法(修订)》,改革创新人才选拔方式,激励本科生勤奋学习,毕业后继续深造。

8.1.2 院(系)制度与措施

(1) 设置学院招生工作机构:学院设立招生工作小组,院长担任组长,成员包括分管教学工作的副院长、分管学生工作的党委副书记、系主任、教学与科研工作办公室(以下简称"教科办")主任和学生工作办公室(以下简称"学工办")主任。招生工作小组的主要职责是制订年度招生计划并组织落实、监督执行,进行招生工作年度总结等。学院设立招生咨询电话和招生工作联系人,供考生咨询。学院每年召开招生工作总结会,对当年生源情况以及招生制度、措施的效果进行分析评估,并对以后的工作提出建议,作出安排。

(2) 加强专业内涵特色建设:采矿工程专业注重专业内涵建设,提高办学质量,提升办学层次,强化办学特色,努力培养高质量人才,巩固专业在行业和领域的优势地位;在保证毕业生高就业率的基础上,着力提升毕业生就业质量。根据武书连中国大学评价课题组发布的综合评价排行,2017 年河南理工大学采矿工程专业在全国开设采矿工程专业高校中排名第 4,获得 A 等评价。

(3) 广泛宣传,扩大专业影响:每年新生入校时,邀请专业首席指导教师、系主任及专业教师与采矿工程专业新生及其家长进行座谈,使他们了解采矿工程专业的办学特色和发展现状,并对专业发展前景有清晰的认识。充分发挥采矿工程专业校友(会)的作用,宣传采矿工程专业的办学思路、办学成就和办学前景等相关信息。采矿工程专业的教师利用外出培训、参会以及对外合作、交流等各种机会,宣传采矿工程专业发展现状和成就。

通过上述制度与措施,不断扩大采矿工程专业的社会知名度和影响力,以此来吸引优秀考生报考。

8.1.3 当前生源及招生状况

采矿工程专业从 2011 年开始在河南省及部分省份纳入本科一批招生,2012 年在河南省首次实现本硕连读招生。目前采矿工程专业在河南、河北、安徽、四川和甘肃五省按照本科一批招生。

2012 年前,采矿工程专业本科招生第一志愿录取率达到 100%,2013 年第一志愿录取率 95.8%,2010—2013 年采矿工程专业转入学生 59 人。2013 年以来,受煤炭行业不景气影响,采矿工程专业第一志愿录取率出现下滑现象,2014 年为 56.04%、2015 年为 38.69%、2016 年为 36.47%。针对报考人数下降现象,依托学校采矿工程专业雄厚实力、毕业生良好就业状况和较高的社会声誉,学校及学院采取有力措施,加大招生宣传和生源基地建设,积极推进采矿工程专业通过国际工程教育认证,保证了采矿工程专业招生规模、招生质量和报到率的总体平稳。近年来,随着煤炭行业复苏和学院办学实力及影响力的进一步提升,矿业工程相关专业报考率稳步上升,2022 年,相关专业第一志愿录取率达到 99% 以上。

矿业工程学科在吸引优秀生源过程中,客观公正地实施好国家奖学金、励志奖学金、孙越崎和朱训教育等新生奖学金的评定办法,落实奖、贷、勤、减、免等困难学生资助和本科毕业生免试攻读硕士等措施。近 3 年来,共有 24 人获得优秀新生奖学金;1 人获得国家奖学金,55 人获得国家励志奖学金;有 16 人被保送到科研院校攻读硕士研究生,104 人考取985、211 高校研究生,2020—2022 届考研录取率分别为 34.8%、21.4% 和 40.1%,吸引优秀生源效果显著。

2020—2022 年,毕业博士 27 人,学术硕士 57 人,专业硕士 70 人;招收博士 36 人,学术硕士 101 人,专业硕士 204 人。

综上可知,矿业工程学科相关的招生制度完善,落实到位,具有显著的吸引优秀生源效果,为培养能够解决煤炭行业复杂现场问题的专业型技术人才奠定了扎实的基础。

8.2　就业与社会评价

8.2.1　社会对专业人才的需求状况

煤炭是国民经济和社会发展的重要支撑。我国经济的持续快速发展和全面建设小康社会的进程对矿产资源的开发利用提出更高的要求。我国已成为世界采矿大国。随着科技进步和人们环保意识增强,一些发达国家已经建立了一批数字化矿山、绿色矿山;许多国家在深井开采、海洋开采方面已经走在前列。未来矿山必将向高科技、无废害方向发展。

河南理工大学所在的河南省是我国矿产资源十分丰富的省份之一,矿产种类多,开采价值大,已发现 102 种矿产,已探明储量的有 77 种,储量居全国前 8 位的矿产达 55 种。就煤炭资源而言,其储量丰富,含煤地层分布广,煤层赋存条件好,煤类齐全,煤质优良,含煤地层总面积达 62 815 km²,占全省总面积的 37.6%,目前已逐步发展形成了以平顶山、义马、郑州、永城、鹤壁五大综合能源生产基地和焦作、登封、禹州三大重点建设矿区为主体的煤炭生产开发布局。长期以来,煤炭工业是河南的一大优势产业,在全省乃至全国国民经济中具有重要地位。

《国务院关于促进煤炭工业健康发展的若干意见》中明确提出"教育部门要加强与煤炭行业的合作,将煤炭行业有关专业纳入技能型紧缺人才培养、培训计划;要与大型煤炭企业合作,尽快恢复或设立一批煤炭职业技术学校。要引导有关大专院校和中等职业学校按照煤炭行业市场需求培养懂安全、有技术、会管理的煤炭专业人才。要通过设立煤炭专业奖学金、减免学费等措施,鼓励学生报考煤炭专业"。煤炭行业是一个技术性较强的行业,瓦斯检测、安全管理以及对下井工人培训,都需要技术支撑。《国家中长期人才发展规划纲要(2010—2020 年)》将能源资源领域人才定性为经济社会发展重点领域急需紧缺专门人才,计划到 2020 年,在装备制造、信息、生物技术、新材料、航空航天、海洋、金融财会、国际商务、生态环境保护、能源资源、现代交通运输、农业科技等经济重点领域培养开发急需紧缺专门人才 500 多万人。因此,社会经济的发展,煤炭企业的安全高效开采都离不开采矿工程专业人才,并且对高素质的采矿工程专业人才的需求越来越迫切,采矿工程专业建设需要进一步加强。河南煤炭行业的发展必须依靠人才培养、技术进步和科技创新。

8.2.2 就业指导

河南理工大学矿业工程学科积极探索实践"全员、全过程、全方位"的"三全育人"理念,所在学院是河南省高校"三全育人"综合改革试点院系,在注重人才培养质量提升的同时,充分发挥专业行业优势,在毕业生就业工作中发挥积极作用,主要体现在以下几个方面。

(1) 专业首席指导教师就业指导。《河南理工大学本科生专业首席指导教师制度实施办法(修订)》(校教〔2010〕49 号)明确提出,专业首席指导教师在讲座中应介绍本专业的就业去向及主要对口单位,发挥首席指导教师丰富的专业、行业知识和经验优势,为学生介绍煤炭、建筑、化工行业的发展趋势。

(2) 学生辅导员、班主任专业教育与指导。在学生就业方面,矿业工程学科积极落实校党委部署,建设专职辅导员队伍,目前专职辅导员 7 人,兼职辅导员 4 人。《河南理工大学班主任工作条例》(校党文〔2010〕37 号)第十五条规定,班主任"负责本班学生的考研与就业指导等工作",要求班主任在日常班级管理中做好就业指导工作,通过主题班会、班级集体活动等多种形式开展就业指导。

(3) 开设"大学生就业指导"课程,引导学生思考职业规划的问题,树立正确的成才观,从而使学生了解自身的职业倾向,并根据个人情况进行基本规划,早日确定职业目标,有针对性地锻炼自己的职业能力。召开班会、学生座谈会、考研经验交流会等,介绍行业特点、行业概况、发展方向等内容,以社会人才需求为导向,指导学生树立正确的就业观。

8.2.3 就业领域和竞争优势

(1) 毕业生主要就业领域

矿业工程学科毕业生就业领域主要为矿业工程及相关领域,就业单位主要为国内煤炭企业(集团)、煤炭设计单位、煤炭科学研究机构、部分非煤矿山企业以及政府采矿监管部门。近几年,采矿工程专业大多数毕业生到煤炭科学研究总院及其各分院、各省市煤炭设计研究院、河南能源集团有限公司、中国平煤神马能源化工集团有限责任公司、郑州煤炭工业(集团)有限责任公司、山西潞安环保能源开发股份有限公司、山西晋城无烟煤矿业集团有限责任公司、中国神华能源股份有限公司、淮南矿业(集团)有限责任公司等大型特大型现代化煤炭企业,以及铜矿、钼矿、金矿等金属矿产企业就业,为我国煤炭工业和金属、非金属矿产开发作出了贡献。

(2) 毕业生主要竞争优势

采矿工程专业毕业生就业竞争优势体现在以下几个方面。

① 专业基础扎实、知识面宽,职业认同度高。采矿工程专业实行"厚基础、宽口径、强能力、高素质"的通才教育,主要体现在以下方面:一是在知识结构上具有扎实雄厚的专业基础知识;二是在技能上具有从事理论研究和解决采矿问题的实际能力;三是在思想上具有服务

能源行业、采矿事业的职业认同和追求并具有求实创新精神品质。结合科技进步和社会发展趋势,针对专业特点,采矿工程专业课程体系按"平台＋模块"的方式构建,按照课程知识结构设置为通识教育、学科基础、专业教育、实践教学和素质拓展等 5 类平台。课程体系由公共必修课程、公共选修课程、学科基础必修、学科基础选修、专业必修课程和专业选修课程模块、实践教学和创新学分等模块组成。公共课和学科基础课按教育部工程专业的一般要求设置,专业基础课是学习专业课的前提,选修课主要目标是拓宽学生知识面,学生可根据未来就业方向有针对性地进行选择。

② 思想素质过硬,踏实重干,开拓创新的潜力强。采矿工程专业办学历史久,文化积淀深厚,在百年办学历程中,凝练形成了以"采矿精神,乌金品质"为核心的专业特色文化。其"勇于求索,敢为人先""燃烧自己,照亮别人"的高贵品格薪火相传、弥久恒远,铸就了师生"光明磊落,坦荡如砥"的浩然正气;"胸怀祖国,放眼世界"的壮志豪气;"不畏艰苦,善于创新"的昂扬锐气;"虚怀若谷,不骄不躁"的宽宏大气。培养了一批勇于创新、吃苦耐劳、德才兼备的人才。依托"互联网＋""挑战杯"等全国性科技创新大赛、全国高等学校采矿工程专业学生实践作品大赛等专业行业创新竞赛以及河南理工大学采矿工程专业学生实践作品大赛(目前已举办两届),为学生提供科技创新活动平台。部分竞赛现场如图 8-1 所示。

(a)"挑战杯"竞赛现场　　　　　　　(b)采矿工程专业学生实践作品大赛现场

图 8-1　部分学生参加科技创新竞赛现场

③ 成长前景广阔,积极进取,毕业后发展潜力大。采矿工程专业毕业生责任心强、踏实肯干,具有较强的敬业奉献精神,具备扎实的基础理论和专业知识,了解采矿工程专业的前沿发展现状和趋势,实际动手能力强,有一定的组织管理能力和较强的团队合作意识。毕业生适应能力强,成才速度快,受到用人单位如河南、山西、内蒙古、陕西、山东、安徽、河北等地的煤业集团的青睐,就业形势好。与此同时,近年来,采矿工程专业本科生继续攻读硕士学位的比例不断提升,考研平均录取率保持在 38％左右,并逐年稳步提升,众多毕业生考取了中国矿业大学、中国矿业大学(北京)、煤炭科学研究总院、东北大学和重庆大学等国内著名大学或科研院所,表现优异,得到高校和科研院所的广泛认可。

8.2.4　毕业生跟踪反馈及社会评价

(1)毕业生就业状况

采矿工程专业毕业生具有鲜明就业竞争优势,通过扎实有效地推进就业指导,近年来,采矿工程专业就业情况和就业质量保持在较高水平。近五年,毕业生考研录取率平均在 38% 以上,初次毕业去向落实率超过 80%,除 2020 年受疫情影响外,最终毕业去向落实率均保持在 90% 以上,如表 8-1 和表 8-2 所示。

表 8-1　近五年采矿工程专业本科生毕业去向落实率

届次	研究生考取率/%	初次毕业去向落实率/%	最终毕业去向落实率*/%
2018 届	40.8	—	94.51
2019 届	32.9	—	96.22
2020 届	41.0	—	85.71
2021 届	39.5	80.20	95.38
2022 届	39.2	81.08	

* 2018—2020 年度最终毕业去向落实率为第三方调查数据。

表 8-2　近五年矿业工程及相关专业研究生毕业去向落实率

届次	博士考取率/%	初次毕业去向落实率/%	最终毕业去向落实率*/%
2018 届	21.7	—	95.45
2019 届	33.3	—	87.80
2020 届	30.8	—	100
2021 届	36.4	100	100
2022 届	40.8	100	—

* 2018—2020 年度最终毕业去向落实率为第三方调查数据。

(2) 毕业生跟踪反馈机制

由于毕业生工作情况和用人单位的满意程度是专业办学质量的重要评判指标之一,学生就业后,由能源科学与工程学院分管学生工作的副书记、党政办、学工办、专业教研室负责,建立了由毕业生访谈、同学聚会联谊会座谈、本科生教育质量网络调查平台、微信群和 QQ 群信息反馈等组成的毕业生跟踪反馈机制;由分管教学工作的副院长、教务办公室、专业教研室负责,由企业、用人单位管理人员、用人单位招聘人员和第三方机构共同参与的社会评价机制。毕业生跟踪反馈机制是专业收集信息,评估毕业要求和培养目标是否达成的必要渠道,同时也是促进本科日常教学持续改进的重要基础。该毕业生跟踪反馈机制能够全面掌握学生毕业后的职业发展情况和培养目标的达成度,以及学生对新阶段专业教育的期待和建议。

① 毕业生跟踪反馈工作机制

应届毕业生座谈:每年学生毕业前,采矿工程系组织召开班主任、辅导员和毕业生座谈会,征询学生对专业培养目标、教学组织、课程设置、任课教师、考核方法、专业实践等各个方面的看法及对达成度的意见,通过反馈意见,改进该专业的教学质量。

往届毕业生调查:往届毕业生调查以问卷、网络调查平台、走访和座谈等形式进行,主要面向毕业 5 年以上的往届毕业生,通过跟踪调查,了解学生的工作情况。

校友反馈：通过校友及校友会调研学科在教学、实验室建设、学生基本技能与人文素养培养等方面存在的问题，征求课程设置、实践教学、人文素养培养等方面的意见和建议，优化教学体系。

② 毕业生跟踪反馈的途径和方法

毕业生教育质量网络调查平台：利用网络平台开展面向毕业生的跟踪调查，见图8-2。

(a) 问卷系统登录界面　　　　　　　　(b) 毕业生问卷调查界面

图 8-2　采矿工程专业毕业生跟踪调查系统

问卷定位于毕业生结合在校学习过程及工作期间感悟而产生的对本科教学的宏观认识以及对毕业生能力、专业课程设置、授课教师教学态度、培养目标达成情况等方面的评价，涉及毕业生的基本情况（工作单位性质、工作岗位、岗位薪酬、岗位是否对口、对工作岗位的满意度等）、毕业生能力评价、课程设置评价、授课教师教学态度评价等方面。

毕业生访谈：有效利用每年的校友返校聚会、教师带队实习、教师科研工作、学院教师走访等机会，与采矿工程专业毕业生进行座谈。了解学生对专业培养目标、教学组织、课程设置、任课教师、专业实践等各个方面的意见和建议，为专业培养目标的调整和教学计划的完善提供依据。

微信群和QQ群：充分利用现代通信手段，在历届毕业生中建立微信群和QQ群，并有专业教师、辅导员、班主任加入，利用现代的通信技术和手段，建立与学生的联系渠道，及时反馈毕业生发展情况。根据专业培养计划、目标和学科建设需要，及时通知毕业生参与讨论，提出相关意见和建议，为教学计划的改进提供依据。

(3) 毕业生社会评价

毕业生的社会认可度和口碑是衡量学校专业办学水平的重要参考依据。制定可持续的和科学的社会评价机制能够促进专业培养目标和毕业要求的达成，形成"评价—改进—再评价"的闭环持续改进模式。采矿工程专业十分重视社会各界对毕业生的质量评价，形成了有效的社会评价机制，用于改进和提高办学层次和办学水平，促进课程体系和师资队伍建设以及教学目标和毕业要求的达成。专业办学质量评价在参考专业机构评估结果的基础上，采用用人单位评价、高校和科研院所评价、专业机构评价、企业兼职人员评价、本科教学指导委员会评价等社会各界共同参与的综合评价机制，前文已详细论述，此处不再赘述。

表8-3为2013—2018年河南理工大学采矿工程专业办学水平和全国排名一览表。

表 8-3　2013—2018 年河南理工大学采矿工程专业办学水平和全国排名一览表

年份	开办学校/所	办学水平	全国排名
2013—2014	43	4★	8
2014—2015	47	3★	15
2015—2016	48	4★	7
2016—2017	49	4★	5
2017—2018	53	4★	4

注：依据《中国大学及学科专业评价报告》、中国科教评价网和武书连教授团队评价。

8.3　小　　结

　　本章总结了采矿工程专业的招生与就业情况，详细介绍了采矿工程专业招生制度及相关奖励政策，阐述了相关招生制度具有显著的吸引优秀生源效果；通过实践"全员、全过程、全方位"的"三全育人"理念，提升人才培养质量；分析了采矿工程专业人才培养的成效；研究了采矿工程专业招生与就业方面存在的问题并提出了相关解决措施，以促进矿业工程人才培养质量的提升与学科的健康快速发展。

9　主要结论与成效

9.1　主要结论

本书通过分析矿业工程人才需求与就业现状、矿业工程学科国内外人才培养情况,对矿业工程学科课程思政与育人文化品牌、育人平台建设、协同育人模式、师资队伍与教学团队、教育教学改革、教学质量保障体系以及国际化人才培养等进行了全面的分析总结。本着以学生为中心的教学理念,研究提出了以学生发展为中心的矿业工程学科协同育人模式,优化了课程体系和质量保障体系,形成了独具特色的矿业工程学科育人模式和育人品牌,致力于培养矿业工程领域具有社会责任感、健全人格,扎实基础、宽阔视野,创新精神、实践能力,堪当民族复兴大任的时代新人。主要结论如下。

(1)秉承百年积淀,铸就一流品牌。全面落实立德树人根本任务,开展深入细致的思想政治工作,坚持"为党育人,为国育才",把思政工作贯穿教育教学全过程。学院取得"全国党建工作标杆院系""全国教育系统先进集体"、河南省高校"三全育人"综合改革试点院系等荣誉称号。

学院党委以"全国党建工作标杆院系"建设为契机,扎实推进课程思政改革,发挥党组织在学科发展中"把方向、管大局、保落实"的核心作用。利用"党建＋"强力赋能学科发展,扎实推动党支部"两化一创"强基引领;全面落实教师党支部"双带头人"制度,积极发挥党员在教学科研中的先锋模范作用。配齐配强配优思政工作队伍,健全完善意识形态工作制度,加强意识形态管控,注重意识形态安全教育,通过教材审查和课堂督导稳固教学主阵地;制定主流意识形态建设责任清单;加强学术讲座、学术活动、群团活动和网站、公众号等新媒体平台及舆论阵地管理。实施院领导联系教研室,校院领导与学生座谈机制,发挥协同育人作用。在工程伦理与学术规范、专业必修和主要选修课中全面引入思政元素,遴选资助优质课程,从文化、制度、科技等方面树立学生的民族自信心与专业自豪感,巩固学生的爱国意识、规矩意识和敬业精神。

(2)重视历史文化传承,弘扬"采矿精神,乌金品质"矿业工程学科文化。强化历史文化传承,邀请众多优秀校友共同打造《记忆中的老采矿》《能源科学与工程学院史》等历史文化著作,打造并弘扬"采矿精神,乌金品质""墨金文化"等矿业工程学科文化,开展"墨金"大讲堂,培养学生家国情怀。

(3)突出人才培养的核心地位,将科研工作与教学工作深度融合,按照科教融合协同育人理念进行创新人才培养,构建由基础实验室、专业实验室和创新教育培养基地组成,集教学、科研、创新等功能于一体的横向协同、纵向发展的国家、省、校三级立体教学平台,强化实践教学,科教融合协同育人,取得了显著的成效。

贯彻高等教育科教融合协同育人的思想和理念,将高校优质丰富的科研资源转化为人才培养优势。专业拥有煤矿开采国家级虚拟仿真实验教学中心、深井瓦斯抽采与围岩控制技术国家地方联合工程实验室、河南省矿产资源绿色高效开采与综合利用重点实验室、河南省煤矿岩层控制国际联合实验室等国家及省部级教学科研平台 10 余个。鼓励教师和教学团队将矿业领域最前沿的科学知识、最先进的技术和最新科研成果融入教学过程,使学生了解前沿知识,培养学生创新的理念和能力,实现科教融合协同育人的效果。明确高校科研工作的主要目的是提高师资队伍的水平和人才培养质量,尽可能让学生在学习专业知识的同时,参与科研项目,深化对专业知识的理解,激发学生学习的积极性和主动性。针对矿业工程人才培养特点,依托学科拥有的国家级虚拟仿真实验教学中心,开发国家级、省部级虚拟仿真实验教学项目;借助 Sakai、慕课、微课、雨课堂等网络辅助教学系统,虚实结合,形成由多重教学方法、多样化教学手段、多元化考核方式相互促进的"三维联动"协同育人平台,特别是疫情防控期间,为线上教学提供了良好的教学资源与平台。依托国家级矿业工程专业学位研究生联合培养示范基地,搭建产教融合平台,在现场导师的指导下,与企业联合攻关,解决矿产开发中的技术难题,提高学生的工程实践能力和解决问题能力。

(4) 强化师德师风建设机制顶层设计,建立和完善师德师风考核评价机制,发挥"名师"协同育人及传帮带作用。采矿工程专业的师生们大力弘扬"自强不息,奋发向上"的理工精神,自觉传承"明德任责"校训、"好学力行"校风,以及"三严"(严慈、严谨、严格)教风和"勤勉求是"学风,全面提升师资队伍的师德师风和业务能力建设整体水平。

加强师德师风建设,树立师德师风典范,发挥榜样引领作用,形成"比、赶、超"的良好氛围,真正夯实立德树人的思想基石。组织全体教师认真学习贯彻《高等学校教师职业道德规范》《关于建立健全高校师德建设长效机制的意见》等文件要求,注重师德师风建设内涵的宣传讲解,组织观看师德师风建设的正反面案例,使全体指导教师人人有所触动;在师德师风建设机制中,把系室作为最基本的建设单元,层层传导责任和压力。配好基层党支部"双带头人",开展教学竞赛、示范教师评选、"三严"教风交流、"三育人"先进个人评选和优秀教师表彰等活动,全面提升矿业工程学科师德师风建设整体水平。以"划红线、严考核、重使用"为抓手,筑牢师德师风建设底线意识,坚持就师德师风建设提要求、敲警钟、划红线,在课程评教、课程督导、年终评优等主要教学环节均引入师德师风建设评价标准。发挥"名师"协同育人及传帮带作用,帮助青年教师站稳讲台,从师德师风、备课授课、课程思政、教学方法、教学技巧、教学能力等方面提升教育教学水平,使青年教师快速成长。百余年风雨兼程,几代人同心协力,励精图治的采矿人勇往直前,为民族复兴和国家富强奋斗不止,为煤炭行业的发展和地方经济建设作出了不可磨灭的贡献。

(5) 科学制定人才培养方案,构建"通识教育与专业教育相融合、创新创业教育与专业教育相融合、实践教育与行业协同相融合、素质教育与核心价值观相融合、个性化培养与质量标准相融合"的人才培养课程体系和质量保障体系。

以培养德智体美劳全面发展的社会主义建设者和接班人为指导,培养在矿产资源安全绿色智能开采和高效洁净加工利用方面具有历史使命感和社会责任心,富有创新精神和实践能力的创新型、应用型高级专业技术与管理人才。构建"思政保障、学科交叉、突出实践、服务行业"的采矿卓越工程人才培养课程体系。思政课程与课程思政有机融合,作为立德树人的根本保障;依托学部制和虚拟教研室,打破学科专业壁垒,瞄准最新智能化技术,引入计算机、人工智能、自动化、智能控制、大数据与云计算等交叉学科课程;在实验室"克隆"矿井运行的智能生产管控系统,使学生人人有机会动手操作,知行合一,培养"即插即用"型卓越工程人才。提出基于教学计划管理、教学运行管理、教学质量管理、实践与创新能力培养、教学队伍管理、教学研究与改革管理以及专业建设管理等的八项理论教学管理机制,确立"集中教学与开放教学相结合"的实验教学管理机制,建立"实习基地与双导师制"的实践教学管理机制。从课程体系优化、教学质量监控与评价、教学保障条件与图书资料、学生座谈制度、专业认证等方面建立矿业工程学科教学质量保障体系。实施本科教学质量评价办法、本科课堂教学质量评价修订与社会评价机制、毕业要求达成度评价方法、课堂教学质量奖实施办法、人才培养质量国际化考评方法等;重视质量督导的顶层设计,实施校院两级质量督导,完善教学质量监控制度,优化教学质量评价体系,构建"教学指挥决策—信息收集反馈—检查督导评价—教学质量保障"的闭环螺旋式教学质量保障体系,为矿业工程学科育人提供监控与评价体系。

（6）研究提出了以学生发展为中心的矿业工程学科协同育人模式,形成了独具特色的矿业工程学科育人模式和育人品牌,贯彻课程思政与文化品牌协同育人、科教融合协同育人、产教融合协同育人等育人理念。

以"三全"育人为手段,教师人人有育人意识和责任感,在自己的本职工作上发挥育人的功能,并且相互配合,形成合力。课程思政围绕坚定学生理想信念,以爱党、爱国、爱社会主义、爱人民、爱集体为主线,系统进行中国特色社会主义和中国梦教育、社会主义核心价值观教育、中华优秀传统文化教育等。根据矿业工程学科特色和优势,深度挖掘提炼专业知识体系中所蕴含的思想价值和精神内涵,培养学生精益求精的大国工匠精神,激发学生科技报国的家国情怀和使命担当。正确认识科学研究与人才培养之间的关系,将科研工作与教学工作深度融合,依托省部共建协同创新中心、国家地方联合工程实验室等国家级、省级科研创新平台,尽可能让学生参与科研项目,了解前沿知识,培养其创新理念和能力。按照科教融合协同育人理念创新人才培养方式,强化实践教学,取得显著成效。产教融合协同育人是院校为提高人才培养质量与行业企业开展的深度合作,矿业工程教育通过产教融合、校企合作,充分利用校友资源,构建产教融合协同体系与合作机制,充分发挥煤炭行业企业特别是央企、国有大型企业的育人作用,发挥行业企业参与产教融合协同育人的积极性和主动性,鼓励教师及其团队针对煤炭企业生产中存在的技术难题从事科技研发和成果转化,并将其融入教学,做到产教合作共赢。

（7）以国家一流专业和一流课程建设为契机,进行智能化背景下采矿工程专业综合改革和新工科专业升级改造,实施以学生发展为中心、以学生学习为中心、以学习效果为中心的"新三中心"教育模式改革,提升采矿工程专业人才的培养质量。

2017年以来,教育部积极推进新工科建设,形成了"复旦共识""天大行动"和"北京指南",探索工程教育的中国模式和中国经验。矿业工程学科推动智能化技术与煤炭产业融合发展,加大人才培养力度,突破制约煤矿智能化发展的瓶颈。首次提出课程的学习目标,设计更多的教学活动,进行混合式教学改革,丰富智能化背景下的课程教学内容升级改造,提出了微课辅助、翻转课堂、探究式、讨论式、参与式等教学模式,实施了"翻转课堂"教学改革和"探究式—小班化"课堂教学。教师从讲授者变为引导者,推行启发式讲授、探究式讨论和过程化考核考试,引导学生主动学习,促进教学相长。

（8）着力打造国际交流合作平台,完善国际交流与合作机制,吸引包括国外工程院院士在内的外籍优秀科学家来校交流,提升采矿工程专业师资队伍的国际化水平,拓宽采矿工程专业学生的国际化视野。

矿业工程学科大力实施"引进来""走出去"师资队伍建设政策,与美国、澳大利亚、巴西等国家的多所高校建立了合作办学关系,先后聘请了包括 2 名国外工程院院士在内的外籍优秀科学家 6 人,送出国外开展访学和短期学术交流的教师 26 人,采矿工程专业近二分之一的专业教师具有海外留学背景,对矿业工程学科的科学研究和人才培养起到了积极作用。矿业工程学科充分发挥外聘院士的国际影响力,陆续建成了河南省煤矿现代化与岩层控制院士工作站、煤矿岩层控制与瓦斯抽采国际合作联合实验室以及煤矿现代化开采与岩层控制杰出外籍科学家工作室等国际交流合作平台,这些平台已成为国内矿业领域科学研究、技术创新和人才孵化基地,以及对外开展学术交流的桥头堡,为提升矿业工程学科国际影响力发挥了重要作用。河南理工大学连续主办 9 届国际采矿岩层控制学术会议,与美国西弗吉尼亚大学、巴西南大河州联邦大学工学院等多所高校合作培养研究生,提升了矿业工程学科的国际影响力。

9.2 主要成效

(1) 矿业工程学科影响力和国际排名进一步提升。2018"软科世界一流学科"中河南理工大学矿业工程学科跻身世界百强,排名第 51 位,成为河南省高校唯一进入世界百强学科;2023 年"软科世界一流学科"中河南理工大学矿业工程学科位列全球第 18 位,首次进入前 20 强,见图 9-1。河南理工大学矿业工程学科在全国第四轮学科评估中等级为 B,并列第六。采矿工程专业作为河南理工大学具有百年历史的传统优势专业,成为学校首批国家级特色专业、首批国家一流专业,是国家级专业综合改革试点专业和国家级卓越工程师培养计划试点专业,连续三次通过全国工程教育专业认证。

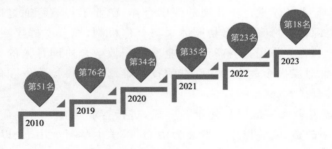

图 9-1 矿业工程学科排名变化

(2) 矿业工程学科依托的学院党建与思政教育成绩突出。矿业工程学科思想政治教育工作取得丰硕成果,人才培养质量显著提高,促进了学科高质量发展。学科所在学院入选"全国党建工作标杆院系""全国教育系统先进集体""河南省高校'三全育人'综合改革试点院系"等思想政治教育工作品牌。"三全育人"综合改革举措和成果被《光明日报》《中国青年报》《河南日报》等报道。以学生全面发展为目标,以学科优势和专业特长为基础,引导学生参与社会实践、创新创业、志愿服务活动。开办"知行讲坛"、评选"学术之星"、出台创新实践和学科竞赛奖励办法,提升学生创新意识和科研能力。发挥学科优势,开展"新时代矿区生态综合治理"志愿服务项目,鼓励学生积极参与博硕士志愿服务团,投身脱贫攻坚社会实践活动。

（3）学科在"四个一流"建设方面成果丰硕。依托国家级虚拟仿真实验教学中心和国家重点研发计划项目等，用最新科研成果反哺课堂教学，建成一流专业、一流课程、一流教材、一流师资。主编国家级规划教材3部、省部级规划教材6部，获全国教材建设先进个人和全国优秀教材二等奖等荣誉；建成国家级一流课程3门、省部级一流课程10门；采矿工程专业教师团队获批河南省黄大年式教师团队，教师团队中多人获评中原教学名师、省教学名师、省特聘教授、中原领军人才、中原青年拔尖人才等荣誉称号。

（4）学科人才培养质量显著提升。提出"以学生为中心，面向行业、文化引领、应用创新、精准培养"的专业育人理念，构建"虚拟仿真-实物模型-实训操作-井下实习"四位一体的实践教学模式。在煤炭智能化开采背景下，依托采矿工程国家级一流专业建设点和教育部卓越工程师培养计划试点，聚焦煤炭行业智能化快速发展的技术现状，立足"四个一流"建设，以"采矿精神、乌金品质"和煤矿红色文化精神为引领，精准培养能够快速适应煤炭行业智能化技术需求的人才。"四个一流"建设成果如图9-2所示。学生的专业自信和社会的专业认同感明显增强，招生、培养、就业质量大幅提升。近年来，采矿工程专业在豫招生分数同比提高5～6分，2022年智能采矿工程专业录取分数位居学校前5名；学生到课率平均97%，实习率100%，学习质量明显提升；学生在中国国际"互联网＋"大学生创新创业大赛中获铜奖2项，在全国采矿实践大赛中获奖190余项，完成大学生创新项目150余项；10名学生获评博士研究生国家奖学金，35名学生获评硕士研究生国家奖学金；5名研究生获得河南省优秀毕业生称号，2名研究生先后入选研究生支教团。毕业生得到用人单位的普遍好评。

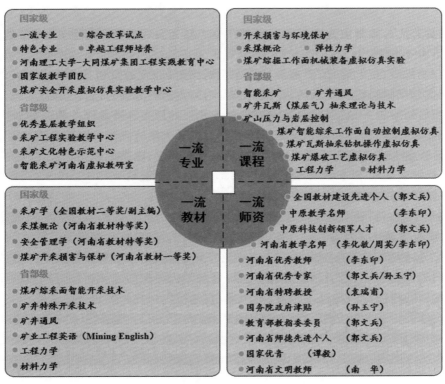

图9-2　"四个一流"建设成果

参 考 文 献

[1] 别敦荣.工科、工科教育及其改革断想[J].中国高教研究,2022(1):8-15.

[2] 曹鹏,张庆春,刘晴.理工科专业推行本科生导师制问题调查研究:以中国矿业大学力学与土木工程学院为例[J].中国轻工教育,2018(5):22-27.

[3] 陈华.高校教学管理及教学质量保障体系策略研究:评《高校教学管理及教学质量保障体系的建设与探索》[J].中国高校科技,2021(10):101.

[4] 陈兴德,王君仪.高等教育普及化背景下的高校招生制度改革探析[J].中国考试,2021(12):19-25.

[5] 陈兴晔.基于AACSB视角下独立学院财会类专业教学质量保障体系研究[J].经营与管理,2020(9):107-112.

[6] 崔旭.地方高校国际交流合作面临的问题及策略[J].理论界,2010(8):194-195.

[7] 冯博,艾光华,汪惠惠.基于企业需求的矿业工程学科研究生创新人才培养[J].中国冶金教育,2020(5):23-25,27.

[8] 高玉蓉.加强国际交流合作 提高高校办学水平[J].教育与教学研究,2011,25(3):71-75.

[9] 顾晓薇,车德福,冯夏庭,等.大类招生政策下高校艰苦专业如何走出招生困境:以东北大学采矿工程专业为例[J].教育教学论坛,2019(18):17-18.

[10] 郭建如,郑力.以学生为中心:行业院校"卓越计划"质量实证研究[J].高等教育评论,2022(1):55-68.

[11] 郭文兵,周英,王永建.采矿专业人才培养中产学研合作教育模式的探索[J].辽宁工程技术大学学报(社会科学版),2002,4(2):97-99.

[12] 郭文兵,石显怡.采矿工程专业本科教学工作中的问题及对策[J].河北联合大学学报(社会科学版),2012,12(4):119-121.

[13] 胡玉杰.浅谈采矿专业师资队伍建设工作[J].科学咨询,2014(14):93.

[14] 黄昊,王军.民办高校国际合作办学及师资队伍建设研究[J].高教学刊,2017(5):159-160.

[15] 黄温钢,窦仲四,邬书良,等.地方高校非优势学科专业建设的问题与对策:以东华理工大学采矿工程专业为例[J].大学教育,2020,9(10):51-54.

[16] 黄兴.地方高校推进学生国际交流的问题与对策[J].中国高等教育,2012(7):51-53.

[17] 贾克斌,冯金超,刘鹏宇,等.以培养创新型人才为导向的团队协同育人模式研究[J].工业和信息化教育,2021(9):24-28.

[18] 蒋文娟.我国科教结合协同育人机制研究:基于科研院所和高等学校合作视角[D].合肥:中国科学技术大学,2018.

[19] 靖洪文,王迎超,蔚立元.国际视野下高校师资队伍建设的探索与实践:以中国矿业大学为例[J].煤炭高等教育,2018,36(3):49-53.

[20] 阚瑷珂,张扬,税玥,等.面向一流学科建设的地理学课程体系优化:基于62所高校地

理学科数据挖掘研究[J/OL].世界地理研究.(2022-07-01)[2022-10-28].http://kns.cnki.net/kcms/detail/31.1626.p.20220629.0942.002.html.

[21] 李爱玲,杨柳春.重构高职院校教学质量监控体系的策略:以珠海艺术职业学院为例[J].山西财经大学学报,2021,43(增刊2):103-106.

[22] 李宝斌,许晓东.新工科教育范式下的教学学术发展[J].高等工程教育研究,2020(4):188-194.

[23] 李春广,张明,李宗民.基于OBE理念的高校教学质量保障体系建设探索与实践[J].中原工学院学报,2020,31(6):6-10,56.

[24] 李家俊.以新工科教育引领高等教育"质量革命"[J].高等工程教育研究,2020(2):6-11.

[25] 李清富,景蓝,刘晨辉.对高等工科教育人才培养现状的思考[J].教育教学论坛,2019(1):191-192.

[26] 李颖,尹文萱.构建实验教学质量保障体系培养矿业特色创新人才[J].实验室研究与探索,2018,37(11):226-229,232.

[27] 李永强,罗云.师资队伍国际化:建设世界一流大学的关键[J].中国农业教育,2009(3):27-29.

[28] 刘春东,梁建明,张东辉,等."互联网+"时代新工科教育创新人才培养模式探索[J].无线互联科技,2019,16(23):75-76.

[29] 刘桂梅,马洪勋.高校教学质量管理与保障体系研究[J].高教学刊,2021,7(29):41-44.

[30] 柳利峰."互联网+"背景下高校就业创业师资队伍建设研究[J].湖北开放职业学院学报,2022,35(14):18-19,22.

[31] 南华,李明.新形势下矿业工程大学生教育的探索与实践[J].中州煤炭,2016(3):74-76.

[32] 欧阳琳.新文科背景下档案学本科人才培养调研及优化策略[J].档案学通讯,2022(1):92-101.

[33] 彭安臣,王正明,李志峰.实质标准和程序标准:高校教学质量保障体系建设矛盾破解之道[J].江苏高教,2022(6):87-91.

[34] 彭赐灯,郭文兵,赵高博.美国采矿工程学科科研管理体制与人才培养[J].中国矿业大学学报(社会科学版),2020,22(1):107-116.

[35] 彭守建,许江.高校矿业工程专业创新型人才培养问题探析[J].教育教学论坛,2013(49):155-156.

[36] 戚茜,潘光,曾向阳.新高考改革背景下高校招生宣传工作研究与探索[J].教育教学论坛,2022(26):5-8.

[37] 齐跃丽.本科职业大学实践教学质量保障体系研究:以X职业大学为例[D].西安:陕西师范大学,2021.

[38] 乔柯,张飞岳,陈善勇.冶金材料类本科生就业形势探析[J].中国冶金教育,2022(4):83-85.

[39] 宋常胜,郭文兵,石婕.浅析专业教育与思想政治教育结合的原则与方法[J].高教论

坛,2009(8):16-17.

[40] 宋子华.矿业类专业毕业生就业能力培养的立体式推进路径研究[J].世界有色金属,
     2021(8):195-196.

[41] 孙国宏,周倩.就业育人视域下就业指导师资队伍建设现状分析及对策研究[J].河南
     教育(高等教育),2022(5):46-47.

[42] 孙航."四位一体"的高校国际化人才培养模式探索[J].浙江工业大学学报(社会科学
     版),2018,17(2):174-178.

[43] 孙辉轩.论高校师资队伍国际化建设[J].长江大学学报(社会科学版),2014,37(10):
     141-143.

[44] 孙家明,李寒梅."五位一体协同育人"应用型本科人才培养体系研究[J].韶关学院学
     报,2015,36(9):132-136.

[45] 孙伟,刘磊,王超,等.工程教育专业认证背景下采矿工程专业师资队伍建设研究:以昆
     明理工大学为例[J].西部素质教育,2019,5(4):103,114.

[46] 王超,童雄,李克钢,等.矿业工程学科大学生创新创业能力"五位一体"培养模式研究
     [J].教育现代化,2019,6(51):35-36,53.

[47] 王玲,聂铁苗,刘淑贤,等.新工科背景下提高矿业工程类学生自主学习能力教学研究
     [J].中国教育技术装备,2022(6):79-81.

[48] 王若梅.我国高校教学督导制度二十年研究之省思[J].煤炭高等教育,2022,40(1):
     29-38.

[49] 魏莉.基于胜任力的R企业生产类员工培训"隐藏"课程开发及体系优化研究[D].徐
     州:中国矿业大学,2022.

[50] 文书明,侯克鹏,沈海英,等.多生源渠道的人才培养模式促进矿业工程的可持续发展
     [J].中国校外教育,2012(6):40-41.

[51] 谢冰蕾,吴琳华.融入区域发展的新工科教育建设:逻辑、挑战与进路[J].中国高教研
     究,2021(6):51-56.

[52] 许戈魏.加强国际交流与合作 提升高校科技创新能力[J].中国高校科技,2018(5):
     22-24.

[53] 许众威.我国工科院校矿业人才培养与教育研究:评《新工科创新人才培养》[J].矿冶
     工程,2020,40(2):160.

[54] 姚刚,张明胜.煤炭高校在线教育的思考与实践[J].高等继续教育学报,2014,27(3):
     4-7.

[55] 仪桂云,邢宝林,徐冰,等.地方院校专业学位研究生教育综合改革研究:以矿业工程学
     科为例[J].教育教学论坛,2022(25):45-48.

[56] 应会琼,苏蓉,代显华,等.以质量监测数据促进实践教学质量提升[J].实验室研究与
     探索,2020,39(1):236-240.

[57] 袁卫.基于卓越的公义:美国一流大学招生管理法治化研究[J].江苏高教,2022(3):
     49-57.

[58] 曾勇.后疫情时代我国新工科教育发展的机遇、挑战及应对[J].高等工程教育研究,
     2020(6):1-5.

[59] 翟新献,周英,郭文兵.采矿工程专业人才培养方案优化与实践[J].河南理工大学学报（社会科学版）,2012,13(1):84-87.

[60] 张大良.扎根中国大地办好设计教育[J].中国高教研究,2020(7):1-4.

[61] 张东升,屠世浩,万志军,等.采矿工程特色专业创新能力培养的实验教学改革探索[J].实验室研究与探索,2011,30(3):110-113.

[62] 张蕊.国际交流合作背景下高校科研与人才培养模式改革[J].中国高校科技,2018(6):41-43.

[63] 张文会,邓红星,王宪彬,等."新工科"背景下跨学科教学团队构建与协同育人模式探索[J].中国冶金教育,2022(1):34-37.

[64] 赵炬明,高筱卉.关注学习效果:建设全校统一的教学质量保障体系:美国"以学生为中心"的本科教学改革研究之五[J].高等工程教育研究,2019(3):5-20.

[65] 钟秉林.推进高等教育国际化是高校内涵建设的重要任务[J].中国高等教育,2013(17):22-24.

[66] 周东帅,百志好,孙凌燕,等.新工科背景下"双师型"师资队伍建设的研究与实践[J].科技风,2022(17):163-165.

[67] 周杨.我国高校创业教育师资队伍建设研究:基于6所美国大学的启示[J].太原城市职业技术学院学报,2018(1):147-148.

[68] 周志强,郑岩岩,亓晶.矿业类专业大学生的求职需求及群体差异分析[J].煤炭高等教育,2022,40(3):15-24.